Gaozhi Yingyong Shuxue

高职应用数学

（下册）

李信军　赵　丽　主　编

人民交通出版社股份有限公司
北　京

内 容 提 要

本书遵循“以应用为目的，以必需、够用为度”的原则，在深入研究高等职业教育各类专业对数学知识实际需求的基础上进行编写。本书分上下两册，上册主要内容包括函数、极限与连续，导数与微分，导数的应用，不定积分，定积分及其应用，微分方程；下册主要内容包括行列式，矩阵，线性方程组，随机事件及其概率，随机变量及其概率分布，随机变量的数字特征。

本书可作为高等职业院校数学教学用书，也可作为成人教育用书。

图书在版编目(CIP)数据

高职应用数学. 下册 / 李信军，赵丽主编. — 北京 ：人民交通出版社股份有限公司，2019.11

ISBN 978-7-114-15853-7

Ⅰ. ①高… Ⅱ. ①李… Ⅲ. ①应用数学—高等职业教育—教材 Ⅳ. ①O29

中国版本图书馆 CIP 数据核字(2019)第 219662 号

书　　名：高职应用数学(下册)
著 作 者：李信军　赵　丽
责任编辑：富砚博
责任校对：孙国靖　扈　婕
责任印制：张　凯
出版发行：人民交通出版社股份有限公司
地　　址：(100011)北京市朝阳区安定门外外馆斜街 3 号
网　　址：http://www.ccpress.com.cn
销售电话：(010)59757973
总 经 销：人民交通出版社股份有限公司发行部
经　　销：各地新华书店
印　　刷：北京市密东印刷有限公司
开　　本：787×1092　1/16
印　　张：10
字　　数：246 千
版　　次：2019 年 11 月　第 1 版
印　　次：2023 年 1 月　第 4 次印刷
书　　号：ISBN 978-7-114-15853-7
定　　价：35.00 元

前言

本书按照新形势下高职高等数学教学改革的要求，针对高职学生学习的特点，结合编者教学实践编写而成。

本书的编写遵循“以应用为目的，以必需、够用为度”的原则，在使学生掌握必备的高等数学知识的基础上，将高等数学教学内容进行整合，删去对高职学生来说较难的内容，适度淡化理论体系和逻辑论证，将重点放在基本概念的阐述、基础理论的解释及基本方法的归纳与应用上，使学生学有所用。

本书具有以下特点：

1. 教学内容模块化，适用于不同专业。

各章节相对独立，可根据专业需求，选择不同章节进行教学。

2. 难度小，易学、易教。

用通俗的语言阐述基本概念、定理和法则，淡化理论，注重实用，使学生较好地理解定理。

本书分上下两册，上册包括函数、极限与连续，导数与微分，导数的应用，不定积分，定积分及其应用，微分方程；下册包括行列式，矩阵，线性方程组，随机事件及其概率，随机变量及其概率分布，随机变量的数字特征。

本书编写时参考了其他学者的成果，在此向他们致以谢意。本书编写过程中，重庆交通职业学院的领导及教师提出了宝贵的意见和建议，在此表示诚挚的谢意。同时，人民交通出版社股份有限公司对本书的出版给予了大力的支持，在此一并致谢。

由于时间仓促，加之编者水平有限，书中如有不妥之处，欢迎各位读者提出批评和建议。

编　者

二〇一九年七月

目　　录

第 7 章　行　列　式

行列式是线性代数中的一个重要概念，它是在线性方程组的求解过程中产生的，也是研究后面线性方程组、矩阵及向量组的线性相关性的一种重要工具。

本章首先通过二、三元线性方程组的求解引入二、三阶行列式的概念；然后讨论 n 阶行列式的定义、性质及计算方法，进而介绍用行列式求解一类特殊线性方程组的克拉默(Cramer)法则。

§7.1　n 阶行列式

一、二元线性方程组与二阶行列式

在初等数学中，对于二元方程组

$$\begin{cases} a_{11}x_1 + a_{12}x_2 = b_1 \\ a_{21}x_1 + a_{22}x_2 = b_2 \end{cases} \tag{7-1-1}$$

用消元法分别消去两个方程中的未知数 x_1、x_2，得其同解方程组

$$\begin{cases} (a_{11}a_{22} - a_{12}a_{21})x_1 = b_1a_{22} - a_{12}b_2 \\ (a_{11}a_{22} - a_{12}a_{21})x_2 = a_{11}b_2 - b_1a_{21} \end{cases} \tag{7-1-2}$$

当 $a_{11}a_{22} - a_{12}a_{21} \neq 0$ 时，可得方程组(7-1-2)的唯一解

$$x_1 = \frac{b_1a_{22} - a_{12}b_2}{a_{11}a_{22} - a_{12}a_{21}}, x_2 = \frac{a_{11}b_2 - b_1a_{21}}{a_{11}a_{22} - a_{12}a_{21}} \tag{7-1-3}$$

式(7-1-3)中分子、分母的四个数可分为两对，且都是先相乘再相减而得的，以分母 $a_{11}a_{22} - a_{12}a_{21}$ 为例，它是由方程组(7-1-1)的四个系数所确定的，为了便于书写和记忆，我们引入记法

$$\begin{vmatrix} a_{11} & a_{12} \\ a_{21} & a_{22} \end{vmatrix} = a_{11}a_{22} - a_{12}a_{21} \tag{7-1-4}$$

称(7-1-4)的左边为二阶行列式(Determinant)，行列式通常用大写字母 D 来表示，即

$$D = \begin{vmatrix} a_{11} & a_{12} \\ a_{21} & a_{22} \end{vmatrix}$$

其中 $a_{ij}(i,j=1,2)$ 称为这个行列式的第 i 行第 j 列的元素。以 a_{ij} 为元素的行列式可简记为 $\det(a_{ij})$。

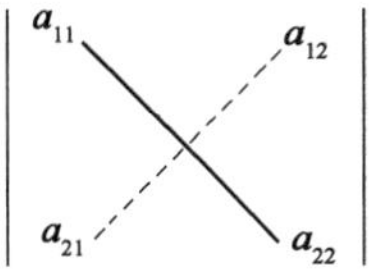

图　7-1-1

由式(7-1-4)可引入以下方法来记忆二阶行列式，如图 7-1-1 所示。

从图 7-1-1 可以看出，$a_{11}a_{22} - a_{12}a_{21}$ 就是用实线表示的对角线(称为主

对角线)上的两个数的乘积减去用虚线表示的对角线(称为**副对角线**)上两个数的乘积所得的差,该计算二阶行列式的方法称为**对角线法则**。

利用上述方法,可以将解(7-1-3)中的分子都写成二阶行列式的形式,即

$$b_1a_{22}-a_{12}b_2=\begin{vmatrix} b_1 & a_{12} \\ b_2 & a_{22} \end{vmatrix}\xlongequal{\text{记为}}D_1 \qquad a_{11}b_2-b_1a_{21}=\begin{vmatrix} a_{11} & b_1 \\ a_{21} & b_2 \end{vmatrix}\xlongequal{\text{记为}}D_2$$

因而当方程组(7-1-1)的系数行列式 $D\neq 0$ 时,其解可以简单地表示为两个行列式的商的形式:

$$x_1=\frac{D_1}{D},x_2=\frac{D_2}{D} \tag{7-1-5}$$

注意:观察二阶行列式 D_1、D_2 和 D 之间的联系与区别。本节后面讨论的三元线性方程组亦有类似的规律性。

例 1 解方程组 $\begin{cases} 2x_1+3x_2=8 \\ x_1-2x_2=-3 \end{cases}$。

解: $D=\begin{vmatrix} 2 & 3 \\ 1 & -2 \end{vmatrix}=2\times(-2)-3\times 1=-7$

$D_1=\begin{vmatrix} 8 & 3 \\ -3 & -2 \end{vmatrix}=8\times(-2)-3\times(-3)=-7,D_2=\begin{vmatrix} 2 & 8 \\ 1 & -3 \end{vmatrix}=2\times(-3)-8\times 1=-14$

因 $D=-7\neq 0$,故所给方程组有唯一解

$$x_1=\frac{D_1}{D}=\frac{-7}{-7}=1,x_2=\frac{D_2}{D}=\frac{-14}{-7}=2$$

二、三阶行列式

定义 1 记号 $\begin{vmatrix} a_{11} & a_{12} & a_{13} \\ a_{21} & a_{22} & a_{23} \\ a_{31} & a_{32} & a_{33} \end{vmatrix}$

$$=a_{11}a_{22}a_{33}+a_{12}a_{23}a_{31}+a_{13}a_{21}a_{32}-a_{13}a_{22}a_{31}-a_{11}a_{23}a_{32}-a_{12}a_{21}a_{33}$$

称为**三阶行列式**。三阶行列式有 6 项,每一项均为不同行不同列的三个元素之积再冠以正负号,其运算的规律性可用“对角线法则”(见图 7-1-2)来表述。

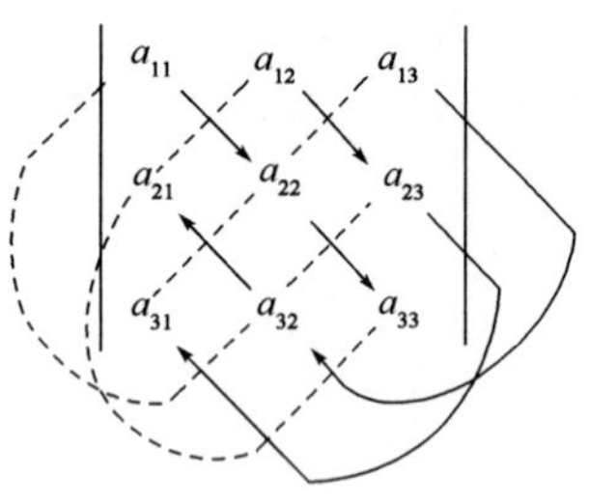

图 7-1-2

注意:对角线法则只适用于二、三阶行列式。对于四阶及更高阶行列式则需要进一步寻找规律。

例 2 计算三阶行列式 $\begin{vmatrix} 1 & 2 & 3 \\ 4 & 0 & 5 \\ -1 & 0 & 6 \end{vmatrix}$。

解: $\begin{vmatrix} 1 & 2 & 3 \\ 4 & 0 & 5 \\ -1 & 0 & 6 \end{vmatrix}=1\times 0\times 6+2\times 5(-1)+3\times 4\times 0-3\times 0\times(-1)-1\times 5\times 0-$

$4 \times 2 \times 6 = -10 - 48 = -58$

例 3 求解方程 $D = \begin{vmatrix} 1 & 1 & 1 \\ 2 & 3 & x \\ 4 & 9 & x^2 \end{vmatrix} = 0$。

解: 方程左端 $D = 3x^2 + 4x + 18 - 12 - 9x - 2x^2 = x^2 - 5x + 6$
由 $x^2 - 5x + 6 = 0$ 解得 $x = 2$ 或 $x = 3$。

类似于二元线性方程组的讨论,对三元线性方程组

$$\begin{cases} a_{11}x_1 + a_{12}x_2 + a_{13}x_3 = b_1 \\ a_{21}x_1 + a_{22}x_2 + a_{23}x_3 = b_2 \\ a_{31}x_1 + a_{32}x_2 + a_{33}x_3 = b_3 \end{cases}$$

记

$$D = \begin{vmatrix} a_{11} & a_{12} & a_{13} \\ a_{21} & a_{22} & a_{23} \\ a_{31} & a_{32} & a_{33} \end{vmatrix} \qquad D_1 = \begin{vmatrix} b_1 & a_{12} & a_{13} \\ b_2 & a_{22} & a_{23} \\ b_3 & a_{32} & a_{33} \end{vmatrix}$$

$$D_2 = \begin{vmatrix} a_{11} & b_1 & a_{13} \\ a_{21} & b_2 & a_{23} \\ a_{31} & b_3 & a_{33} \end{vmatrix} \qquad D_3 = \begin{vmatrix} a_{11} & a_{12} & b_1 \\ a_{21} & a_{22} & b_2 \\ a_{31} & a_{32} & b_3 \end{vmatrix}$$

若系数行列式 $D \neq 0$,则该方程组有唯一解:

$$x_1 = \frac{D_1}{D}, \quad x_2 = \frac{D_2}{D}, \quad x_3 = \frac{D_3}{D} \tag{7-1-6}$$

例 4 解三元线性方程组 $\begin{cases} x_1 - 2x_2 + x_3 = -2 \\ 2x_1 + x_2 - 3x_3 = 1 \\ -x_1 + x_2 - x_3 = 0 \end{cases}$。

解: 由于方程组的系数行列式

$$D = \begin{vmatrix} 1 & -2 & 1 \\ 2 & 1 & -3 \\ -1 & 1 & -1 \end{vmatrix}$$
$$= 1\times1\times(-1) + (-2)\times(-3)\times(-1) + 1\times2\times1 - (-1)\times1\times1 - 1\times(-3)\times1 - (-2)\times2\times(-1)$$
$$= -5 \neq 0$$

$$D_1 = \begin{vmatrix} -2 & -2 & 1 \\ 1 & 1 & -3 \\ 0 & 1 & -1 \end{vmatrix} = -5, D_2 = \begin{vmatrix} 1 & -2 & 1 \\ 2 & 1 & -3 \\ -1 & 0 & -1 \end{vmatrix} = -10, D_3 = \begin{vmatrix} 1 & -2 & -2 \\ 2 & 1 & 1 \\ -1 & 1 & 0 \end{vmatrix} = -5$$

故所求方程组的解为:

$$x_1 = \frac{D_1}{D} = 1 \qquad x_2 = \frac{D_2}{D} = 2 \qquad x_3 = \frac{D_3}{D} = 1$$

三、n 阶行列式的定义

在线性代数中,n 阶行列式有几种等价的定义方式,我们采用递归的方法给出其定义。由二阶和三阶行列式的定义,可得

$$\begin{vmatrix} a_{11} & a_{12} & a_{13} \\ a_{21} & a_{22} & a_{23} \\ a_{31} & a_{32} & a_{33} \end{vmatrix} = a_{11}a_{22}a_{33} + a_{12}a_{23}a_{31} + a_{13}a_{21}a_{32} - a_{11}a_{23}a_{32} - a_{12}a_{21}a_{33} - a_{13}a_{22}a_{31}$$

$$= a_{11}(a_{22}a_{33} - a_{23}a_{32}) - a_{12}(a_{21}a_{33} - a_{23}a_{31}) + a_{13}(a_{21}a_{32} - a_{22}a_{31})$$

$$= a_{11}\begin{vmatrix} a_{22} & a_{23} \\ a_{32} & a_{33} \end{vmatrix} - a_{12}\begin{vmatrix} a_{21} & a_{23} \\ a_{31} & a_{33} \end{vmatrix} + a_{13}\begin{vmatrix} a_{21} & a_{22} \\ a_{31} & a_{32} \end{vmatrix}$$

从上式可以看出,三阶行列式等于它的第一行的每一个元素分别乘一个二阶行列式的代数和。受此启发,假设$(n-1)$阶行列式已有定义,那么,n 阶行列式用归纳法可定义如下:

定义 2 用 n^2 个数排成的 n 行 n 列的数表

$$D = \det A = |A| = \begin{vmatrix} a_{11} & a_{12} & \cdots & a_{1n} \\ a_{21} & a_{22} & \cdots & a_{2n} \\ \cdots & \cdots & \cdots & \cdots \\ a_{n1} & a_{n2} & \cdots & a_{nn} \end{vmatrix}$$

$$= a_{11}\begin{vmatrix} a_{22} & a_{23} & \cdots & a_{2n} \\ a_{32} & a_{33} & \cdots & a_{3n} \\ \cdots & \cdots & \cdots & \cdots \\ a_{n2} & a_{n3} & \cdots & a_{nn} \end{vmatrix} - a_{12}\begin{vmatrix} a_{21} & a_{23} & \cdots & a_{2n} \\ a_{31} & a_{33} & \cdots & a_{3n} \\ \cdots & \cdots & \cdots & \cdots \\ a_{n1} & a_{n3} & \cdots & a_{nn} \end{vmatrix} + \cdots +$$

$$(-1)^{1+n}a_{1n}\begin{vmatrix} a_{21} & a_{22} & \cdots & a_{2,n-1} \\ a_{31} & a_{32} & \cdots & a_{3,n-1} \\ \cdots & \cdots & \cdots & \cdots \\ a_{n1} & a_{n2} & \cdots & a_{n,n-1} \end{vmatrix} \tag{7-1-7}$$

称为 n 阶行列式。

在 n 阶行列式 D 中,去掉元素 a_{ij} 所在的第 i 行和第 j 列后,余下的 $(n-1)^2$ 个元素按原来的排列顺序组成的 $(n-1)$ 阶行列式,称为 D 中元素 a_{ij} 的**余子式**,记为 M_{ij},即

$$M_{ij} = \begin{vmatrix} a_{11} & \cdots & a_{1,j-1} & a_{1,j+1} & \cdots & a_{1n} \\ \cdots & \cdots & \cdots & \cdots & \cdots & \cdots \\ a_{i-1,1} & \cdots & a_{i-1,j-1} & a_{i-1,j+1} & \cdots & a_{i-1,n} \\ a_{i+1,1} & \cdots & a_{i+1,j-1} & a_{i+1,j+1} & \cdots & a_{i+1,n} \\ \cdots & \cdots & \cdots & \cdots & \cdots & \cdots \\ a_{n1} & \cdots & a_{n,j-1} & a_{n,j+1} & \cdots & a_{nn} \end{vmatrix}$$

再记 $A_{ij} = (-1)^{i+j}M_{ij}$,称 A_{ij} 为元素 a_{ij} 的**代数余子式**$(i,j = 1,2,\cdots,n)$。那么,上述 n

阶行列式等于它的第一行的每一个元素与对应的代数余子式的乘积的和，即

$$D=|A|=\det A=a_{11}A_{11}+a_{12}A_{12}+\cdots+a_{1n}A_{1n}=\sum_{j=1}^{n}a_{1j}A_{1j}$$

这里数 a_{ij} 称为行列式 $|A|$ 的第 i 行第 j 列的**元素**（$i,j=1,2,\cdots,n$），而元素 $a_{11}a_{22}a_{33},\cdots,a_{nn}$ 所在的对角线称为行列式的**主对角线**，另一条对角线称为行列式的次对角线。

例 5 计算下三角形行列式 $D=\begin{vmatrix} a_{11} & 0 & \cdots & 0 \\ a_{21} & a_{22} & \cdots & 0 \\ \cdots & \cdots & \cdots & \cdots \\ a_{n1} & a_{n2} & \cdots & a_{nn} \end{vmatrix}$ 的值。

解：按第一行展开行列式，并重复进行，得

$$D=\begin{vmatrix} a_{11} & 0 & \cdots & 0 \\ a_{21} & a_{22}\cdots & 0 & \\ \cdots & \cdots & \cdots & \cdots \\ a_{n1} & a_{n2}\cdots & a_{nn} & \end{vmatrix}=(-1)^{1+1}a_{11}\begin{vmatrix} a_{22} & 0 & \cdots & 0 \\ a_{32} & a_{33}\cdots & 0 & \\ \cdots & \cdots & \cdots & \cdots \\ a_{n2} & a_{n3}\cdots & a_{nn} & \end{vmatrix}$$

$$=a_{11}a_{22}\begin{vmatrix} a_{33} & 0 & \cdots & 0 \\ a_{43} & a_{44} & \cdots & 0 \\ \cdots & \cdots & \cdots & \cdots \\ a_{n3} & a_{n4} & \cdots & a_{nn} \end{vmatrix}=\cdots=a_{11}a_{22}\cdots a_{nn}$$

同理，上三角形行列式 $\begin{vmatrix} a_{11} & a_{12} & \cdots & a_{1n} \\ 0 & a_{22} & \cdots & a_{2n} \\ \cdots & \cdots & \cdots & \cdots \\ 0 & 0 & \cdots & a_{nn} \end{vmatrix}=a_{11}a_{22}\cdots a_{nn}$

也可以说，上（下）三角形行列式等于其主对角线上元素的乘积。

特别地，对角行列式

$$\begin{vmatrix} a_{11} & 0 & \cdots & 0 \\ 0 & a_{22} & \cdots & 0 \\ \cdots & \cdots & \cdots & \cdots \\ 0 & 0 & \cdots & a_{nn} \end{vmatrix}=a_{11}a_{22}\cdots a_{nn}$$

例 6 计算行列式 $D=\begin{vmatrix} 0 & 0 & 0 & 1 \\ 0 & 0 & 2 & 0 \\ 0 & 3 & 0 & 0 \\ 4 & 0 & 0 & 0 \end{vmatrix}$。

解：$D=(-1)^{1+4}M_{14}=(-1)\begin{vmatrix} 0 & 0 & 2 \\ 0 & 3 & 0 \\ 4 & 0 & 0 \end{vmatrix}=(-1)2(-1)^{1+3}\begin{vmatrix} 0 & 3 \\ 4 & 0 \end{vmatrix}=24$

习题 7.1

1. 设 $D=\begin{vmatrix} a & 1 & 0 \\ 1 & a & 0 \\ 4 & 0 & 1 \end{vmatrix}$，试给出 $D>0$ 的充分必要条件。

2. 利用对角线法则计算下列三阶行列式：

(1) $\begin{vmatrix} 3 & 6 & 1 \\ 1 & 0 & 5 \\ 3 & 1 & 7 \end{vmatrix}$　　(2) $\begin{vmatrix} 2 & -5 & 0 \\ 1 & 3 & -3 \\ 4 & -1 & 6 \end{vmatrix}$　　(3) $\begin{vmatrix} a & b & c \\ b & c & a \\ c & a & b \end{vmatrix}$

3. 计算下列行列式：

(1) $\begin{vmatrix} 0 & 0 & \cdots & 0 & 1 \\ 0 & 0 & \cdots & 2 & 0 \\ \cdots & \cdots & \cdots & \cdots & \cdots \\ 0 & n-1 & \cdots & 0 & 0 \\ n & 0 & \cdots & 0 & 0 \end{vmatrix}$　　(2) $\begin{vmatrix} 0 & 1 & 0 & \cdots & 0 \\ 0 & 0 & 2 & \cdots & 0 \\ \cdots & \cdots & \cdots & \cdots & \cdots \\ 0 & 0 & 0 & \cdots & n-1 \\ n & 0 & 0 & \cdots & 0 \end{vmatrix}$

§7.2　行列式的性质

一、行列式的性质

将行列式 D 的行与列互换后得到的行列式，称为 D 的转置行列式，记为 D^{T} 或 D'，即若

$$D=\begin{vmatrix} a_{11} & a_{12} & \cdots & a_{1n} \\ a_{21} & a_{22} & \cdots & a_{2n} \\ \cdots & \cdots & \cdots & \cdots \\ a_{n1} & a_{n2} & \cdots & a_{nn} \end{vmatrix}，则\ D^{\mathrm{T}}=\begin{vmatrix} a_{11} & a_{21} & \cdots & a_{n1} \\ a_{12} & a_{22} & \cdots & a_{n2} \\ \cdots & \cdots & \cdots & \cdots \\ a_{1n} & a_{2n} & \cdots & a_{nn} \end{vmatrix}$$

性质 1　行列式与它的转置行列式相等，即 $D=D^{\mathrm{T}}$。

注　由性质 1 知道，行列式中的行与列具有相同的地位，行列式的行具有的性质，它的列也同样具有。

性质 2　交换行列式的两行(列)，行列式变号。

推论 1　若行列式中有两行(列)的对应元素相同，则此行列式为零。

性质 3　行列式 D 等于它任意一行的各元素与其对应的代数余子式乘积之和。即

$$D=a_{i1}A_{i1}+a_{i2}A_{i2}+\cdots+a_{in}A_{in}\quad(i=1,2,\cdots,n)$$

或

$$D=a_{1j}A_{1j}+a_{2j}A_{2j}+\cdots+a_{nj}A_{nj}\quad(j=1,2,\cdots,n)$$

用三阶行列式来验证：

$$D=\begin{vmatrix}a_{11}&a_{12}&a_{13}\\a_{21}&a_{22}&a_{23}\\a_{31}&a_{32}&a_{33}\end{vmatrix}\xlongequal{[1]\Leftrightarrow[2]}-\begin{vmatrix}a_{21}&a_{22}&a_{23}\\a_{11}&a_{12}&a_{13}\\a_{31}&a_{32}&a_{33}\end{vmatrix}$$

$$\xlongequal{\text{按定义}}-\left[a_{21}\begin{vmatrix}a_{12}&a_{13}\\a_{32}&a_{33}\end{vmatrix}-a_{22}\begin{vmatrix}a_{11}&a_{13}\\a_{31}&a_{33}\end{vmatrix}+a_{23}\begin{vmatrix}a_{11}&a_{12}\\a_{31}&a_{32}\end{vmatrix}\right]$$

$$=a_{21}A_{21}+a_{22}A_{22}+a_{23}A_{23}$$

同理可得 $$D=a_{31}A_{31}+a_{32}A_{32}+a_{33}A_{33}$$

推论 2 如果行列式某一行的元素全为零,那么该行列式的值为零。

推论 3 行列式 D 的某一行元素与另一行对应元素的代数余子式乘积的和等于零。即

$$a_{i1}A_{j1}+a_{i2}A_{j2}+\cdots+a_{in}A_{jn}=0\qquad(i\neq j)$$

或 $$a_{1i}A_{1j}+a_{2i}A_{2j}+\cdots+a_{ni}A_{nj}=0\qquad(i\neq j)$$

综上所述,可得到有关代数余子式的一个重要性质:

$$\sum_{k=1}^{n}a_{ki}A_{kj}=D\delta_{ij}=\begin{cases}D, & \text{当 } i=j\\0, & \text{当 } i\neq j\end{cases};\qquad \text{或}\qquad \sum_{k=1}^{n}a_{ik}A_{jk}=D\delta_{ij}=\begin{cases}D, & \text{当 } i=j\\0, & \text{当 } i\neq j\end{cases}$$

其中,$\delta_{ij}=\begin{cases}1, & i=j\\0, & i\neq j\end{cases}$;$a_{ij}A_{j1}+a_{i2}A_{j2}+\cdots+a_{in}A_{jn}=0(i\neq j)$。

性质 4 用数 k 乘行列式的某一行(列),等于用数 k 乘此行列式,即

$$D_1=\begin{vmatrix}a_{11}&a_{12}&\cdots&a_{1n}\\\cdots&\cdots&\cdots&\cdots\\ka_{i1}&ka_{i2}&\cdots&ka_{in}\\\cdots&\cdots&\cdots&\cdots\\a_{n1}&a_{n2}&\cdots&a_{nn}\end{vmatrix}=k\begin{vmatrix}a_{11}&a_{12}&\cdots&a_{1n}\\\cdots&\cdots&\cdots&\cdots\\a_{i1}&a_{i2}&\cdots&a_{in}\\\cdots&\cdots&\cdots&\cdots\\a_{n1}&a_{n2}&\cdots&a_{nn}\end{vmatrix}=kD$$

第 i 行(列)乘以 k,记为 $\gamma_i\times k$(或 $C_i\times k$)。

推论 4 行列式的某一行(列)中所有元素的公因子可以提到行列式符号的外面。

推论 5 行列式中若有两行(列)元素成比例,则此行列式为零。

性质 5 若行列式的某一行(列)的元素都是两数之和,例如,

$$D=\begin{vmatrix}a_{11}&a_{12}&\cdots&a_{1n}\\\cdots&\cdots&\cdots&\cdots\\b_{i1}+c_{i1}&b_{i2}+c_{i2}&\cdots&b_{in}+c_{in}\\\cdots&\cdots&\cdots&\cdots\\a_{n1}&a_{n2}&\cdots&a_{nn}\end{vmatrix}$$

则

$$D=\begin{vmatrix}a_{11}&a_{12}&\cdots&a_{1n}\\\cdots&\cdots&\cdots&\cdots\\b_{i1}&b_{i2}&\cdots&b_{in}\\\cdots&\cdots&\cdots&\cdots\\a_{n1}&a_{n2}&\cdots&a_{nn}\end{vmatrix}+\begin{vmatrix}a_{11}&a_{12}&\cdots&a_{1n}\\\cdots&\cdots&\cdots&\cdots\\c_{i1}&c_{i2}&\cdots&c_{in}\\\cdots&\cdots&\cdots&\cdots\\a_{n1}&a_{n2}&\cdots&a_{nn}\end{vmatrix}=D_1+D_2$$

性质 6　将行列式的某一行(列)的所有元素都乘以数 k 后加到另一行(列)对应位置的元素上，行列式不变。

注意：以数 k 乘第 j 行加到第 i 行上，记作 $r_i + kr_j$；以数 k 乘第 j 列加到第 i 列上，记作 $c_i + kc_j$。例如

$$\begin{vmatrix} a_1 & a_2 & a_3 \\ b_1 & b_2 & b_3 \\ c_1 & c_2 & c_3 \end{vmatrix} \xlongequal{r_3 + kr_1} \begin{vmatrix} a_1 & a_2 & a_3 \\ b_1 & b_2 & b_3 \\ ka_1 + c_1 & ka_2 + c_2 & ka_3 + c_3 \end{vmatrix}$$

二、行列式的计算

例 1　试按第三列展开计算行列式 $D = \begin{vmatrix} 1 & 2 & 3 & 4 \\ 1 & 0 & 1 & 2 \\ 3 & -1 & -1 & 0 \\ 1 & 2 & 0 & -5 \end{vmatrix}$。

解：将 D 按第三列展开，则有

$$D = a_{13}A_{13} + a_{23}A_{23} + a_{33}A_{33} + a_{43}A_{43}，其中\ a_{13} = 3, a_{23} = 1, a_{33} = -1, a_{43} = 0$$

$$A_{13} = (-1)^{1+3}\begin{vmatrix} 1 & 0 & 2 \\ 3 & -1 & 0 \\ 1 & 2 & -5 \end{vmatrix} = 19 \qquad A_{33} = (-1)^{3+3}\begin{vmatrix} 1 & 2 & 4 \\ 1 & 0 & 2 \\ 1 & 2 & -5 \end{vmatrix} = 18$$

$$A_{23} = (-1)^{2+3}\begin{vmatrix} 1 & 2 & 4 \\ 3 & -1 & 0 \\ 1 & 2 & -5 \end{vmatrix} = -63 \qquad A_{43} = (-1)^{4+3}\begin{vmatrix} 1 & 2 & 4 \\ 1 & 0 & 2 \\ 3 & -1 & 0 \end{vmatrix} = -10$$

所以

$$D = 3 \times 19 + 1 \times (-63) + (-1) \times 18 + 0 \times (-10) = -24$$

例 2　计算行列式 $D = \begin{vmatrix} 1 & 2 & 3 & 4 \\ 1 & 0 & 1 & 2 \\ 3 & -1 & -1 & 0 \\ 1 & 2 & 0 & -5 \end{vmatrix}$。

解：
$$D = \begin{vmatrix} 1 & 2 & 3 & 4 \\ 1 & 0 & 1 & 2 \\ 3 & -1 & -1 & 0 \\ 1 & 2 & 0 & -5 \end{vmatrix} \xlongequal[r_4 + 2r_3]{r_1 + 2r_3} \begin{vmatrix} 7 & 0 & 1 & 4 \\ 1 & 0 & 1 & 2 \\ 3 & -1 & -1 & 0 \\ 7 & 0 & -2 & -5 \end{vmatrix}$$

$$= (-1) \cdot (-1)^{3+2}\begin{vmatrix} 7 & 1 & 4 \\ 1 & 1 & 2 \\ 7 & -2 & -5 \end{vmatrix} \xlongequal[r_3 + 2r_2]{r_1 - r_2} \begin{vmatrix} 6 & 0 & 2 \\ 1 & 1 & 2 \\ 9 & 0 & -1 \end{vmatrix}$$

$$= 1 \cdot (-1)^{2+2}\begin{vmatrix} 6 & 2 \\ 9 & -1 \end{vmatrix} = -6 - 18 = -24$$

例 3 计算行列式 $D=\begin{vmatrix} 5 & 3 & -1 & 2 & 0 \\ 1 & 7 & 2 & 5 & 2 \\ 0 & -2 & 3 & 1 & 0 \\ 0 & -4 & -1 & 4 & 0 \\ 0 & 2 & 3 & 5 & 0 \end{vmatrix}$。

解: $D=\begin{vmatrix} 5 & 3 & -1 & 2 & 0 \\ 1 & 7 & 2 & 5 & 2 \\ 0 & -2 & 3 & 1 & 0 \\ 0 & -4 & -1 & 4 & 0 \\ 0 & 2 & 3 & 5 & 0 \end{vmatrix}=(-1)^{2+5}2\begin{vmatrix} 5 & 3 & -1 & 2 \\ 0 & -2 & 3 & 1 \\ 0 & -4 & -1 & 4 \\ 0 & 2 & 3 & 5 \end{vmatrix}$

$$=-2\cdot 5\begin{vmatrix} -2 & 3 & 1 \\ -4 & -1 & 4 \\ 2 & 3 & 5 \end{vmatrix}\xlongequal[r_3+r_1]{r_2+(-2)r_1}-10\begin{vmatrix} -2 & 3 & 1 \\ 0 & -7 & 2 \\ 0 & 6 & 6 \end{vmatrix}$$

$$=-10\cdot(-2)\begin{vmatrix} -7 & 2 \\ 6 & 6 \end{vmatrix}=20(-42-12)=-1080$$

另外，计算行列式时，常用行列式的性质把它化为三角形行列式来计算。例如化为上三角形行列式的步骤是：

如果第一列第一个元素为0，先将第一行与其他行交换使得第一列第一个元素不为0；然后把第一行分别乘以适当的数加到其他各行，使得第一列除第一个元素外其余元素全为0。

再用同样的方法处理除去第一行和第一列后余下的低一阶行列式，如此继续下去，直至使它成为上三角形行列式，这时主对角线上元素的乘积就是所求行列式的值。

例 4 设 $\begin{vmatrix} a_{11} & a_{12} & a_{13} \\ a_{21} & a_{22} & a_{23} \\ a_{31} & a_{32} & a_{33} \end{vmatrix}=1$，求 $\begin{vmatrix} 6a_{11} & -2a_{12} & -10a_{13} \\ -3a_{21} & a_{22} & 5a_{23} \\ -3a_{31} & a_{32} & 5a_{33} \end{vmatrix}$。

解：利用行列式性质，有

$$\begin{vmatrix} 6a_{11} & -2a_{12} & -10a_{13} \\ -3a_{21} & a_{22} & 5a_{23} \\ -3a_{31} & a_{32} & 5a_{33} \end{vmatrix}=2\begin{vmatrix} -2a_{11} & a_{12} & 5a_{13} \\ -3a_{21} & a_{22} & 5a_{23} \\ -3a_{31} & a_{32} & 5a_{33} \end{vmatrix}=-2\cdot(-3)\cdot 5\begin{vmatrix} a_{11} & a_{12} & a_{13} \\ a_{21} & a_{22} & a_{23} \\ a_{31} & a_{32} & a_{33} \end{vmatrix}$$

$$=-2\cdot(-3)\cdot 5\cdot 1=30$$

例 5 证明奇数阶反对称行列式的值为零。

证 设反对称行列式

$$D=\begin{vmatrix} 0 & a_{12} & a_{13} & \cdots & a_{1n} \\ -a_{12} & 0 & a_{23} & \cdots & a_{2n} \\ -a_{13} & -a_{23} & 0 & \cdots & a_{3n} \\ \cdots & \cdots & \cdots & \cdots & \cdots \\ -a_{1n} & -a_{2n} & -a_{3n} & \cdots & 0 \end{vmatrix}$$

其中 $a_{ij}=-a_{ji}(i\neq j$ 时$)$，$a_{ij}=0(i=j$ 时$)$。

利用行列式性质 1 及性质 3 的推论 1，有

$$D=D^{\mathrm{T}}=(-1)^{n}\begin{vmatrix}0 & a_{12} & a_{13} & \cdots & a_{1n}\\ -a_{12} & 0 & a_{23} & \cdots & a_{2n}\\ -a_{13} & -a_{23} & 0 & \cdots & a_{3n}\\ \cdots & \cdots & \cdots & \cdots & \cdots\\ -a_{1n} & -a_{2n} & -a_{3n} & \cdots & 0\end{vmatrix}=(-1)^{n}D$$

当 n 为奇数时有 $D=-D$，即 $D=0$。

例 6 计算 $D=\begin{vmatrix}3 & 1 & -1 & 2\\ -5 & 1 & 3 & -4\\ 2 & 0 & 1 & -1\\ 1 & -5 & 3 & -3\end{vmatrix}$。

解： $D\xlongequal{c_1\leftrightarrow c_2}-\begin{vmatrix}1 & 3 & -1 & 2\\ 1 & -5 & 3 & -4\\ 0 & 2 & 1 & -1\\ -5 & 1 & 3 & -3\end{vmatrix}\xlongequal[r_4+5r_1]{r_2-r_1}-\begin{vmatrix}1 & 3 & -1 & 2\\ 0 & -8 & 4 & -6\\ 0 & 2 & 1 & -1\\ 0 & 16 & -2 & 7\end{vmatrix}$

$$\xlongequal{r_2\leftrightarrow r_3}\begin{vmatrix}1 & 3 & -1 & 2\\ 0 & 2 & 1 & -1\\ 0 & -8 & 4 & -6\\ 0 & 16 & -2 & 7\end{vmatrix}\xlongequal[r_4-8r_2]{r_3+4r_2}\begin{vmatrix}1 & 3 & -1 & 2\\ 0 & 2 & 1 & -1\\ 0 & 0 & 8 & -10\\ 0 & 0 & -10 & 15\end{vmatrix}$$

$$\xlongequal{r_4+\frac{5}{4}r_3}\begin{vmatrix}1 & 3 & -1 & 2\\ 0 & 2 & 1 & -1\\ 0 & 0 & 8 & -10\\ 0 & 0 & 0 & \frac{5}{2}\end{vmatrix}=40$$

例 7 计算 $D=\begin{vmatrix}3 & 1 & 1 & 1\\ 1 & 3 & 1 & 1\\ 1 & 1 & 3 & 1\\ 1 & 1 & 1 & 3\end{vmatrix}$。

解：注意到行列式的各列 4 个数之和都是 6。故把第 2,3,4 行同时加到第 1 行，可提出公因子 6，再由各行减去第一行化为上三角形行列式。

$$D\xlongequal{r_1+r_2+r_3+r_4}\begin{vmatrix}6 & 6 & 6 & 6\\ 1 & 3 & 1 & 1\\ 1 & 1 & 3 & 1\\ 1 & 1 & 1 & 3\end{vmatrix}=6\begin{vmatrix}1 & 1 & 1 & 1\\ 1 & 3 & 1 & 1\\ 1 & 1 & 3 & 1\\ 1 & 1 & 1 & 3\end{vmatrix}\xlongequal[\substack{r_3-r_1\\ r_4-r_1}]{r_2-r_1}6\begin{vmatrix}1 & 1 & 1 & 1\\ 0 & 2 & 0 & 0\\ 0 & 0 & 2 & 0\\ 0 & 0 & 0 & 2\end{vmatrix}=48$$

例 8 设 $D=\begin{vmatrix}3 & -5 & 2 & 1\\ 1 & 1 & 0 & -5\\ -1 & 3 & 1 & 3\\ 2 & -4 & -1 & -3\end{vmatrix}$，$D$ 中元素 a_{ij} 的余子式和代数余子式依次记作 M_{ij}

和 A_{ij}，求 $A_{11}+A_{12}+A_{13}+A_{14}$ 及 $M_{11}+M_{21}+M_{31}+M_{41}$ 。

解：注意到 $A_{11}+A_{12}+A_{13}+A_{14}$ 等于用 1,1,1,1 代替 D 的第 1 行所得的行列式，即

$$A_{11}+A_{12}+A_{13}+A_{14}=\begin{vmatrix}1&1&1&1\\1&1&0&-5\\-1&3&1&3\\2&-4&-1&-3\end{vmatrix}\xlongequal[r_3-r_1]{r_4+r_3}\begin{vmatrix}1&1&1&1\\1&1&0&-5\\-2&2&0&2\\1&-1&0&0\end{vmatrix}$$

$$=\begin{vmatrix}1&1&-5\\-2&2&2\\1&-1&0\end{vmatrix}\xrightarrow{c_2+c_1}\begin{vmatrix}1&1&-5\\-2&0&2\\1&0&0\end{vmatrix}=\begin{vmatrix}2&-5\\0&2\end{vmatrix}=4$$

又由定义知，

$$M_{11}+M_{21}+M_{31}+M_{41}=A_{11}-A_{21}+A_{31}-A_{41}=\begin{vmatrix}1&-5&2&1\\-1&1&0&-5\\1&3&1&3\\-1&-4&-1&-3\end{vmatrix}$$

$$\xlongequal{r_4+r_3}\begin{vmatrix}1&-5&2&1\\-1&1&0&-5\\1&3&1&3\\0&-1&0&0\end{vmatrix}=(-1)\begin{vmatrix}1&2&1\\-1&0&-5\\1&1&3\end{vmatrix}\xlongequal{r_1-2r_3}-\begin{vmatrix}-1&0&-5\\-1&0&-5\\1&1&3\end{vmatrix}=0$$

例 9 计算 $\begin{vmatrix}a_1&-a_1&0&0\\0&a_2&-a_2&0\\0&0&a_3&-a_3\\1&1&1&1\end{vmatrix}$。

解：根据行列式的特点，可将第 1 列加至第 2 列，然后将第 2 列加至第 3 列，再将第 3 列加至第 4 列，目的是使 D_4 中的零元素增多。

$$D_4\xlongequal{c_2+c_1}\begin{vmatrix}a_1&0&0&0\\0&a_2&-a_2&0\\0&0&a_3&-a_3\\1&2&1&1\end{vmatrix}\xlongequal{c_3+c_2}\begin{vmatrix}a_1&0&0&0\\0&a_2&0&0\\0&0&a_3&-a_3\\1&2&3&1\end{vmatrix}$$

$$\xlongequal{c_4+c_3}\begin{vmatrix}a_1&0&0&0\\0&a_2&0&0\\0&0&a_3&0\\1&2&3&4\end{vmatrix}=4a_1a_2a_3$$

例 10 计算 $D=\begin{vmatrix}a&b&c&d\\a&a+b&a+b+c&a+b+c+d\\a&2a+b&3a+2b+c&4a+3b+2c+d\\a&3a+b&6a+3b+c&10a+6b+3c+d\end{vmatrix}$。

解：从第 4 行开始，后一行减前一行

$$D \xlongequal[r_2-r_1]{\substack{r_4-r_3\\r_3-r}} \begin{vmatrix} a & b & c & d \\ 0 & a & a+b & a+b+c \\ 0 & a & 2a+b & 3a+2b+c \\ 0 & a & 3a+b & 6a+3b+c \end{vmatrix} \xlongequal[r_3-r_2]{r_4-r_3} \begin{vmatrix} a & b & c & d \\ 0 & a & a+b & a+b+c \\ 0 & a & a & 2a+b \\ 0 & a & a & 2a+b \end{vmatrix}$$

$$\xlongequal{r_4-r_3} \begin{vmatrix} a & b & c & d \\ 0 & a & a+b & a+b+c \\ 0 & 0 & a & 2a+b \\ 0 & 0 & 0 & a \end{vmatrix} = a^4$$

例 11 证明范德蒙德(Vandermonde)行列式

$$D_n = \begin{vmatrix} 1 & 1 & \cdots & 1 \\ x_1 & x_2 & \cdots & x_n \\ x_1^2 & x_2^2 & \cdots & x_n^2 \\ \vdots & \vdots & & \vdots \\ x_1^{n-1} & x_2^{n-1} & \cdots & x_n^{n-1} \end{vmatrix} = \prod_{n \geqslant i > j \geqslant 1} (x_i - x_j) \tag{7-2-1}$$

其中记号“Π”表示全体同类因子的乘积。

证:用数学归纳法。

$$\because \quad D_2 = \begin{vmatrix} 1 & 1 \\ x_1 & x_2 \end{vmatrix} = x_2 - x_1 = \prod_{2 \geqslant i > j \geqslant 1} (x_i - x_j)$$

∴ 当 $n = 2$ 时(7-2-1)式成立。假设(7-2-1)式对于 $n-1$ 时成立,则

$$D_n = \begin{vmatrix} 1 & 1 & 1 & \cdots & 1 \\ 0 & x_2 - x_1 & x_3 - x_1 & \cdots & x_n - x_1 \\ 0 & x_2(x_2 - x_1) & x_3(x_3 - x_1) & \cdots & x_n(x_n - x_1) \\ \cdots & \cdots & \cdots & \cdots & \cdots \\ 0 & x_2^{n-2}(x_2 - x_1) & x_3^{n-2}(x_3 - x_1) & \cdots & x_n^{n-2}(x_n - x_1) \end{vmatrix}$$

$$= (x_2 - x_1)(x_3 - x_1)\cdots(x_n - x_1) \begin{vmatrix} 1 & 1 & \cdots & 1 \\ x_2 & x_3 & \cdots & x_n \\ \cdots & \cdots & \cdots & \cdots \\ x_2^{n-2} & x_3^{n-2} & \cdots & x_n^{n-2} \end{vmatrix}$$

$$D_n = (x_2 - x_1)(x_3 - x_1)\cdots(x_n - x_1) \prod_{n \geqslant i > j \geqslant 2} (x_i - x_j) = \prod_{n \geqslant i > j \geqslant 1} (x_i - x_j)$$

例 12 解方程 $\begin{vmatrix} a_1 & a_2 & a_3 & \cdots & a_{n-1} & a_n \\ a_1 & a_1 + a_2 - x & a_3 & \cdots & a_{n-1} & a_n \\ a_1 & a_2 & a_2 + a_3 - x & \cdots & a_{n-1} & a_n \\ \cdots & \cdots & \cdots & \cdots & \cdots & \cdots \\ a_1 & a_2 & a_3 & \cdots & a_{n-2} + a_{n-1} - x & a_n \\ a_1 & a_2 & a_3 & \cdots & a_{n-1} & a_{n-1} + a_n - x \end{vmatrix} = 0$。

解:从第二行开始每一行都减去第一行,得

由 $a_1(a_1 - x)(a_2 - x)\cdots(a_{n-2} -)(a_{n-1} - x) = 0$,解得方程的 $n-1$ 个根:

$$x_1 = a_1, x_2 = a_2, \cdots, x_{n-2} = a_{n-2}, x_{n-1} = a_{n-1}$$

习题 7.2

1. 计算下列行列式

(1) $\begin{vmatrix} 0 & -1 & -1 & 2 \\ 1 & -1 & 0 & 2 \\ -1 & 2 & -1 & 0 \\ 2 & 1 & 1 & 0 \end{vmatrix}$　　(2) $\begin{vmatrix} 1 & 2 & 3 \\ 4 & 5 & 6 \\ 101 & 202 & 303 \end{vmatrix}$

(3) $\begin{vmatrix} 1+a_1 & 2+a_1 & 3+a_1 \\ 1+a_2 & 2+a_2 & 3+a_2 \\ 1+a_3 & 2+a_3 & 3+a_3 \end{vmatrix}$　　(4) $\begin{vmatrix} 3 & 1 & -1 & 2 \\ -5 & 1 & 3 & -4 \\ 2 & 0 & 1 & -1 \\ 1 & -5 & 3 & -3 \end{vmatrix}$

(5) $\begin{vmatrix} 1 & 2 & 3 & 4 \\ -1 & 0 & 3 & 4 \\ -1 & -2 & 0 & 4 \\ -1 & -2 & -3 & 0 \end{vmatrix}$　　(6) $\begin{vmatrix} 1 & 2 & 3 & 4 \\ 2 & 3 & 4 & 1 \\ 3 & 4 & 1 & 2 \\ 4 & 1 & 2 & 3 \end{vmatrix}$

2. 填空题

(1)已知 n 阶行列式 $D = -5$，则 $D^{\mathrm{T}} =$ ＿＿＿＿＿＿。

(2)若 $\begin{vmatrix} a_1 & b_1 & c_1 \\ a_2 & b_2 & c_2 \\ a_3 & b_3 & c_3 \end{vmatrix} = 7$，则 $\begin{vmatrix} a_3 & b_3 & c_3 \\ a_1 & b_1 & c_1 \\ a_2 & b_2 & c_2 \end{vmatrix} =$ ＿＿＿＿＿＿。

(3) $\begin{vmatrix} 1 & 2 & 3 \\ 3 & 1 & 2 \\ 2 & 3 & 1 \end{vmatrix}$ 中元素 $a_{31} = 2$ 的代数余子式 $A_{31} =$ ＿＿＿＿＿＿。

(4)若 $\begin{vmatrix} 0 & 0 & 0 & 1 \\ 0 & 0 & a & 0 \\ 0 & 2 & 0 & 0 \\ 4 & 0 & 0 & a^2 \end{vmatrix} = 8$，则 $a =$ ＿＿＿＿＿＿。

3. 计算 n 阶行列式 $\begin{vmatrix} a & b & b & \cdots & b \\ b & a & b & \cdots & b \\ \cdots & \cdots & \cdots & \cdots & \cdots \\ b & b & b & \cdots & a \end{vmatrix}$。

第 8 章　矩　　阵

矩阵是代数研究的主要对象和工具,在数学的其他分支以及自然科学、现代经济学、管理学和工程技术等领域具有广泛的应用。矩阵是研究线性变换、向量的线性相关性及线性方程组求解等的有力且不可替代的工具，在线性代数中具有重要地位。

§8.1　矩阵的概念

一、矩阵的概念

定义 1　由 $m\times n$ 个数 a_{ij}($i=1,2,\cdots,m;j=1,2,\cdots,n$)排成的 m 行 n 列的数表(总体加括号),记作

$$\boldsymbol{A}=\begin{pmatrix} a_{11} & a_{12} & \cdots & a_{1n} \\ a_{21} & a_{22} & \cdots & a_{2n} \\ \cdots & \cdots & & \cdots \\ a_{m1} & a_{m2} & \cdots & a_{mn} \end{pmatrix} \tag{8-1-1}$$

称为 $m\times n$ 型的**矩阵**,记作 $\boldsymbol{A}=A_{m\times n}=(a_{ij})_{m\times n}$ 或 $\boldsymbol{A}=(a_{ij})$,数 a_{ij} 称为矩阵 $\boldsymbol{A}$ 的第 i 行第 j 列的元素,其中 i 称为行标,j 称为列标。

注意:矩阵与行列式是完全不同的两个概念,矩阵只是一个数表(数表加圆括号),而行列式是数表按一定运算法则所确定的数(数表加两竖)。行列式的行数和列数必须相等,而矩阵是一个矩形数表,行数和列数可以不等。

元素是实数的矩阵称为**实矩阵**，元素是复数的矩阵称为**复矩阵**，本书中的矩阵都指实矩阵(除非有特殊说明)。

所有元素均为零的矩阵称为**零矩阵**,记为 $\boldsymbol{O}$。

所有元素均为非负数的矩阵称为**非负矩阵**。

若矩阵 $\boldsymbol{A}=(a_{ij})$的行数与列数都等于 n,则称 $\boldsymbol{A}$ 为 n 阶方阵，记为 $\boldsymbol{A}_n$。

如果两个矩阵具有相同的行数与相同的列数,则称这两个矩阵为**同型矩阵**。

如果矩阵 $\boldsymbol{A}$、$\boldsymbol{B}$ 为同型矩阵，且对应元素均相等，则称矩阵 $\boldsymbol{A}$ 与矩阵 $\boldsymbol{B}$ 相等,记为 $\boldsymbol{A}=\boldsymbol{B}$。

例 1　设 $\boldsymbol{A}=\begin{bmatrix} 1 & 2-x & 3 \\ 2 & 6 & 5z \end{bmatrix}$,$\boldsymbol{B}=\begin{bmatrix} 1 & x & 3 \\ y & 6 & z-8 \end{bmatrix}$,已知 $\boldsymbol{A}=\boldsymbol{B}$,求 x、y、z。

解:因为 $2-x=x,2=y,5z=z-8$,所以 $x=1,y=2,z=-2$

二、矩阵概念的应用

矩阵概念的应用十分广泛，这里，我们先介绍矩阵在解决逻辑判断问题中的一个应用。某些逻辑判断问题的条件往往给得很多，看上去错综复杂，但如果我们能恰当地设计一些矩阵，则有助于把所给条件的头绪理清，在此基础上再进行推理，将能起到化简解决问题的目的。

先看两个实例。

例 2 某种物资有 2 个产地，3 个销地，其调运方案如表 8-1-1 所示。

调 运 方 案 表 8-1-1

销地 / 销量 / 产地	B_1	B_2	B_3
A_1	5	4	6
A_2	7	1	3

如果取出表 8-1-1 中销量的数据并保持原来的相对位置，就可以得到一个矩形数表：

$$\begin{bmatrix} 5 & 4 & 6 \\ 7 & 1 & 3 \end{bmatrix}$$

例 3 某企业生产 5 种产品，各种产品的季度产值(单位：万元)如表 8-1-2 所示。

季 度 产 值 表 8-1-2

产品 / 产值 / 季度	1	2	3	4	5
1	80	58	75	78	79
2	98	70	85	84	78
3	90	75	90	90	85
4	88	70	82	80	90

如果取出表 8-1-2 中的产值数据，同样可用矩形数表表示为

$$\begin{bmatrix} 80 & 58 & 75 & 78 & 79 \\ 98 & 70 & 85 & 84 & 78 \\ 90 & 75 & 90 & 90 & 85 \\ 88 & 70 & 82 & 80 & 90 \end{bmatrix}$$

我们将以上的矩形数表称为矩阵。

三、几种特殊矩阵

只有一行的矩阵

$$\mathbf{A}=(a_1\ a_2\ \cdots a_n)$$

称为**行矩阵或行向量**。为避免元素间的混淆，行矩阵也记作

$$\boldsymbol{A}=(a_1,a_2,\cdots,a_n)$$

只有一列的矩阵

$$\boldsymbol{B}=\begin{pmatrix} b_1 \\ b_2 \\ \vdots \\ b_m \end{pmatrix}$$

称为**列矩阵或列向量**。

n 阶方阵

$$\begin{pmatrix} \lambda_1 & 0 & \cdots & 0 \\ 0 & \lambda_2 & \cdots & 0 \\ \cdots & \cdots & \cdots & \cdots \\ 0 & 0 & \cdots & \lambda_n \end{pmatrix}$$

称为 n 阶**对角矩阵**。对角矩阵也记为

$$\boldsymbol{A}=\mathrm{diag}(\lambda_1,\lambda_2,\cdots,\lambda_n)$$

n 阶方阵

$$\begin{pmatrix} 1 & 0 & \cdots & 0 \\ 0 & 1 & \cdots & 0 \\ \cdots & \cdots & & \cdots \\ 0 & 0 & \cdots & 1 \end{pmatrix}$$

称为 n 阶**单位矩阵**。n 阶单位矩阵也记为

$$\boldsymbol{E}=E_n(\text{或 } \boldsymbol{I}=I_n)$$

当一个 n 阶对角矩阵 $\boldsymbol{A}$ 的对角元素全部相等且等于某一数 a 时，称 $\boldsymbol{A}$ 为 n 阶**数量矩阵**，即

$$\boldsymbol{A}=\begin{pmatrix} a & 0 & \cdots & 0 \\ 0 & a & \cdots & 0 \\ \cdots & \cdots & \cdots & \cdots \\ 0 & 0 & \cdots & a \end{pmatrix}$$

例 4 甲、乙、丙、丁、戊 5 人各从图书馆借来一本小说，他们约定读完后互相交换，这 5 本书的厚度以及他们 5 人的阅读速度差不多，因此，5 人总是同时交换书，经 4 次交换后，他们 5 人读完了这 4 本书，现已知：

(1)甲最后读的书是乙读的第 2 本书；

(2)丙最后读的书是乙读的第 4 本书；

(3)丙读的第 2 本书甲在一开始就读了；

(4)丁最后读的书是丙读的第 3 本；

(5)乙读的第 4 本书是戊读的第 3 本书；

(6)丁第 3 次读的书是丙一开始读的那本书。

试根据以上情况说出丁第 2 次读的书是谁最先读的书。

解：设甲、乙、丙、丁、戊最后读的书的代号依次为 A、B、C、D、C、E，则根据题设条件可以列

出下列初始矩阵为

$$\begin{matrix} & \begin{matrix}\text{甲} & \text{乙} & \text{丙} & \text{丁} & \text{戊}\end{matrix} \\ \begin{matrix}1\\2\\3\\4\\5\end{matrix} & \begin{pmatrix} x & & y & & \\ & A & x & & \\ & & D & y & C \\ & C & & & \\ A & B & C & D & E\end{pmatrix}\end{matrix}$$

上述矩阵中的 x、y 表示尚未确定的书名代号，两个 x 代表同一本书，两个 y 代表另外的同一本书。

由题意知，经 5 次阅读后乙将 5 本书全都阅读了，则从上述矩阵可以看出，乙第 3 次读的书不可能是 A、B 或 C。另外，由于丙在第 3 次阅读的是 D，所以乙第 3 次读的书也不可能是 D，因此，乙第 3 次读的书是 E，从而乙第 1 次读的书是 D。同理可推出，甲第 3 次读的书是 B，因此上述矩阵中的 y 为 A，x 为 E。由此可得到 5 个人的阅读顺序如下

$$\begin{matrix} & \begin{matrix}\text{甲} & \text{乙} & \text{丙} & \text{丁} & \text{戊}\end{matrix} \\ \begin{matrix}1\\2\\3\\4\\5\end{matrix} & \begin{pmatrix} E & D & A & C & B \\ C & A & E & B & D \\ B & E & D & A & C \\ D & C & B & E & A \\ A & B & C & D & E\end{pmatrix}\end{matrix}$$

由此矩阵知，丁第 2 次读的书是戊一开始读的那一本书。

习题 8.1

1. 设等式 $\begin{bmatrix}1 & 2\\ a & b\end{bmatrix}+\begin{bmatrix}x & y\\ 3 & 4\end{bmatrix}=\begin{bmatrix}3 & -4\\ 7 & 1\end{bmatrix}$ 成立，求 a、b、x、y。

2. 有 6 名选手参加乒乓球比赛，成绩如下：选手 1 胜选手 2、4、5、6，负于 3；选手 2 胜于 4、5、6，负于 1、3；选手 3 胜 1、2、4，负于 5、6；选手 4 胜 5、6，负于 1、2、3；选手 5 胜 3、6，负于 1、2、4；若胜一场得 1 分，负一场得 0 分，试用矩阵表示输赢状况，并排序。

§8.2 矩阵的运算

一、矩阵的线性运算

定义 1 设有两个 $m\times n$ 矩阵 $\boldsymbol{A}=(a_{ij})$ 和 $\boldsymbol{B}=(b_{ij})$，矩阵 $\boldsymbol{A}$ 与 $\boldsymbol{B}$ 的和记作 $\boldsymbol{A}+\boldsymbol{B}$，规定为

$$\boldsymbol{A}+\boldsymbol{B}=(a_{ij}+b_{ij})_{n\times m}=\begin{bmatrix} a_{11}+b_{11} & a_{12}+b_{12} & \cdots & a_{1n}+b_{1n} \\ a_{21}+b_{21} & a_{22}+b_{22} & \cdots & a_{2n}+b_{2n} \\ \cdots & \cdots & \cdots & \cdots \\ a_{m1}+b_{m1} & a_{m2}+b_{m2} & \cdots & a_{mn}+b_{mn} \end{bmatrix}$$

注意:只有两个矩阵是同型矩阵时,才能进行矩阵的加法运算。两个同型矩阵的和,即为两个矩阵对应位置元素相加得到的矩阵。

设矩阵 $\boldsymbol{A}=(a_{ij})$,记

$$-\boldsymbol{A}=(-a_{ij})$$

称 $-\boldsymbol{A}$ 为矩阵 $\boldsymbol{A}$ 的负矩阵,显然有

$$\boldsymbol{A}+(-\boldsymbol{A})=O$$

由此规定矩阵的**减法**为

$$\boldsymbol{A}-\boldsymbol{B}=\boldsymbol{A}+(-\boldsymbol{B})$$

定义 2 数 k 与矩阵 $\boldsymbol{A}$ 的乘积记作 $k\boldsymbol{A}$ 或 $\boldsymbol{A}k$,规定为

$$k\boldsymbol{A}=\boldsymbol{A}k=(ka_{ij})=\begin{pmatrix} ka_{11} & ka_{12} & \cdots & ka_{1n} \\ ka_{21} & ka_{22} & \cdots & ka_{2n} \\ \cdots & \cdots & & \cdots \\ ka_{m1} & ka_{m2} & \cdots & ka_{mn} \end{pmatrix}$$

数与矩阵的乘积运算称为**数乘运算**。

矩阵的加法与矩阵的数乘两种运算统称为矩阵的线性运算。它满足下列运算规律:

设 $\boldsymbol{A}$、$\boldsymbol{B}$、$\boldsymbol{C}$、$\boldsymbol{O}$ 都是同型矩阵,k、l 是常数,则

(1) $\boldsymbol{A}+\boldsymbol{B}=\boldsymbol{B}+\boldsymbol{A}$;

(2) $(\boldsymbol{A}+\boldsymbol{B})+\boldsymbol{C}=\boldsymbol{A}+(\boldsymbol{B}+\boldsymbol{C})$;

(3) $\boldsymbol{A}+\boldsymbol{O}=\boldsymbol{A}$;

(4) $\boldsymbol{A}+(-\boldsymbol{A})=\boldsymbol{O}$;

(5) $1\boldsymbol{A}=\boldsymbol{A}$;

(6) $k(l)\boldsymbol{A}=(kl\boldsymbol{A})$;

(7) $(k+l)\boldsymbol{A}=k\boldsymbol{A}+l\boldsymbol{A}$;

(8) $k(\boldsymbol{A}+\boldsymbol{B})=k\boldsymbol{A}+k\boldsymbol{B}$。

注 在数学中,把满足上述 8 条规律的运算称为线性运算。

例 1 已知 $\boldsymbol{A}=\begin{pmatrix} -1 & 2 & 3 & 1 \\ 0 & 3 & -2 & 1 \\ 4 & 0 & 3 & 2 \end{pmatrix}$,$\boldsymbol{B}=\begin{pmatrix} 4 & 3 & 2 & -1 \\ 5 & -3 & 0 & 1 \\ 1 & 2 & -5 & 0 \end{pmatrix}$,求 $3\boldsymbol{A}-2\boldsymbol{B}$。

解:$3\boldsymbol{A}-2\boldsymbol{B}=3\begin{pmatrix} -1 & 2 & 3 & 1 \\ 0 & 3 & -2 & 1 \\ 4 & 0 & 3 & 2 \end{pmatrix}-2\begin{pmatrix} 4 & 3 & 2 & -1 \\ 5 & -3 & 0 & 1 \\ 1 & 2 & -5 & 0 \end{pmatrix}=\begin{pmatrix} -3-8 & 6-6 & 9-4 & 3+2 \\ 0-10 & 9+6 & -6-0 & 3-2 \\ 12-2 & 0-4 & 9+10 & 6-0 \end{pmatrix}$

$$=\begin{pmatrix} -11 & 0 & 5 & 5 \\ -10 & 15 & -6 & 1 \\ 10 & -4 & 19 & 6 \end{pmatrix}$$

例 2 已知 $\boldsymbol{A}=\begin{pmatrix} 3 & -1 & 2 & 0 \\ 1 & 5 & 7 & 9 \\ 2 & 4 & 6 & 8 \end{pmatrix}$,$\boldsymbol{B}=\begin{pmatrix} 7 & 5 & -2 & 4 \\ 5 & 1 & 9 & 7 \\ 3 & 2 & -1 & 6 \end{pmatrix}$,且 $\boldsymbol{A}+2\boldsymbol{X}=\boldsymbol{B}$,求 $\boldsymbol{X}$。

解：$X=\frac{1}{2}(B-A)=\frac{1}{2}\begin{pmatrix}4 & 6 & -4 & 4\\ 4 & -4 & 2 & -2\\ 1 & -2 & -7 & -2\end{pmatrix}=\begin{pmatrix}2 & 3 & -2 & 2\\ 2 & -2 & 1 & -1\\ \frac{1}{2} & -1 & -\frac{7}{2} & -1\end{pmatrix}$

二、矩阵的相乘

定义 3 设

$$A=(a_{ij})_{m\times s}=\begin{pmatrix}a_{11} & a_{12} & \cdots & a_{1s}\\ a_{2s} & a_{2s} & & a_{2s}\\ \cdots & \cdots & & \cdots\\ a_{m1} & a_{m2} & \cdots & a_{ms}\end{pmatrix} B=(b_{ij})_{s\times n}=\begin{pmatrix}b_{11} & b_{12} & \cdots & b_{1n}\\ b_{21} & b_{22} & \cdots & b_{2n}\\ \cdots & \cdots & & \cdots\\ b_{s1} & b_{s2} & \cdots & b_{sn}\end{pmatrix}$$

矩阵 A 与矩阵 B 的乘积记作 AB，规定为

$$AB=(c_{ij})_{m\times n}=\begin{pmatrix}c_{11} & c_{12} & \cdots & c_{1n}\\ c_{21} & c_{22} & \cdots & c_{2n}\\ \cdots & \cdots & & \cdots\\ c_{m1} & c_{m2} & \cdots & c_{mn}\end{pmatrix}$$

其中 $c_{ij}=a_{i1}b_{1j}+a_{i2}b_{2j}+\cdots+a_{is}b_{sj}=\sum_{k=1}^{s}a_{ik}b_{kj}, i=1,2,\cdots,m; j=1,2,\cdots,n$。

记号 AB 常读作 A **左乘** B **或** B **右乘** A。

注意：(1)只有当左边矩阵的列数等于右边矩阵的行数时，两个矩阵才能进行乘法运算；

(2)乘积矩阵 AB 的行数等于前一矩阵 A 的行数，AB 的列数等于后一矩阵 B 的列数；

(3)乘积矩阵 AB 的第 i 行第 j 列的元素 c_{ij} 等于前一矩阵 A 的第 i 行元素与后一矩阵 B 的第 j 列对应元素相乘，然后相加。即

$$C_{ij}=(a_{i1}, a_{i2}, \cdots, a_{is})\begin{pmatrix}b_{1j}\\ b_{2j}\\ \vdots\\ b_{sj}\end{pmatrix}=a_{i1}b_{1j}+a_{i2}b_{2j}+\cdots+a_{is}b_{sj}$$

例 3 若 $A=\begin{pmatrix}2 & 3\\ 1 & -2\\ 3 & 1\end{pmatrix}, B=\begin{bmatrix}1 & -2 & -3\\ 2 & -1 & 0\end{bmatrix}$，求 AB、BA。

解：$AB=\begin{pmatrix}2 & 3\\ 1 & -2\\ 3 & 1\end{pmatrix}\begin{bmatrix}1 & -2 & -3\\ 2 & -1 & 0\end{bmatrix}=\begin{pmatrix}2\cdot1+3\cdot2 & 2\cdot(-2)+3\cdot(-1) & 2\cdot(-3)+3\cdot0\\ 1\cdot1+(-2)\cdot2 & 1\cdot(-2)+(-2)\cdot(-1) & 1\cdot(-3)+(-2)\cdot0\\ 3\cdot1+1\cdot2 & 3\cdot(-2)+1\cdot(-1) & 3\cdot(-3)+1\cdot0\end{pmatrix}$

$=\begin{pmatrix}8 & -7 & -6\\ -3 & 0 & -3\\ 5 & -7 & -9\end{pmatrix}$

就此例顺便求一下 BA。

$$\boldsymbol{BA}=\begin{bmatrix}1 & -2 & -3\\2 & -1 & 0\end{bmatrix}\begin{pmatrix}2 & 3\\1 & -2\\3 & 1\end{pmatrix}=\begin{pmatrix}1\cdot 2+(-2)\cdot 1+(-3)\cdot 3 & 1\cdot 3+(-2)\cdot(-2)+(-3)\cdot 1\\2\cdot 2+(-1)\cdot 1+0\cdot 3 & 2\cdot 3+(-1)\cdot(-2)+0\cdot 1\end{pmatrix}$$

$$=\begin{bmatrix}-9 & 4\\3 & 8\end{bmatrix}$$

例 4 设矩阵 $\boldsymbol{A}=\begin{bmatrix}1 & -1\\-1 & 1\end{bmatrix}$,$\boldsymbol{B}=\begin{bmatrix}1 & 1\\-1 & -1\end{bmatrix}$,$\boldsymbol{C}=\begin{bmatrix}2 & 0\\0 & -2\end{bmatrix}$,求 $\boldsymbol{AB}$、$\boldsymbol{BA}$、$\boldsymbol{AC}$。

解:$\boldsymbol{AB}=\begin{bmatrix}1 & -1\\-1 & 1\end{bmatrix}\begin{bmatrix}1 & 1\\-1 & -1\end{bmatrix}=\begin{bmatrix}2 & 2\\-2 & -2\end{bmatrix}$

$\boldsymbol{BA}=\begin{bmatrix}1 & 1\\-1 & -1\end{bmatrix}\begin{bmatrix}1 & -1\\-1 & 1\end{bmatrix}=\begin{bmatrix}0 & 0\\0 & 0\end{bmatrix}$

$\boldsymbol{AC}=\begin{bmatrix}1 & -1\\-1 & 1\end{bmatrix}\begin{bmatrix}2 & 0\\0 & -2\end{bmatrix}=\begin{bmatrix}2 & 2\\-2 & -2\end{bmatrix}$

由上面两例题可知,矩阵乘法与数的乘法有根本差别:

(1)两个矩阵相乘一般不能随便交换顺序,即 $\boldsymbol{AB}\neq\boldsymbol{BA}$,因此矩阵相乘时必须注意顺序,$\boldsymbol{AB}$ 称为 $\boldsymbol{A}$ 左乘 $\boldsymbol{B}$;而 $\boldsymbol{BA}$ 称为 $\boldsymbol{A}$ 右乘 $\boldsymbol{B}$。

(2)矩阵乘法一般也不满足消去律,虽然上例中 $\boldsymbol{AB}=\boldsymbol{AC}$,但不能得出 $\boldsymbol{B}=\boldsymbol{C}$。

(3)两个非零矩阵相乘,可能是零矩阵,如上例 $\boldsymbol{BA}=\boldsymbol{O}$,但不能推出 $\boldsymbol{A}=\boldsymbol{O}$ 或 $\boldsymbol{B}=\boldsymbol{O}$。

矩阵的乘法满足下列运算规律(假定运算都是可行的):

(1)$(\boldsymbol{AB})\boldsymbol{C}=\boldsymbol{A}(\boldsymbol{BC})$

(2)$(\boldsymbol{A}+\boldsymbol{B})\boldsymbol{C}=\boldsymbol{AC}+\boldsymbol{BC}$

(3)$\boldsymbol{C}(\boldsymbol{A}+\boldsymbol{B})=\boldsymbol{CA}+\boldsymbol{CB}$

(4)$k(\boldsymbol{AB})=(k\boldsymbol{A})\boldsymbol{B}=\boldsymbol{A}(k\boldsymbol{B})$

对于单位矩阵 $\boldsymbol{E}$,容易证明

$$\boldsymbol{E}_m\boldsymbol{A}_{m\times n}=\boldsymbol{A}_{m\times n},\boldsymbol{A}_{m\times n}\boldsymbol{E}_n=\boldsymbol{A}_{m\times n}$$

或简写成

$$\boldsymbol{EA}=\boldsymbol{AE}=\boldsymbol{A}$$

对于方阵 $\boldsymbol{A}$,由于 $\boldsymbol{A}$ 的列数等于行数,可归纳给出方阵的幂运算:

$$\boldsymbol{A}^1=\boldsymbol{A},\boldsymbol{A}^2=\boldsymbol{A}^1\boldsymbol{A}^1,\cdots,\boldsymbol{A}^{k+1}=\boldsymbol{A}^k\boldsymbol{A}^1$$

其中 k 为正整数.这就是说 $\boldsymbol{A}^k$ 就是 k 个 $\boldsymbol{A}$ 连乘。

方阵的幂运算满足以下运算规律(假设运算都是可行的):

(1)$\boldsymbol{A}^m\boldsymbol{A}^n=\boldsymbol{A}^{m+n}$ (m,n 为非负整数)

(2)$(\boldsymbol{A}^m)^n=\boldsymbol{A}^{mn}$

注 对于两个 n 阶方阵 $\boldsymbol{A}$ 与 $\boldsymbol{B}$,一般来说,$(\boldsymbol{AB})^m\neq\boldsymbol{A}^m\boldsymbol{B}^m$,$m$ 为自然数。

三、矩阵的转置

定义 4 把矩阵 $\boldsymbol{A}$ 的行换成同序数的列得到的新矩阵,称为 $\boldsymbol{A}$ 的**转置矩阵**,记作 $\boldsymbol{A}^{\mathrm{T}}$(或

A'). 即若

$$A=\begin{pmatrix} a_{11} & a_{12} & \cdots & a_{1n} \\ a_{21} & a_{22} & \cdots & a_{2n} \\ \cdots & \cdots & & \cdots \\ a_{m1} & a_{m2} & \cdots & a_{mn} \end{pmatrix}$$

则

$$A^{\mathrm{T}}=\begin{pmatrix} a_{11} & a_{21} & \cdots & a_{m1} \\ a_{12} & a_{22} & \cdots & a_{m2} \\ \cdots & \cdots & & \cdots \\ a_{1n} & a_{2n} & \cdots & a_{mn} \end{pmatrix}$$

矩阵的转置满足以下运算规律(假设运算都是可行的):

(1)$(A^{\mathrm{T}})^{\mathrm{T}}=A$

(2)$(A+B)^{\mathrm{T}}=A^{\mathrm{T}}+B^{\mathrm{T}}$

(3)$(kA)^{\mathrm{T}}=kA^{\mathrm{T}}$

(4) $(AB)^{\mathrm{T}}=B^{\mathrm{T}}A^{\mathrm{T}}$

例 5 已知 $A=\begin{bmatrix} 2 & 0 & -1 \\ 1 & 3 & 2 \end{bmatrix}$,$B=\begin{bmatrix} 1 & 7 & -1 \\ 4 & 2 & 3 \\ 2 & 0 & 1 \end{bmatrix}$, 求$(AB)^{\mathrm{T}}$。

解法 1 $\because$ $AB=\begin{bmatrix} 2 & 0 & -1 \\ 1 & 3 & 2 \end{bmatrix}\begin{pmatrix} 1 & 7 & -1 \\ 4 & 2 & 3 \\ 2 & 0 & 1 \end{pmatrix}=\begin{bmatrix} 0 & 14 & -3 \\ 17 & 13 & 10 \end{bmatrix}$

$\therefore$ $(AB)^{\mathrm{T}}=\begin{pmatrix} 0 & 17 \\ 14 & 13 \\ -3 & 10 \end{pmatrix}$

解法 2 $(AB)^{\mathrm{T}}=B^{\mathrm{T}}A^{\mathrm{T}}=\begin{pmatrix} 1 & 4 & 2 \\ 7 & 2 & 0 \\ -1 & 3 & 1 \end{pmatrix}\begin{pmatrix} 2 & 1 \\ 0 & 3 \\ -1 & 2 \end{pmatrix}=\begin{pmatrix} 0 & 17 \\ 14 & 13 \\ -3 & 10 \end{pmatrix}$

四、对称矩阵

定义 5 设 A 为 n 阶方阵, 如果 $A^{\mathrm{T}}=A$, 即

$$a_{ij}=a_{ji} \quad (i,j=1,2,\cdots,n)$$

则称 A 为**对称矩阵**。

显然,对称矩阵 A 的元素关于主对角线对称。例如

$$\begin{pmatrix} 0 & -1 \\ -1 & 0 \end{pmatrix}, \begin{pmatrix} 8 & 6 & 1 \\ 6 & 9 & 0 \\ 1 & 0 & 5 \end{pmatrix}$$

均为对称矩阵。

如果 $\boldsymbol{A}^{\mathrm{T}}=-\boldsymbol{A}$,则称 $\boldsymbol{A}$ 为**反对称矩阵**。

例 6 设 $\boldsymbol{A}$ 是 $m\times n$ 型的矩阵,证明 $\boldsymbol{A}^{\mathrm{T}}\boldsymbol{A},\boldsymbol{A}\boldsymbol{A}^{\mathrm{T}}$ 都是对称阵。

证 由转置运算规律可得 $(\boldsymbol{A}^{\mathrm{T}}\boldsymbol{A})^{\mathrm{T}}=\boldsymbol{A}^{\mathrm{T}}(\boldsymbol{A}^{\mathrm{T}})^{\mathrm{T}}=\boldsymbol{A}^{\mathrm{T}}\boldsymbol{A}$,

$(\boldsymbol{A}\boldsymbol{A}^{\mathrm{T}})^{\mathrm{T}}=(\boldsymbol{A}^{\mathrm{T}})^{\mathrm{T}}\boldsymbol{A}^{\mathrm{T}}=\boldsymbol{A}\boldsymbol{A}^{\mathrm{T}}$,

所以 $\boldsymbol{A}^{\mathrm{T}}\boldsymbol{A}$、$\boldsymbol{A}\boldsymbol{A}^{\mathrm{T}}$ 都是对称阵。

五、方阵的行列式

定义 6 由 n 阶方阵 $\boldsymbol{A}$ 的元素所构成的行列式(各元素的位置不变),称为方阵 $\boldsymbol{A}$ 的行列式,记作 $|\boldsymbol{A}|$ 或 $\det\boldsymbol{A}$。

注意:方阵与行列式是两个不同的概念,n 阶方阵是 n^2 个数按一定方式排成的数表,而 n 阶行列式则是这些数按一定的运算法则所确定的一个数值(实数或复数)。

方阵 $\boldsymbol{A}$ 的行列式 $|\boldsymbol{A}|$ 满足以下运算规律(设 $\boldsymbol{A}$、$\boldsymbol{B}$ 为 n 阶方阵, k 为常数):

(1) $|\boldsymbol{A}^{\mathrm{T}}|=|\boldsymbol{A}|$(行列式性质 1)

(2) $|k\boldsymbol{A}|=k^n|\boldsymbol{A}|$

(3) $|\boldsymbol{A}\boldsymbol{B}|=|\boldsymbol{A}||\boldsymbol{B}|$

注意:两个方阵相乘一般是不能交换的,但是若 $\boldsymbol{A}$、$\boldsymbol{B}$ 均是 n 阶方阵,则有 $|\boldsymbol{A}||\boldsymbol{B}|=|\boldsymbol{A}\boldsymbol{B}|=|\boldsymbol{B}||\boldsymbol{A}|=|\boldsymbol{B}\boldsymbol{A}|$。

例 7 设 $\boldsymbol{A}=\begin{pmatrix}a_1 & & & \\ & a_2 & & \\ & & \ddots & \\ & & & a_n\end{pmatrix}$,$\boldsymbol{B}=\begin{pmatrix}b_1 & & & \\ & b_2 & & \\ & & \ddots & \\ & & & b_n\end{pmatrix}$

(这种记法表示主对角线以外没有注明的元素均为 0),则

(1) $k\begin{pmatrix}a_1 & & & \\ & a_2 & & \\ & & \ddots & \\ & & & a_n\end{pmatrix}=\begin{pmatrix}ka_1 & & & \\ & ka_2 & & \\ & & \ddots & \\ & & & ka_n\end{pmatrix}$

(2) $\begin{pmatrix}a_1 & & & \\ & a_2 & & \\ & & \ddots & \\ & & & a_n\end{pmatrix}+\begin{pmatrix}b_1 & & & \\ & b_2 & & \\ & & \ddots & \\ & & & b_n\end{pmatrix}=\begin{pmatrix}a_1+b_1 & & & \\ & a_2+b_2 & & \\ & & \ddots & \\ & & & a_n+b_n\end{pmatrix}$

(3) $\begin{pmatrix}a_1 & & & \\ & a_2 & & \\ & & \ddots & \\ & & & a_n\end{pmatrix}\begin{pmatrix}b_1 & & & \\ & b_2 & & \\ & & \ddots & \\ & & & b_n\end{pmatrix}=\begin{pmatrix}a_1b_1 & & & \\ & a_2b_2 & & \\ & & \ddots & \\ & & & a_nb_n\end{pmatrix}$

可见,如果 $\boldsymbol{A}$、$\boldsymbol{B}$ 为同阶对角矩阵,则 $k\boldsymbol{A}$、$\boldsymbol{A}+\boldsymbol{B}$、$\boldsymbol{A}\times\boldsymbol{B}$ 仍为同阶对角矩阵。

例 8 设 $\boldsymbol{A}=\begin{pmatrix}1&0&-1\\2&1&0\\3&2&-1\end{pmatrix}$，$\boldsymbol{B}=\begin{pmatrix}-2&1&0\\0&3&1\\0&0&2\end{pmatrix}$，证明 $|\boldsymbol{AB}|=|\boldsymbol{A}||\boldsymbol{B}|$。

证明 由于 $\boldsymbol{AB}=\begin{pmatrix}-2&1&-2\\-4&5&1\\-6&9&0\end{pmatrix}$，$|\boldsymbol{AB}|=\begin{vmatrix}-2&1&-2\\-4&5&1\\-6&9&0\end{vmatrix}=24$，

又

$$|\boldsymbol{A}|=\begin{vmatrix}1&0&-1\\2&1&0\\3&2&-1\end{vmatrix}=-2,\ |\boldsymbol{B}|=\begin{vmatrix}-2&1&0\\0&3&1\\0&0&2\end{vmatrix}=-12,$$

因此 $|\boldsymbol{AB}|=24=(-2)(-12)=|\boldsymbol{A}||\boldsymbol{B}|$。

习题 8.2

1. 计算：

(1) $\begin{bmatrix}1&2&4\\-3&2&8\end{bmatrix}+\begin{bmatrix}-2&0&1\\4&-3&-6\end{bmatrix}$　　(2) $\begin{bmatrix}1&2\\3&4\end{bmatrix}-\begin{bmatrix}-1&3\\-2&0\end{bmatrix}$

2. 设 $\boldsymbol{A}=\begin{pmatrix}1&2&1&2\\2&1&2&1\\1&2&3&4\end{pmatrix}$，$\boldsymbol{B}=\begin{pmatrix}4&3&2&1\\-2&1&-2&1\\0&-1&0&-1\end{pmatrix}$，计算：

(1) $3\boldsymbol{A}-\boldsymbol{B}$；(2) $2\boldsymbol{A}+3\boldsymbol{B}$；(3) 若 $\boldsymbol{X}$ 满足 $\boldsymbol{A}+\boldsymbol{X}=\boldsymbol{B}$，求 $\boldsymbol{X}$。

3. 计算：

(1) $[1\ \ 2\ \ 3]\begin{pmatrix}4\\5\\6\end{pmatrix}$　　(2) $\begin{pmatrix}1\\2\\3\end{pmatrix}[4\ \ 5\ \ 6]$　　(3) $\begin{pmatrix}4&3&1\\1&-2&3\\5&7&0\end{pmatrix}\begin{pmatrix}7\\2\\1\end{pmatrix}$

(4) $\begin{bmatrix}1&2&3\\-2&1&2\end{bmatrix}\begin{pmatrix}1&2&0\\0&1&1\\3&0&-1\end{pmatrix}$

4. 设 $\boldsymbol{A}=\begin{pmatrix}1&1&1\\1&1&-1\\1&-1&1\end{pmatrix}$，$\boldsymbol{B}=\begin{pmatrix}1&2&3\\-1&-2&-4\\1&2&4\end{pmatrix}$，求 $3\boldsymbol{AB}-2\boldsymbol{A}$ 及 $\boldsymbol{A}^{\mathrm{T}}\boldsymbol{B}$。

5. 设 $\boldsymbol{A}=(a_{ij})$ 为三阶矩阵，若已知 $|\boldsymbol{A}|=-2$，求 $||\boldsymbol{A}|\cdot\boldsymbol{A}|$。

6. 解矩阵方程 $\begin{bmatrix}2&1\\1&2\end{bmatrix}\boldsymbol{X}=\begin{bmatrix}1&2\\-1&4\end{bmatrix}$，$\boldsymbol{X}$ 为二阶矩阵。

7. 设 $\boldsymbol{A}=\begin{pmatrix}\lambda&1&0\\0&\lambda&1\\0&0&\lambda\end{pmatrix}$，求 $\boldsymbol{A}^3$。

8. 证明：如果 $\boldsymbol{CA}=\boldsymbol{AC}$，$\boldsymbol{CB}=\boldsymbol{BC}$，则有 $(\boldsymbol{A}+\boldsymbol{B})\boldsymbol{C}=\boldsymbol{C}(\boldsymbol{A}+\boldsymbol{B})$，$(\boldsymbol{AB})\boldsymbol{C}=\boldsymbol{C}(\boldsymbol{AB})$。

§8.3 逆 矩 阵

一、可逆与矩阵的逆

在数的运算中，对于数 $a\neq 0$，总存在唯一一个数 a^{-1}，使得

$$a\cdot a^{-1}=a^{-1}\cdot a=1$$

数的逆在解方程中起着重要作用，例如，解一元线性方程

$$ax=b$$

当 $a\neq 0$ 时，其解为

$$x=a^{-1}b$$

对一个矩阵 $\boldsymbol{A}$，是否也存在类似的运算？在回答这个问题之前，先引入可逆矩阵与逆矩阵的概念。

定义 1 对于 n 阶矩阵 $\boldsymbol{A}$，如果存在一个 n 阶矩阵 $\boldsymbol{B}$，使得

$$\boldsymbol{AB}=\boldsymbol{BA}=\boldsymbol{E} \tag{8-3-1}$$

则称矩阵 $\boldsymbol{A}$ 为可逆矩阵，而矩阵 $\boldsymbol{B}$ 称为 $\boldsymbol{A}$ 的**逆矩阵**。

若矩阵 $\boldsymbol{A}$ 是可逆的，则 $\boldsymbol{A}$ 的逆矩阵是唯一的。

这是因为：假设矩阵 $\boldsymbol{B}$ 和矩阵 $\boldsymbol{C}$ 都是矩阵 $\boldsymbol{A}$ 的逆矩阵，那么

$$\boldsymbol{B}=\boldsymbol{BE}=\boldsymbol{B}(\boldsymbol{AC})=(\boldsymbol{BA})\boldsymbol{C}=\boldsymbol{EC}=\boldsymbol{C}$$

所以矩阵 $\boldsymbol{A}$ 的逆矩阵是唯一的。我们把矩阵 $\boldsymbol{A}$ 的逆矩阵记作 $\boldsymbol{A}^{-1}$，即 $\boldsymbol{A}^{-1}=\boldsymbol{B}$。

在什么条件下方阵 $\boldsymbol{A}$ 是可逆的呢？又怎么样求方阵 $\boldsymbol{A}$ 的逆矩阵 $\boldsymbol{A}^{-1}$ 呢？正是下一步要探讨的问题。

二、方阵可逆的充分必要条件与逆矩阵的求法

定义 2 方阵 $\boldsymbol{A}$ 的行列式 $|\boldsymbol{A}|$ 的各个元素的代数余子式 $\boldsymbol{A}_{ij}$ 所构成的矩阵

$$\boldsymbol{A}^*=\begin{pmatrix}\boldsymbol{A}_{11} & \boldsymbol{A}_{21} & \cdots & \boldsymbol{A}_{n1}\\ \boldsymbol{A}_{12} & \boldsymbol{A}_{22} & \cdots & \boldsymbol{A}_{n2}\\ \cdots & \cdots & \cdots & \cdots\\ \boldsymbol{A}_{1n} & \boldsymbol{A}_{2n} & \cdots & \boldsymbol{A}_{nn}\end{pmatrix}$$

称为矩阵 $\boldsymbol{A}$ 的**伴随矩阵**。伴随矩阵满足 $\boldsymbol{AA}^*=\boldsymbol{A}^*\boldsymbol{A}=|\boldsymbol{A}|\boldsymbol{E}$。

事实上，设

$$\boldsymbol{AA}^*=\begin{bmatrix}a_{11} & a_{12} & \cdots & a_{1n}\\ a_{21} & a_{22} & \cdots & a_{2n}\\ \cdots & \cdots & \cdots & \cdots\\ a_{n1} & a_{n2} & \cdots & a_{nn}\end{bmatrix}\begin{bmatrix}A_{11} & A_{21} & \cdots & A_{n1}\\ A_{12} & A_{22} & \cdots & A_{n2}\\ \cdots & \cdots & \cdots & \cdots\\ A_{1n} & A_{2n} & \cdots & A_{nn}\end{bmatrix}=(c_{ij})_{m\times n}$$

按乘法公式有

$$c_{ij}=a_{i1}A_{j1}+a_{i2}A_{j2}+\cdots+a_{in}A_{jn}=\begin{cases}|A|, & i=j\\ 0, & i\neq j\end{cases}$$

于是
$$AA^*=\begin{bmatrix}|A| & 0 & \cdots & 0\\ 0 & |A| & \cdots & 0\\ \cdots & \cdots & \cdots & \cdots\\ 0 & 0 & \cdots & |A|\end{bmatrix}=|A|E$$

同理可得
$$AA^*=A^*A=|A|E$$

故得
$$A^*A=|A|E$$

定理 1 n 阶矩阵 A 可逆的充分必要条件是其行列式 $|A|\neq 0$，且有
$$A^{-1}=\frac{1}{|A|}A^*$$
其中 A^* 为 A 的伴随矩阵。

证明 充分条件：

设 $|A|\neq 0$，则存在矩阵 $\frac{1}{|A|}A^*$，由式(8-3-1)可得
$$A\left(\frac{1}{|A|}A^*\right)=\frac{1}{|A|}AA^*=\frac{1}{|A|}|A|E=E$$

由(8-3-1)可得
$$\left(\frac{1}{|A|}A^*\right)A=\frac{1}{|A|}(A^*A)=\frac{1}{|A|}|A|E=E$$

这就是说矩阵 A 可逆，且 $A^{-1}=\frac{1}{|A|}A^*$。

必要条件：

设 A 可逆，由 $AA^{-1}=E$，得 $|AA^{-1}|=|E|$，于是 $|A|\,|A^{-1}|=1$，所以 $|A|\neq 0$。

推论 若 $AB=E$(或 $BA=E$)，则 $B=A^{-1}$。

证明 因为 $|AB|=|A|\,|B|=|E|=1$，所以 $|A|\neq 0$，故 A 可逆，于是有
$$B=EB=(A^{-1}A)B=A^{-1}(AB)=A^{-1}E=A^{-1}$$

推论表明：判断 B 是否是 A 的逆矩阵，只要验证 $AB=E$(或 $BA=E$)是否成立。

如果 n 阶矩阵 A 的行列式 $|A|\neq 0$，则称 A 为非奇异矩阵(或非退化矩阵)，否则称为奇异矩阵(或退化矩阵)。可逆矩阵就是非奇异矩阵(或非退化矩阵)。

例 1 设 $A=\begin{pmatrix}1 & 0 & 1\\ 2 & 1 & 0\\ -3 & 2 & -5\end{pmatrix}$，判别 A 是否可逆，若可逆，求矩阵 A 的逆矩阵 A^{-1}。

解：因为 $|A|=\begin{vmatrix}1 & 0 & 1\\ 2 & 1 & 0\\ -3 & 2 & -5\end{vmatrix}=2\neq 0$，所以矩阵 A 可逆。再求 A^*：

$$A_{11}=\begin{vmatrix}1 & 0\\ 2 & -5\end{vmatrix}=-5\qquad A_{12}=-\begin{vmatrix}2 & 0\\ -3 & -5\end{vmatrix}=10\qquad A_{13}=\begin{vmatrix}2 & 1\\ -3 & 2\end{vmatrix}=7$$

$$A_{21}=-\begin{vmatrix}0 & 1\\ 2 & -5\end{vmatrix}=2\qquad A_{22}=\begin{vmatrix}1 & 1\\ -3 & -5\end{vmatrix}=-2\qquad A_{23}=-\begin{vmatrix}1 & 0\\ -3 & 2\end{vmatrix}=-2$$

$$A_{31}=\begin{vmatrix}0 & 1\\ 1 & 0\end{vmatrix}=-1\qquad A_{32}=-\begin{vmatrix}1 & 1\\ 2 & 0\end{vmatrix}=2\qquad A_{33}=\begin{vmatrix}1 & 0\\ 2 & 1\end{vmatrix}=1$$

得 $\boldsymbol{A}^{*}=\begin{pmatrix}\boldsymbol{A}_{11} & \boldsymbol{A}_{21} & \boldsymbol{A}_{31}\\ \boldsymbol{A}_{12} & \boldsymbol{A}_{22} & \boldsymbol{A}_{32}\\ \boldsymbol{A}_{13} & \boldsymbol{A}_{23} & \boldsymbol{A}_{33}\end{pmatrix}=\begin{pmatrix}-5 & 2 & -1\\ 10 & -2 & 2\\ 7 & -2 & 1\end{pmatrix}$

于是得 $\boldsymbol{A}^{-1}=\frac{1}{|\boldsymbol{A}|}\boldsymbol{A}^{*}=\frac{1}{2}\begin{pmatrix}-5 & 2 & -1\\ 10 & -2 & 2\\ 7 & -2 & 1\end{pmatrix}=\begin{pmatrix}-5/2 & 1 & -1/2\\ 5 & -1 & 1\\ 7/2 & -1 & 1/2\end{pmatrix}$

三、逆矩阵的运算性质

(1) 若矩阵 $\boldsymbol{A}$ 可逆，则 A^{-1} 也可逆，且 $(\boldsymbol{A}^{-1})^{-1}=\boldsymbol{A}$；

(2) 若矩阵 $\boldsymbol{A}$ 可逆，数 $k\neq 0$，则 $(k\boldsymbol{A})^{-1}=\frac{1}{k}\boldsymbol{A}^{-1}$；

(3) 两个同阶矩阵的可逆矩阵 A、B 的乘积是可逆矩阵，且 $(\boldsymbol{AB})^{-1}=\boldsymbol{B}^{-1}\boldsymbol{A}^{-1}$；

(4) 若矩阵 $\boldsymbol{A}$ 可逆，则 $\boldsymbol{A}^{\mathrm{T}}$ 也可逆，且有 $(\boldsymbol{A}^{\mathrm{T}})^{-1}=(\boldsymbol{A}^{-1})^{\mathrm{T}}$；

(5) 若矩阵 $\boldsymbol{A}$ 可逆，则 $|\boldsymbol{A}^{-1}|=|\boldsymbol{A}|^{-1}$。

例 2 设 $\boldsymbol{P}=\begin{pmatrix}1 & 2\\ 1 & 4\end{pmatrix}$，$\boldsymbol{\Lambda}=\begin{pmatrix}1 & 0\\ 0 & 2\end{pmatrix}$，$\boldsymbol{AP}=\boldsymbol{P\Lambda}$，求 $\boldsymbol{A}^{n}$。

解： $|\boldsymbol{P}|=2$，$\boldsymbol{P}^{-1}=\frac{1}{2}\begin{pmatrix}4 & -2\\ -1 & 1\end{pmatrix}$

$\boldsymbol{A}=\boldsymbol{P\Lambda P}^{-1}$，$\boldsymbol{A}^{2}=\boldsymbol{P\Lambda P}^{-1}\boldsymbol{P\Lambda P}^{-1}=\boldsymbol{P\Lambda}^{2}\boldsymbol{P}^{-1}$，$\cdots$，$\boldsymbol{A}^{n}=\boldsymbol{P\Lambda}^{n}\boldsymbol{P}^{-1}$

而 $\boldsymbol{\Lambda}^{2}=\begin{bmatrix}1 & 0\\ 0 & 2\end{bmatrix}\begin{bmatrix}1 & 0\\ 0 & 2\end{bmatrix}=\begin{bmatrix}1 & 0\\ 0 & 2^{2}\end{bmatrix}$，$\cdots$，$\boldsymbol{\Lambda}^{\mathrm{n}}=\begin{bmatrix}1 & 0\\ 0 & 2^{\mathrm{n}}\end{bmatrix}$

故 $\boldsymbol{A}^{n}=\begin{bmatrix}1 & 2\\ 1 & 4\end{bmatrix}\begin{bmatrix}1 & 0\\ 0 & 2^{n}\end{bmatrix}\frac{1}{2}\begin{bmatrix}4 & -2\\ -1 & 1\end{bmatrix}=\frac{1}{2}\begin{pmatrix}1 & 2^{n+1}\\ 1 & 2^{n+2}\end{pmatrix}\begin{bmatrix}4 & -2\\ -1 & 1\end{bmatrix}$

$$=\frac{1}{2}\begin{pmatrix}4-2^{n+1} & 2^{n+1}-2\\ 4-2^{n+2} & 2^{n+2}-2\end{pmatrix}=\begin{pmatrix}2-2^{n} & 2^{n}-1\\ 2-2^{n+1} & 2^{n+1}-1\end{pmatrix}$$

四、矩阵方程

对标准矩阵方程

$$\boldsymbol{AX}=\boldsymbol{B}$$

$$\boldsymbol{XA}=\boldsymbol{B}$$

$$\boldsymbol{AXB}=\boldsymbol{C}$$

利用矩阵乘法的运算规律和逆矩阵的运算性质，通过在方程两边左乘或右乘相应的矩阵的逆矩阵，可求出其解分别为

$$\boldsymbol{X}=\boldsymbol{A}^{-1}\boldsymbol{B}$$

$$\boldsymbol{X}=\boldsymbol{BA}^{-1}$$

$$\boldsymbol{X}=\boldsymbol{A}^{-1}\boldsymbol{CB}^{-1}$$

而其他形式的矩阵方程，则可通过矩阵的有关运算性质转化为标准矩阵方程后进行求解。

例 3 设 $\boldsymbol{A}$、$\boldsymbol{B}$、$\boldsymbol{C}$ 均为 n 阶矩阵，且满足 $\boldsymbol{ABC}=\boldsymbol{E}$，则下式中哪些必定成立？理由是什么？

(1) $\boldsymbol{BCA}=\boldsymbol{E}$

(2) $\boldsymbol{BCA}=\boldsymbol{E}$

(3) $\boldsymbol{ACB}=\boldsymbol{E}$

(4) $\boldsymbol{CBA}=\boldsymbol{E}$

(5) $\boldsymbol{CAB}=\boldsymbol{E}$

解： 由 $\boldsymbol{ABC}=\boldsymbol{E}$，有 $(\boldsymbol{AB})\boldsymbol{C}=\boldsymbol{E}$ 或 $\boldsymbol{A}(\boldsymbol{BC})=\boldsymbol{E}$。根据可逆矩阵的定义，前者表明 $\boldsymbol{AB}$ 与 $\boldsymbol{C}$ 互为逆矩阵，则有 $(\boldsymbol{AB})\boldsymbol{C}=\boldsymbol{C}(\boldsymbol{AB})=\boldsymbol{CAB}=\boldsymbol{E}$。

后者表明 $\boldsymbol{A}$ 与 $\boldsymbol{BC}$ 互为逆矩阵，可推出 $\boldsymbol{A}(\boldsymbol{BC})=(\boldsymbol{BC})\boldsymbol{A}=\boldsymbol{BCA}=\boldsymbol{E}$。因此(1)与(5)必定成立。

例 4 已知 $\boldsymbol{A}=\begin{pmatrix}1&0&0&0&0\\0&2&0&0&0\\0&0&3&0&0\\0&0&0&4&0\\0&0&0&0&5\end{pmatrix}$，试用伴随矩阵法求 $\boldsymbol{A}^{-1}$。

解： 因 $|\boldsymbol{A}|=5!\neq 0$，故 $\boldsymbol{A}^{-1}$ 存在。由伴随矩阵法得

$$\boldsymbol{A}^{-1}=\frac{\boldsymbol{A}^*}{|\boldsymbol{A}|}=\frac{1}{5!}\begin{pmatrix}2\cdot3\cdot4\cdot5&0&0&0&0\\0&1\cdot3\cdot4\cdot5&0&0&0\\0&0&1\cdot2\cdot4\cdot5&0&0\\0&0&0&1\cdot2\cdot3\cdot5&0\\0&0&0&0&1\cdot2\cdot3\cdot4\end{pmatrix}$$

$$=\begin{pmatrix}1&0&0&0&0\\0&1/2&0&0&0\\0&0&1/3&0&0\\0&0&0&1/4&0\\0&0&0&0&1/5\end{pmatrix}$$

例 5 设 $\boldsymbol{A}=\begin{pmatrix}1&2&3\\2&2&1\\3&4&3\end{pmatrix}$，$\boldsymbol{B}=\begin{bmatrix}2&1\\5&3\end{bmatrix}$，$\boldsymbol{C}=\begin{pmatrix}1&3\\2&0\\3&1\end{pmatrix}$，求矩阵 $\boldsymbol{X}$ 使满足 $\boldsymbol{AXB}=\boldsymbol{C}$。

解： 因为 $|\boldsymbol{A}|=\begin{vmatrix}1&2&3\\2&2&1\\3&4&3\end{vmatrix}=2\neq0$，$|\boldsymbol{B}|=\begin{vmatrix}2&1\\5&3\end{vmatrix}=1\neq0$， 所以 $\boldsymbol{A}^{-1}$、$\boldsymbol{B}^{-1}$ 都存在，

且 $\boldsymbol{A}^{-1}=\begin{pmatrix}1&3&-2\\-3/2&-3&5/2\\1&1&-1\end{pmatrix}$，$\boldsymbol{B}^{-1}=\begin{bmatrix}3&-1\\-5&2\end{bmatrix}$

又由 $\boldsymbol{AXB}=\boldsymbol{C}$ 推出 $\boldsymbol{A}^{-1}\boldsymbol{AXBB}^{-1}=\boldsymbol{A}^{-1}\boldsymbol{CB}^{-1}$，即

$$\boldsymbol{X}=\boldsymbol{A}^{-1}\boldsymbol{CB}^{-1}=\begin{pmatrix}1&3&-2\\-3/2&-3&5/2\\1&1&-1\end{pmatrix}\begin{pmatrix}1&3\\2&0\\3&1\end{pmatrix}\begin{bmatrix}3&-1\\-5&2\end{bmatrix}=\begin{pmatrix}-2&1\\10&-4\\-10&4\end{pmatrix}$$

例 6 设矩阵 $\boldsymbol{A}$、$\boldsymbol{B}$ 满足 $\boldsymbol{A}^*\boldsymbol{B}\boldsymbol{A}=2\boldsymbol{B}\boldsymbol{A}-8\boldsymbol{E}$，其中 $\boldsymbol{A}=\begin{pmatrix}1&&\\&-2&\\&&1\end{pmatrix}$，$\boldsymbol{A}^*$ 为 $\boldsymbol{A}$ 的伴随矩阵，$\boldsymbol{E}$ 为单位矩阵，求矩阵 $\boldsymbol{B}$。

解：由于 $|\boldsymbol{A}|=-2\neq0$，故 $\boldsymbol{A}$ 可逆，从而 $\boldsymbol{A}^*=|\boldsymbol{A}|\cdot\boldsymbol{A}^{-1}=-2\boldsymbol{A}^{-1}$。

又 $\boldsymbol{A}^*\boldsymbol{B}\boldsymbol{A}=2\boldsymbol{B}\boldsymbol{A}-8\boldsymbol{E}\Leftrightarrow\boldsymbol{A}^*\boldsymbol{B}\boldsymbol{A}-2\boldsymbol{B}\boldsymbol{A}=-8\boldsymbol{E}\Leftrightarrow(\boldsymbol{A}^*-2\boldsymbol{E})\boldsymbol{B}\boldsymbol{A}=-8\boldsymbol{E}$

其中，$\boldsymbol{A}^*-2\boldsymbol{E}=-2\boldsymbol{A}^{-1}-2\boldsymbol{E}=-2\left[\begin{pmatrix}1&&\\&-1/2&\\&&1\end{pmatrix}+\begin{pmatrix}1&&\\&1&\\&&1\end{pmatrix}\right]=\begin{pmatrix}-4&&\\&-1&\\&&-4\end{pmatrix}$

显然可逆，因此得到

$$\boldsymbol{B}=(\boldsymbol{A}^*-2\boldsymbol{E})^{-1}(-8\boldsymbol{E})\boldsymbol{A}^{-1}=-8\,(\boldsymbol{A}^*-2\boldsymbol{E})^{-1}\boldsymbol{A}^{-1}$$

$$=(-8)\begin{pmatrix}-1/4&&\\&-1&\\&&-1/4\end{pmatrix}\begin{pmatrix}1&&\\&-1/2&\\&&1\end{pmatrix}=\begin{pmatrix}2&&\\&-4&\\&&2\end{pmatrix}$$

注 当对角矩阵 $\boldsymbol{A}=\mathrm{diag}(a_1,a_2,\cdots,a_n)$ 可逆时，其逆矩阵 $\boldsymbol{A}^{-1}=\mathrm{diag}\left(\frac{1}{a_1},\frac{1}{a_2},\cdots,\frac{1}{a_n}\right)$。

例 7 设方阵 $\boldsymbol{A}$ 满足方程 $a\boldsymbol{A}^2+b\boldsymbol{A}+c\boldsymbol{E}=\boldsymbol{O}$，证明 $\boldsymbol{A}$ 为可逆矩阵，并求 $\boldsymbol{A}^{-1}$（a、b、c 为常数，$c\neq0$）。

证 由 $\boldsymbol{a}\boldsymbol{A}^2+\boldsymbol{b}\boldsymbol{A}+\boldsymbol{c}\boldsymbol{E}=\boldsymbol{O}\Rightarrow a\boldsymbol{A}^2+b\boldsymbol{A}=-c\boldsymbol{E}$

$\because$ $c\neq0$

$\therefore$ $-\frac{\boldsymbol{a}}{\boldsymbol{c}}\boldsymbol{A}^2-\frac{\boldsymbol{b}}{\boldsymbol{c}}\boldsymbol{A}=\boldsymbol{E}\Rightarrow\left(-\frac{a}{c}\boldsymbol{A}-\frac{b}{c}\boldsymbol{E}\right)\boldsymbol{A}=\boldsymbol{E}$

由定理 1 的推论知，$\boldsymbol{A}$ 可逆，且 $\boldsymbol{A}^{-1}=-\frac{a}{c}\boldsymbol{A}-\frac{b}{c}\boldsymbol{E}$。

习题 8.3

1. 求下列矩阵的逆矩阵：

(1)$\begin{bmatrix}2&1\\5&3\end{bmatrix}$　(2)$\begin{pmatrix}1&1&-1\\1&2&-3\\0&1&1\end{pmatrix}$　(3)$\begin{pmatrix}1&2&3&4\\0&1&2&3\\0&0&1&2\\0&0&0&1\end{pmatrix}$

2. 设 $\boldsymbol{A}$、$\boldsymbol{B}$、$\boldsymbol{C}$ 是同阶矩阵，且 $\boldsymbol{A}$ 可逆，下列结论如果正确，试证明之；如果不正确，试举反例说明之。

(1)若 $\boldsymbol{A}\boldsymbol{B}=\boldsymbol{O}$，则 $\boldsymbol{B}=\boldsymbol{O}$；

(2)若 $\boldsymbol{B}\boldsymbol{C}=\boldsymbol{O}$，则 $\boldsymbol{B}=\boldsymbol{O}$。

3. 用逆矩阵求解下列矩阵方程：

(1)$\begin{bmatrix}1&-5\\-1&4\end{bmatrix}\boldsymbol{X}=\begin{bmatrix}3&2\\1&4\end{bmatrix}$　(2)$\begin{bmatrix}1&4\\-1&2\end{bmatrix}\boldsymbol{X}\begin{bmatrix}2&0\\-1&1\end{bmatrix}=\begin{bmatrix}3&1\\0&-1\end{bmatrix}$

4. 如果 $\boldsymbol{A}=\begin{pmatrix} a_1 & 0 & \cdots & 0 \\ 0 & a_2 & \cdots & 0 \\ \cdots & \cdots & \cdots & \cdots \\ 0 & 0 & \cdots & a_n \end{pmatrix}$，其中 $a_i \neq 0(i=1,2,\cdots,n)$，验证

$\boldsymbol{A}^{-1}=\begin{pmatrix} 1/a_1 & 0 & \cdots & 0 \\ 0 & 1/a_2 & \cdots & 0 \\ \cdots & \cdots & \cdots & \cdots \\ 0 & 0 & \cdots & 1/a_n \end{pmatrix}$。

5. 设 $\boldsymbol{A}$ 为 3×3 矩阵，$\boldsymbol{A}^*$ 是 $\boldsymbol{A}$ 的伴随矩阵，若 $|\boldsymbol{A}|=2$，求 $|\boldsymbol{A}^*|$。

6. 设 $\boldsymbol{A}=\begin{pmatrix} 0 & 3 & 3 \\ 1 & 1 & 0 \\ -1 & 2 & 3 \end{pmatrix}$，$\boldsymbol{AB}=\boldsymbol{A}+2\boldsymbol{B}$，求 $\boldsymbol{B}$。

§8.4 分块矩阵

一、分块矩阵的概念

对于行数和列数较高的矩阵，为了简化运算，经常采用分块法，使大矩阵的运算化成若干小矩阵间的运算。

设 $\boldsymbol{A}$ 是 $m\times n$ 型的矩阵，用若干条纵线和横线把矩阵 $\boldsymbol{A}$ 分成若干小块，每一个小块作为一个小矩阵，称为 $\boldsymbol{A}$ 的**子块**（或称为 $\boldsymbol{A}$ 的**子矩阵**），在进行矩阵运算时，可以把 $\boldsymbol{A}$ 的每一个子块作为一个元素，这种以子块为元素的矩阵称为**分块矩阵**。

例如将 3×4 矩阵

$$\boldsymbol{A}=\begin{pmatrix} a_{11} & a_{12} & a_{13} & a_{14} \\ a_{21} & a_{22} & a_{23} & a_{24} \\ a_{31} & a_{32} & a_{33} & a_{34} \end{pmatrix}$$

分成子块的分法很多，下面举出四种分块形式：

$$(1)\left(\begin{array}{cc:cc} a_{11} & a_{12} & a_{13} & a_{14} \\ \hdashline a_{21} & a_{22} & a_{23} & a_{24} \\ a_{31} & a_{32} & a_{33} & a_{34} \end{array}\right) \qquad (2)\left(\begin{array}{c:cc:c} a_{11} & a_{12} & a_{13} & a_{14} \\ a_{21} & a_{22} & a_{23} & a_{24} \\ \hdashline a_{31} & a_{32} & a_{33} & a_{34} \end{array}\right)$$

$$(3)\left(\begin{array}{c:c:c:c} a_{11} & a_{12} & a_{13} & a_{14} \\ a_{21} & a_{22} & a_{23} & a_{24} \\ a_{31} & a_{32} & a_{33} & a_{34} \end{array}\right) \qquad (4)\left(\begin{array}{cccc} a_{11} & a_{12} & a_{13} & a_{14} \\ \hdashline a_{21} & a_{22} & a_{23} & a_{24} \\ \hdashline a_{31} & a_{32} & a_{33} & a_{34} \end{array}\right)$$

分法(1)可记为

$$\boldsymbol{A}=\begin{pmatrix}A_{11} & A_{12}\\ A_{21} & A_{22}\end{pmatrix}$$

其中：

$$\boldsymbol{A}_{11}=[a_{11}\quad a_{12}]\qquad \boldsymbol{A}_{12}=[a_{13}\quad a_{14}]$$

$$\boldsymbol{A}_{21}=\begin{pmatrix}a_{21} & a_{22}\\ a_{31} & a_{32}\end{pmatrix}\qquad \boldsymbol{A}_{22}=\begin{pmatrix}a_{23} & a_{24}\\ a_{33} & a_{34}\end{pmatrix}$$

即 $\boldsymbol{A}_{11}$、$\boldsymbol{A}_{12}$、$\boldsymbol{A}_{21}$、$\boldsymbol{A}_{22}$ 为 $\boldsymbol{A}$ 的子块，而矩阵 $\boldsymbol{A}$ 形式上称为以这些子块为元素的分块矩阵。

二、分块矩阵的运算

分块矩阵的运算与普通矩阵的运算规则相似，分块时要注意，运算的两矩阵按块能运算，并且参与运算的子块也能运算，即，内外都能运算。

(1)设矩阵 $\boldsymbol{A}$ 与 $\boldsymbol{B}$ 的行数相同、列数相同，采用相同的分块法，若

$$\boldsymbol{A}=\begin{pmatrix}\boldsymbol{A}_{11} & \cdots & \boldsymbol{A}_{1t}\\ \cdots & & \cdots\\ \boldsymbol{A}_{s1} & \cdots & \boldsymbol{A}_{st}\end{pmatrix},\boldsymbol{B}=\begin{pmatrix}\boldsymbol{B}_{11} & \cdots & \boldsymbol{B}_{1t}\\ \cdots & & \cdots\\ \boldsymbol{B}_{s1} & \cdots & \boldsymbol{B}_{st}\end{pmatrix}$$

其中 $\boldsymbol{A}_{ij}$ 与 $\boldsymbol{B}_{ij}$ 的行数相同、列数相同，则

$$\boldsymbol{A}+\boldsymbol{B}=\begin{pmatrix}\boldsymbol{A}_{11}+\boldsymbol{B}_{11} & \cdots & \boldsymbol{A}_{1t}+\boldsymbol{B}_{1t}\\ \cdots & & \cdots\\ \boldsymbol{A}_{s1}+\boldsymbol{B}_{s1} & \cdots & \boldsymbol{A}_{st}+\boldsymbol{B}_{st}\end{pmatrix}$$

(2)设 $\boldsymbol{A}=\begin{pmatrix}\boldsymbol{A}_{11} & \cdots & \boldsymbol{A}_{1t}\\ \cdots & & \cdots\\ \boldsymbol{A}_{s1} & \cdots & \boldsymbol{A}_{st}\end{pmatrix}$，$k$ 为数，则 $k\boldsymbol{A}=\begin{pmatrix}k\boldsymbol{A}_{11} & \cdots & k\boldsymbol{A}_{1t}\\ \cdots & & \cdots\\ k\boldsymbol{A}_{s1} & \cdots & k\boldsymbol{A}_{st}\end{pmatrix}$

(3)设 $\boldsymbol{A}$ 为 $m\times l$ 矩阵，$\boldsymbol{B}$ 为 $l\times n$ 矩阵，分块成

$$\boldsymbol{A}=\begin{pmatrix}\boldsymbol{A}_{11} & \cdots & \boldsymbol{A}_{1t}\\ \cdots & & \cdots\\ \boldsymbol{A}_{s1} & \cdots & \boldsymbol{A}_{st}\end{pmatrix},\boldsymbol{B}=\begin{pmatrix}\boldsymbol{B}_{11} & \cdots & \boldsymbol{B}_{1r}\\ \cdots & & \cdots\\ \boldsymbol{B}_{t1} & \cdots & \boldsymbol{B}_{tr}\end{pmatrix}$$

其中 $\boldsymbol{A}_{p1},\boldsymbol{A}_{p2},\cdots,\boldsymbol{A}_{pt}$ 的列数分别等于 $\boldsymbol{B}_{1q},\boldsymbol{B}_{2q},\cdots,\boldsymbol{B}_{tq}$ 的行数，则

$$\boldsymbol{AB}=\begin{pmatrix}\boldsymbol{C}_{11} & \cdots & \boldsymbol{C}_{1r}\\ \vdots & & \vdots\\ \boldsymbol{C}_{s1} & \cdots & \boldsymbol{C}_{sr}\end{pmatrix}$$

其中 $\boldsymbol{C}_{pq}=\sum\limits_{k=1}^{t}\boldsymbol{A}_{pk}\boldsymbol{B}_{kq}\quad(p=1,2,\cdots,s;q=1,2,\cdots,r)$。

(4)分块矩阵的转置。

设 $\boldsymbol{A}=\begin{pmatrix}\boldsymbol{A}_{11} & \cdots & \boldsymbol{A}_{1t}\\ \cdots & & \cdots\\ \boldsymbol{A}_{s1} & \cdots & \boldsymbol{A}_{st}\end{pmatrix}$，则 $\boldsymbol{A}^{\mathrm{T}}=\begin{pmatrix}\boldsymbol{A}_{11}^{\mathrm{T}} & \cdots & \boldsymbol{A}_{s1}^{\mathrm{T}}\\ \cdots & & \cdots\\ \boldsymbol{A}_{1t}^{\mathrm{T}} & \cdots & \boldsymbol{A}_{st}^{\mathrm{T}}\end{pmatrix}$

例 1　设矩阵 $A=\begin{pmatrix}1&0&1&3\\0&1&2&4\\0&0&-1&0\\0&0&0&-1\end{pmatrix}$，$B=\begin{pmatrix}1&2&0&0\\2&0&0&0\\6&3&1&0\\0&-2&0&1\end{pmatrix}$，用分块矩阵计算 kA、$A+B$。

解：将矩阵 A、B 分块如下：

$$A=\begin{pmatrix}1&0&1&3\\0&1&2&4\\0&0&-1&0\\0&0&0&-1\end{pmatrix}=\begin{pmatrix}E&C\\0&-E\end{pmatrix},\quad B=\begin{pmatrix}1&2&0&0\\2&0&0&0\\6&3&1&0\\0&-2&0&1\end{pmatrix}=\begin{pmatrix}D&O\\F&E\end{pmatrix}$$

则　$A=k\begin{bmatrix}E&C\\O&-E\end{bmatrix}=\begin{bmatrix}kE&kC\\O&-kE\end{bmatrix}=\begin{pmatrix}k&0&k&3k\\0&k&2k&4k\\0&0&-k&0\\0&0&0&-k\end{pmatrix}$

$$A+B=\begin{bmatrix}E&C\\O&-E\end{bmatrix}+\begin{bmatrix}D&O\\F&E\end{bmatrix}=\begin{bmatrix}E+D&C\\F&O\end{bmatrix}=\begin{pmatrix}2&2&1&3\\2&1&2&4\\6&3&0&0\\0&-2&0&0\end{pmatrix}$$

例 2　设 $A=\begin{pmatrix}1&0&0&0\\0&1&0&0\\-1&2&1&0\\1&1&0&1\end{pmatrix}$，$B=\begin{pmatrix}1&0&1&0\\-1&2&0&1\\1&0&4&1\\-1&-1&2&0\end{pmatrix}$，求 AB。

解：把矩阵 A、B 分块

$A=\begin{pmatrix}E&O\\A_1&E\end{pmatrix}$，$B=\begin{pmatrix}B_{11}&E\\B_{21}&B_{22}\end{pmatrix}$，

则 $AB=\begin{pmatrix}E&O\\A_1&E\end{pmatrix}\begin{pmatrix}B_{11}&E\\B_{21}&B_{22}\end{pmatrix}=\begin{pmatrix}B_{11}&E\\A_1B_{11}+B_{21}&A_1+B_{22}\end{pmatrix}$

又 $A_1B_{11}+B_{21}=\begin{bmatrix}-1&2\\1&1\end{bmatrix}\begin{bmatrix}1&0\\-1&2\end{bmatrix}+\begin{bmatrix}1&0\\-1&-1\end{bmatrix}=\begin{bmatrix}-3&4\\0&2\end{bmatrix}+\begin{bmatrix}1&0\\-1&-1\end{bmatrix}=\begin{bmatrix}-2&4\\-1&1\end{bmatrix}$

$A_1+B_{22}=\begin{bmatrix}-1&2\\1&1\end{bmatrix}+\begin{bmatrix}4&1\\2&0\end{bmatrix}=\begin{bmatrix}3&3\\3&1\end{bmatrix}$

$$AB=\begin{pmatrix}B_{11}&E\\A_1B_{11}+B_{21}&A_1+B_{22}\end{pmatrix}=\begin{pmatrix}1&0&1&0\\-1&2&0&1\\-2&4&3&3\\-1&1&3&1\end{pmatrix}$$

三、准对角矩阵

1. 准对角矩阵

设 $\boldsymbol{A}$ 为 n 阶矩阵，若 $\boldsymbol{A}$ 的分块矩阵只有在对角线上有非零子块，其余子块都为零矩阵，且在对角线上的子块都是方阵，即

$$\boldsymbol{A}=\begin{pmatrix}\boldsymbol{A}_1 & & & \boldsymbol{O}\\ & \boldsymbol{A}_2 & & \\ & & \ddots & \\ \boldsymbol{O} & & & \boldsymbol{A}_s\end{pmatrix}$$

其中 $\boldsymbol{A}_i(i=1,2,\cdots,s)$ 都是方阵，则称 $\boldsymbol{A}$ 为**准对角矩阵(或分块对角矩阵)**。

分块对角矩阵具有以下性质：

(1) 若 $|\boldsymbol{A}_i|\neq 0(i=1,2,\cdots,s)$，则 $|\boldsymbol{A}|\neq 0$，且 $|\boldsymbol{A}|=|\boldsymbol{A}_1||\boldsymbol{A}_2|\cdots|\boldsymbol{A}_s|$；

(2) $\boldsymbol{A}^{-1}=\begin{pmatrix}\boldsymbol{A}_1^{-1} & & & \boldsymbol{O}\\ & \boldsymbol{A}_2^{-1} & & \\ & & \ddots & \\ \boldsymbol{O} & & & \boldsymbol{A}_s^{-1}\end{pmatrix}$；

(3) 同结构的分块对角矩阵的和、差、积、商仍是分块对角矩阵，且运算表现为对应子块的运算。

2. 三角分块矩阵

形如

$$\begin{pmatrix}\boldsymbol{A}_{11} & \boldsymbol{A}_{12} & \cdots & \boldsymbol{A}_{1s}\\ 0 & \boldsymbol{A}_{22} & \cdots & \boldsymbol{A}_{2s}\\ \cdots & \cdots & \cdots & \cdots\\ 0 & 0 & \cdots & \boldsymbol{A}_{ss}\end{pmatrix} \text{或} \begin{pmatrix}\boldsymbol{A}_{11} & 0 & \cdots & 0\\ \boldsymbol{A}_{21} & \boldsymbol{A}_{22} & \cdots & 0\\ \cdots & \cdots & \cdots & \cdots\\ \boldsymbol{A}_{s1} & \boldsymbol{A}_{s2} & \cdots & \boldsymbol{A}_{ss}\end{pmatrix}$$

的分块矩阵，分别称为**上三角分块矩阵**或**下三角分块矩阵**，其中 $\boldsymbol{A}_{pp}(p=1,2,\cdots,s)$ 是方阵。

同结构的上(下)三角分块矩阵的和、差、积、商仍是上(下)三角分块矩阵。

例 3 设 $\boldsymbol{A}=\left(\begin{array}{cc:cc:c}1 & 1 & 0 & 0 & 0\\ -1 & 1 & 0 & 0 & 0\\ \hdashline 0 & 0 & 1 & 0 & 0\\ 0 & 0 & 1 & 1 & 0\\ \hdashline 0 & 0 & 0 & 0 & 1\end{array}\right)$，则 $\boldsymbol{A}$ 是一个分了块的矩阵，且 $\boldsymbol{A}$ 的分块有一个特点，若记

$$\boldsymbol{A}_1=\begin{bmatrix}1 & 1\\ -1 & 1\end{bmatrix} \quad \boldsymbol{A}_2=\begin{bmatrix}1 & 0\\ 1 & 1\end{bmatrix} \quad \boldsymbol{A}_3=[1]$$

则

$$\boldsymbol{A}=\begin{pmatrix}\boldsymbol{A}_1 & 0 & 0\\ 0 & \boldsymbol{A}_2 & 0\\ 0 & 0 & \boldsymbol{A}_3\end{pmatrix}$$

即 $\boldsymbol{A}$ 作为分块矩阵来看，除了主对角线上的块外，其余各块都是零矩阵，以后会看到这种分块成对角形状的矩阵在运算上是比较简便的。

例 4　设 $\boldsymbol{A}=\begin{pmatrix}5&0&0\\0&3&1\\0&2&1\end{pmatrix}$，求 $\boldsymbol{A}^{-1}$。

解：$\boldsymbol{A}=\begin{pmatrix}5&0&0\\0&3&1\\0&2&1\end{pmatrix}=\begin{bmatrix}\boldsymbol{A}_1&\boldsymbol{O}\\\boldsymbol{O}&\boldsymbol{A}_2\end{bmatrix}$，$\boldsymbol{A}_1=[5]$，$\boldsymbol{A}_2=\begin{bmatrix}3&1\\2&1\end{bmatrix}$，$\boldsymbol{A}_1^{-1}=\left[\frac{1}{5}\right]$，

$\boldsymbol{A}_2^{-1}=\begin{bmatrix}1&-1\\-2&3\end{bmatrix}$，则 $\boldsymbol{A}^{-1}=\begin{bmatrix}\boldsymbol{A}_1^{-1}&\boldsymbol{O}\\\boldsymbol{O}&\boldsymbol{A}_2^{-1}\end{bmatrix}=\begin{pmatrix}1/5&0&0\\0&1&-1\\0&-2&3\end{pmatrix}$

习题 8.4

1. 用矩阵的分块求下列矩阵的逆矩阵：

(1) $\begin{pmatrix}0&0&2\\1&2&0\\3&4&0\end{pmatrix}$　　(2) $\begin{pmatrix}5&2&0&0\\2&1&0&0\\0&0&8&3\\0&0&5&2\end{pmatrix}$

2. 设 $\boldsymbol{A}=\begin{pmatrix}a&1&0&0\\0&a&0&0\\0&0&b&1\\0&0&1&b\end{pmatrix}$，$\boldsymbol{B}=\begin{pmatrix}a&0&0&0\\1&a&0&0\\0&0&b&0\\0&0&1&b\end{pmatrix}$，求 $\boldsymbol{ABA}$。

3. 分块方阵 $\boldsymbol{D}=\begin{bmatrix}\boldsymbol{A}&\boldsymbol{C}\\\boldsymbol{O}&\boldsymbol{B}\end{bmatrix}$，其中 $\boldsymbol{A}$、$\boldsymbol{B}$ 均为可逆方阵，证明 $\boldsymbol{D}$ 可逆，并求 $\boldsymbol{D}^{-1}$。

4. 设 $\boldsymbol{A}$ 为 3×3 矩阵，$|\boldsymbol{A}|=-2$，把 $\boldsymbol{A}$ 按列分块为 $\boldsymbol{A}=(\boldsymbol{A}_1,\boldsymbol{A}_2,\boldsymbol{A}_3)$，其中 $\boldsymbol{A}_j$ $(j=1,2,3)$ 为 $\boldsymbol{A}$ 的第 j 列。求：

(1) $|\boldsymbol{A}_1,2\boldsymbol{A}_2,\boldsymbol{A}_3|$　　(2) $|\boldsymbol{A}_3-2\boldsymbol{A}_1,3\boldsymbol{A}_2,\boldsymbol{A}_1|$

§8.5　矩阵的初等变换

矩阵的初等变换是矩阵的一种运算，它在整个矩阵理论、向量理论的探讨中都起着十分重要的作用。

一、矩阵的初等变换

在计算行列式时，利用行列式的性质可以将给定的行列式化为上(下)三角形行列式，从而简化行列式的计算。把行列式的某些性质引用到矩阵上，会给研究矩阵带来很大的方便，这些性质反映到矩阵上就是矩阵的初等变换。

定义 1　矩阵的下列三种变换称为矩阵的**初等行变换**：

(1)交换矩阵的两行(交换 i、j 两行，记作 $r_i\leftrightarrow r_j$)；

(2)以一个非零的数 k 乘矩阵的某一行(第 i 行乘数 k，记作 $r_i\times k$)；

(3)把矩阵的某一行的 k 倍加到另一行(第 j 行乘 k 加到 i 行,记为 r_i+kr_j)。

把定义中的"行"换成"列",即得矩阵的初等列变换的定义(相应记号中把 r 换成 c)。

初等行变换与初等列变换统称为**初等变换**。

注 初等变换的逆变换仍是初等变换,且变换类型相同。

例如,变换 $r_i\leftrightarrow r_j$ 的逆变换即为其本身;变换 $r_i\times k$ 的逆变换为 $r_i\times\dfrac{1}{k}$;变换 r_i+kr_j 的逆变换为 $r_i+(-k)r_j$ 或 r_i-kr_j。

定义 2 对单位矩阵 E 施以一次初等变换得到的方阵称为**初等矩阵**。

三种初等变换分别对应着三种初等方阵。

(1)$\boldsymbol{E}$ 的第 i、j 行(列)互换得到的矩阵

$$\boldsymbol{E}(i,j)=\begin{pmatrix}1&&&&&&&&&&\\&\ddots&&&&&&&&&\\&&1&&&&&&&&\\&&&0&&\cdots&&1&&&\\&&&&1&&&&&&\\&&&\vdots&&\ddots&&\vdots&&&\\&&&&&&1&&&&\\&&&1&&\cdots&&0&&&\\&&&&&&&&1&&\\&&&&&&&&&\ddots&\\&&&&&&&&&&1\end{pmatrix}\begin{matrix}\\\\\\i\text{ 行}\\\\\\\\j\text{ 列}\\\\\\\\\end{matrix}$$

i 列　　j 列

(2)$\boldsymbol{E}$ 的第 i 行(列)乘以非零数 k 得到的矩阵

$$\boldsymbol{E}(i(k))=\begin{pmatrix}1&&&&\\&\ddots&&&\\&&k&&\\&&&\ddots&\\&&&&1\end{pmatrix}\begin{matrix}\\\\i\text{ 行}\\\\\\\end{matrix}$$

i 列

(3)$\boldsymbol{E}$ 的第 j 行乘以数 k 加到第 i 行上,或 $\boldsymbol{E}$ 的第 i 列乘以数 k 加到第 j 列上得到的矩阵

$$\boldsymbol{E}(ij(k))=\begin{pmatrix}1&&&&&\\&\ddots&&&&\\&&1&\cdots&k&&\\&&&\ddots&\vdots&&\\&&&&1&&\\&&&&&\ddots&\\&&&&&&1\end{pmatrix}\begin{matrix}\\\\i\text{ 行}\\\\j\text{ 列}\\\\\\\end{matrix}$$

i 列　j 列

由逆矩阵定义可以验证：初等方阵都是可逆矩阵，且它们的逆矩阵都是同类型的初等方阵。

命题 1 关于初等矩阵有下列性质：

(1)$\boldsymbol{E}(i,j)^{-1}=\boldsymbol{E}(i,j)$，$\boldsymbol{E}(i(k))^{-1}=\boldsymbol{E}(i(k^{-1}))$，$\boldsymbol{E}(ij(k))^{-1}=\boldsymbol{E}(ij(-k))$

(2)$|\boldsymbol{E}(i,j)|=-1$，$|\boldsymbol{E}(i(k))|=k$，$|\boldsymbol{E}(ij(k))|=1$

定理 1 设 $\boldsymbol{A}$ 是一个 $m\times n$ 矩阵，用 m 阶初等方阵左乘矩阵 $\boldsymbol{A}$，相当于对 $\boldsymbol{A}$ 作一次相应的初等行变换；用 n 阶初等方阵右乘矩阵 $\boldsymbol{A}$，相当于对 $\boldsymbol{A}$ 作一次相应的初等列变换。

例如设有矩阵 $\boldsymbol{A}=\begin{pmatrix}3&0&1\\1&-1&2\\0&1&1\end{pmatrix}$，而 $\boldsymbol{E}_3(1,2)=\begin{pmatrix}0&1&0\\1&0&0\\0&0&1\end{pmatrix}$，$\boldsymbol{E}_3(31(2))=\begin{pmatrix}1&0&0\\0&1&0\\2&0&1\end{pmatrix}$，

则 $\boldsymbol{E}_3(1,2)\boldsymbol{A}=\begin{pmatrix}0&1&0\\1&0&0\\0&0&1\end{pmatrix}\begin{pmatrix}3&0&1\\1&-1&2\\0&1&1\end{pmatrix}=\begin{pmatrix}1&-1&2\\3&0&1\\0&1&1\end{pmatrix}$

即用 $\boldsymbol{E}_3(1,2)$ 左乘 $\boldsymbol{A}$，相当于交换矩阵 $\boldsymbol{A}$ 的第一与第二行。

又有 $\boldsymbol{A}\boldsymbol{E}_3(31(2))=\begin{pmatrix}3&0&1\\1&-1&2\\0&1&1\end{pmatrix}\begin{pmatrix}1&0&0\\0&1&0\\2&0&1\end{pmatrix}=\begin{pmatrix}5&0&1\\5&-1&2\\2&1&1\end{pmatrix}$

即用 $\boldsymbol{E}_3(31(2))$ 右乘 $\boldsymbol{A}$，相当于将矩阵 $\boldsymbol{A}$ 的第 3 列乘 2 加于第 1 列。

二、矩阵的等价

定义 3 若矩阵 $\boldsymbol{A}$ 经过有限次初等行变换变成矩阵 $\boldsymbol{B}$，则称矩阵 $\boldsymbol{A}$ 与 $\boldsymbol{B}$ **行等价**，记为 $\boldsymbol{A}\overset{r}{\sim}\boldsymbol{B}$（或 $\boldsymbol{A}\xrightarrow{r}\boldsymbol{B}$）；若矩阵 $\boldsymbol{A}$ 经过有限次初等列变换变成矩阵 $\boldsymbol{B}$，则称矩阵 $\boldsymbol{A}$ 与 $\boldsymbol{B}$ **列等价**，记为 $\boldsymbol{A}\overset{c}{\sim}/\boldsymbol{B}$（或 $3\xrightarrow{c}\boldsymbol{B}$）；矩阵的行、列等价统称为矩阵**等价** $\boldsymbol{A}\sim\boldsymbol{B}$（或 $\boldsymbol{A}\longrightarrow\boldsymbol{B}$）。

注 在理论表述或证明中，常用记号“$\sim$”，在对矩阵作初等变换运算的过程中常用记号“$\rightarrow$”。

矩阵之间的等价关系具有下列基本性质：

(1) 反身性，$\boldsymbol{A}\sim\boldsymbol{A}$；

(2) 对称性，若 $\boldsymbol{A}\sim\boldsymbol{B}$，则 $\boldsymbol{B}\sim\boldsymbol{A}$；

(3) 传递性，若 $\boldsymbol{A}\sim\boldsymbol{B}$，$\boldsymbol{B}\sim\boldsymbol{C}$，则 $\boldsymbol{A}\sim\boldsymbol{C}$。

数学中把具有上述三条规律的关系称为**等价关系**。因此矩阵等价就是一种等价关系。

定义 4 矩阵 $\boldsymbol{A}$ 满足：

(1)$\boldsymbol{A}$ 中全零行都在非零行的下方（元素全为零的行称为**全零行**，否则称为**非零行**）；

(2)各非零行的首非零元素（从左至右的一个不为零的元素）的列标随着行标的增大而严格增大（或说下一非零行的首元素均在上一非零行的首元素的右侧）；

称矩阵 $\boldsymbol{A}$ 为**行阶梯形矩阵**。

例如，矩阵

$$A=\begin{bmatrix}4&3&2&1&0\\0&2&3&2&0\\0&0&3&4&1\\0&0&0&0&0\end{bmatrix}\quad B=\begin{bmatrix}3&1&0&2&1\\0&0&0&3&2\\0&0&0&0&0\\0&0&0&0&0\end{bmatrix}$$

都是行阶梯形矩阵。而矩阵

$$C=\begin{bmatrix}2&3&1&1&0\\0&0&0&0&0\\0&2&4&6&1\\0&0&0&2&1\end{bmatrix}\quad D=\begin{bmatrix}3&0&1&5&0\\0&3&1&2&1\\0&2&3&0&1\\0&0&0&0&0\end{bmatrix}$$

为非阶梯形矩阵。

例 1 用矩阵的初等行变换将矩阵

$$A=\begin{bmatrix}1&2&0&4\\2&5&1&0\\1&0&4&2\\3&1&3&28\end{bmatrix}$$

化为行阶梯形矩阵。

解：$A=\begin{bmatrix}1&2&0&4\\2&5&1&0\\1&0&4&2\\3&1&3&28\end{bmatrix}\xrightarrow[r_4-3r_1]{\substack{r_2-2r_1\\r_3-r_1}}\begin{bmatrix}1&2&0&4\\0&1&1&-8\\0&-2&4&-2\\0&-5&3&16\end{bmatrix}$

$$\xrightarrow[r_4+5r_2]{r_3+2r_2}\begin{bmatrix}1&2&0&4\\0&1&1&-8\\0&0&6&-18\\0&0&8&-24\end{bmatrix}\xrightarrow{r_4-\frac{8}{6}r_3}\begin{bmatrix}1&2&0&4\\0&1&1&-8\\0&0&6&-18\\0&0&0&0\end{bmatrix}=B$$

对上述所化得的行阶梯形矩阵 B 继续施以行初等变换，将 B 化为下面形式的矩阵

$$B=\begin{bmatrix}1&2&0&4\\0&1&1&-8\\0&0&6&-18\\0&0&0&0\end{bmatrix}\xrightarrow[\frac{1}{6}r_3]{r_1-2r_2}\begin{bmatrix}1&0&-2&20\\0&1&1&-8\\0&0&1&-3\\0&0&0&0\end{bmatrix}$$

$$\xrightarrow[r_2-r_3]{r_1+2r_3}\begin{bmatrix}1&0&0&14\\0&1&0&-5\\0&0&1&-3\\0&0&0&0\end{bmatrix}=C$$

矩阵 C 仍是行阶梯形矩阵，且它具有下面两个特点：

(1)各非零行的首非零元素都是 1；

(2)每个首非零元素所在列的其余元素都是零。

称矩阵 C 为矩阵 A 的**行最简型矩阵**。

对上述所化得的行最简型矩阵，再施以列初等变换，则可以将 $\boldsymbol{C}$ 简化成下面的矩阵

$$\boldsymbol{C}=\begin{bmatrix}1&0&0&14\\0&1&0&-5\\0&0&1&-3\\0&0&0&0\end{bmatrix}\xrightarrow[c_4+3\cdot c_3]{\substack{c_4+(-14)\cdot c_1\\c_4+5\cdot c_2}}\begin{bmatrix}1&0&0&0\\0&1&0&0\\0&0&1&0\\0&0&0&0\end{bmatrix}=\boldsymbol{F}=\begin{bmatrix}\boldsymbol{E}&\boldsymbol{O}\\\boldsymbol{O}&\boldsymbol{O}\end{bmatrix}$$

矩阵 F 的左上角是一个单位矩阵 $\boldsymbol{E}$，其他元素全为零，称矩阵 $\boldsymbol{F}$ 为矩阵 $\boldsymbol{A}$ 的**标准型**。

数学归纳法可以证明，任何一个 $m\times n$ 型的矩阵 $\boldsymbol{A}=(a_{ij})_{m\times n}$ 都行等价于一个行阶梯形矩阵；任何一个 $m\times n$ 型的矩阵 $\boldsymbol{A}=(a_{ij})_{m\times n}$ 行等价于一个行最简型矩阵；任何一个 $m\times n$ 型的矩阵 $\boldsymbol{A}=(a_{ij})_{m\times n}$ 等价于标准型。进而可得结论，如果 $\boldsymbol{A}$ 为 n 阶可逆矩阵，则矩阵 $\boldsymbol{A}$ 经过有限次初等变换可化为单位矩阵 $\boldsymbol{E}$，即 $\boldsymbol{A}\sim\boldsymbol{E}$。

定理 2 n 阶矩阵 $\boldsymbol{A}$ 可逆的充分必要条件是 $\boldsymbol{A}$ 可以表示为有限个初等方阵的乘积，即

$$\boldsymbol{A}=\boldsymbol{P}_1\boldsymbol{P}_2\cdots\boldsymbol{P}_l$$

其中 $\boldsymbol{P}_1\boldsymbol{P}_2\cdots\boldsymbol{P}_l$ 是初等方阵。

证 先证充分性。设 $\boldsymbol{A}=\boldsymbol{P}_1\boldsymbol{P}_2\cdots\boldsymbol{P}_l$，因初等方阵可逆，有限个可逆矩阵的乘积仍可逆，故 $\boldsymbol{A}$ 可逆。

再证必要性。设 n 阶方阵 $\boldsymbol{A}$ 可逆，且 $\boldsymbol{A}$ 的标准型矩阵为 $\boldsymbol{F}$，由于 $\boldsymbol{F}\sim\boldsymbol{A}$，知 $\boldsymbol{F}$ 经有限次初等变换可化为 $\boldsymbol{A}$，即有初等矩阵 $\boldsymbol{P}_1\boldsymbol{P}_2\cdots\boldsymbol{P}_l$，使

$$\boldsymbol{A}=\boldsymbol{P}_1\boldsymbol{P}_2\cdots\boldsymbol{P}_l$$

因为 $\boldsymbol{A}$ 可逆，$\boldsymbol{P}_1\boldsymbol{P}_2\cdots\boldsymbol{P}_l$ 也都可逆，故标准型矩阵 $\boldsymbol{F}$ 可逆。假设

$$\boldsymbol{F}=\begin{bmatrix}\boldsymbol{E}_r&\boldsymbol{O}\\\boldsymbol{O}&\boldsymbol{O}\end{bmatrix}_{n\times n}$$

其中 $r<n$，则 $|\boldsymbol{F}|=0$，与 F 可逆矛盾，因此必有 $r=n$，即 $\boldsymbol{F}=\boldsymbol{E}$，从而

$$\boldsymbol{A}=\boldsymbol{P}_1\boldsymbol{P}_2\cdots\boldsymbol{P}_l$$

推论 1 设 $\boldsymbol{A}$ 与 $\boldsymbol{B}$ 为 $m\times n$ 型的矩阵，那么

(1) $\boldsymbol{A}\overset{r}{\sim}\boldsymbol{B}$ 的充分必要条件是存在 m 阶可逆矩阵 $\boldsymbol{P}$，使 $\boldsymbol{PA}=\boldsymbol{B}$；

(2) $\boldsymbol{A}\overset{c}{\sim}\boldsymbol{B}$ 的充分必要条件是存在 n 阶可逆矩阵 $\boldsymbol{Q}$，使 $\boldsymbol{AQ}=\boldsymbol{B}$；

(3) $\boldsymbol{A}\sim\boldsymbol{B}$ 的充分必要条件是存在 m 阶可逆矩阵 $\boldsymbol{P}$ 及 n 阶可逆矩阵 $\boldsymbol{Q}$，使 $\boldsymbol{PAQ}=\boldsymbol{B}$。

证明 (1) $\boldsymbol{A}\overset{r}{\sim}/\boldsymbol{B}\Leftrightarrow\boldsymbol{A}$ 经有限次初等变换变成矩阵 $\boldsymbol{B}\Leftrightarrow$ 存在有限个 m 阶初等方阵 $\boldsymbol{P}_1\boldsymbol{P}_2\cdots\boldsymbol{P}_l$，使 $\boldsymbol{P}_l\cdots\boldsymbol{P}_2\boldsymbol{P}_1\boldsymbol{A}=\boldsymbol{B}\Leftrightarrow$ 记 $\boldsymbol{P}=\boldsymbol{P}_l\boldsymbol{P}_{l-1}\cdots\boldsymbol{P}_2\boldsymbol{P}_1$，$\boldsymbol{P}$ 为 m 阶可逆矩阵，使 $\boldsymbol{PA}=\boldsymbol{B}$。类似证明(2)和(3)。

推论 2 方阵 $\boldsymbol{A}$ 可逆的充分必要条件是 $\boldsymbol{A}\sim\boldsymbol{E}$。

三、用行初等变换求逆矩阵

设 n 阶方阵 $\boldsymbol{A}$ 可逆，则它的逆矩阵 $\boldsymbol{A}^{-1}$ 也可逆，由定理 3，$\boldsymbol{A}^{-1}$ 可以分解成有限个初等方阵的乘积，即

$$\boldsymbol{A}^{-1}=\boldsymbol{P}_1\boldsymbol{P}_2\cdots\boldsymbol{P}_l=\boldsymbol{P}_1\boldsymbol{P}_2\cdots\boldsymbol{P}_l\boldsymbol{E}$$

由上式可知：n 阶单位矩阵 $\boldsymbol{E}$ 可经有限次初等变换化成 $\boldsymbol{A}^{-1}$，又

$$A^{-1}A=P_1P_2\cdots P_lA=E$$

由上式可知:n 阶可逆矩阵 $\boldsymbol{A}$ 可经有限次相同类型的行初等变换化成 n 阶单位阵 $\boldsymbol{E}$。由分块矩阵运算,可以把上面两个式子合并为 $n\times 2n$ 型的矩阵$(\boldsymbol{A}\vdots\boldsymbol{E})$,对它施以行初等变换,把 $\boldsymbol{A}$ 化为 $\boldsymbol{E}$ 的同时,就把 $\boldsymbol{E}$ 化为 A^{-1}。

$$(\boldsymbol{A}\vdots\boldsymbol{E})\xrightarrow{r}(\boldsymbol{E}\vdots\boldsymbol{A}^{-1})$$

例 2 设 $\boldsymbol{A}=\begin{pmatrix}1&2&3\\2&2&1\\3&4&3\end{pmatrix}$,求 $\boldsymbol{A}^{-1}$。

解:$(\boldsymbol{A}\quad\boldsymbol{E})=\begin{pmatrix}1&2&3&1&0&0\\2&2&1&0&1&0\\3&4&3&0&0&1\end{pmatrix}\xrightarrow[r_3-3r_1]{r_2-2r_1}\begin{pmatrix}1&2&3&1&0&0\\0&-2&-5&-2&1&0\\0&-2&-6&-3&0&1\end{pmatrix}$

$\xrightarrow[r_3-r_2]{r_1+r_2}\begin{pmatrix}1&0&-2&-1&1&0\\0&-2&-5&-2&1&0\\0&0&-1&-1&-1&1\end{pmatrix}\xrightarrow[r_2-5r_3]{r_1-2r_3}\begin{pmatrix}1&0&0&1&3&-2\\0&-2&0&3&6&-5\\0&0&-1&-1&-1&1\end{pmatrix}$

$\xrightarrow[r_3\div(-1)]{r_2\div(-2)}\begin{pmatrix}1&0&0&1&3&-2\\0&1&0&-3/2&-3&5/2\\0&0&1&1&1&-1\end{pmatrix}$

则 $\boldsymbol{A}^{-1}=\begin{pmatrix}1&3&-2\\-3/2&-3&5/2\\1&1&-1\end{pmatrix}$

四、用初等变换法求解矩阵方程 $AX=B$

设矩阵 $\boldsymbol{A}$ 可逆,则求解矩阵方程 $\boldsymbol{AX}=\boldsymbol{B}$ 等价于求矩阵

$$\boldsymbol{X}=\boldsymbol{A}^{-1}\boldsymbol{B}$$

为此,可采用类似初等行变换求矩阵的逆的方法,构造矩阵$[\boldsymbol{A}\ \boldsymbol{B}]$,对其施以初等行变换将矩阵 $\boldsymbol{A}$ 化为单位矩阵 $\boldsymbol{E}$,则上述初等行变换同时也将其中的单位矩阵 $\boldsymbol{B}$ 化为 $\boldsymbol{A}^{-1}\boldsymbol{B}$,即

$$(\boldsymbol{A}\vdots\boldsymbol{B})\xrightarrow{\text{初等行变换}}(\boldsymbol{E}\vdots\boldsymbol{A}^{-1}\boldsymbol{B})$$

这样就给出了用初等行变换求解矩阵方程 $\boldsymbol{AX}=\boldsymbol{B}$ 的方法。

例 3 求矩阵 $\boldsymbol{X}$,使 $\boldsymbol{AX}=\boldsymbol{B}$,其中 $\boldsymbol{A}=\begin{pmatrix}1&2&3\\2&2&1\\3&4&3\end{pmatrix}$,$\boldsymbol{B}=\begin{pmatrix}2&5\\3&1\\4&3\end{pmatrix}$。

解:若 $\boldsymbol{A}$ 可逆,则 $\boldsymbol{X}=\boldsymbol{A}^{-1}\boldsymbol{B}$。

$[\boldsymbol{A}\quad\boldsymbol{B}]=\begin{pmatrix}1&2&3&2&5\\2&2&1&3&1\\3&4&3&4&3\end{pmatrix}\xrightarrow[r_3-3r_1]{r_2-2r_1}\begin{pmatrix}1&2&3&2&5\\0&-2&-5&-1&-9\\0&-2&-6&-2&-12\end{pmatrix}$

$$\xrightarrow[r_3-r_2]{r_1+r_2}\begin{pmatrix}1&0&-2&1&-4\\0&-2&-5&-1&-9\\0&0&-1&-1&-3\end{pmatrix}\xrightarrow[r_2-5r_3]{r_1-2r_3}\begin{pmatrix}1&0&0&3&2\\0&-2&0&4&6\\0&0&-1&-1&-3\end{pmatrix}$$

$$\xrightarrow[r_3\div(-1)]{r_2\div(-2)}\begin{pmatrix}1&0&0&3&2\\0&1&0&-2&-3\\0&0&1&1&3\end{pmatrix},\boldsymbol{X}=\boldsymbol{A}^{-1}\boldsymbol{B}=\begin{pmatrix}3&2\\-2&-3\\1&3\end{pmatrix}$$

注意　上例用行初等变换求解方程 $\boldsymbol{AX}=\boldsymbol{B}$，对矩阵方程 $\boldsymbol{XA}=\boldsymbol{B}$ 来说，若 A 可逆，则 $\boldsymbol{X}=\boldsymbol{BA}^{-1}$。与上述类似，为求 $\boldsymbol{BA}^{-1}$，亦可利用初等列变换，把 $\boldsymbol{A}$ 化为 $\boldsymbol{E}$ 的同时，把 $\boldsymbol{B}$ 化成 $\boldsymbol{BA}^{-1}$，即

$$\begin{bmatrix}\boldsymbol{A}\\\boldsymbol{B}\end{bmatrix}\xrightarrow{\text{初等列变换}}\begin{bmatrix}\boldsymbol{E}\\\boldsymbol{BA}^{-1}\end{bmatrix}$$

例 4　求解矩阵方程 $\boldsymbol{AX}=\boldsymbol{A}+\boldsymbol{X}$，其中 $\boldsymbol{A}=\begin{pmatrix}2&2&0\\2&1&3\\0&1&0\end{pmatrix}$。

解：把所给方程变形为 $(\boldsymbol{A}-\boldsymbol{E})\boldsymbol{X}=\boldsymbol{A}$，则 $\boldsymbol{X}=(\boldsymbol{A}-\boldsymbol{E})^{-1}\boldsymbol{A}$。

$$[\boldsymbol{A}-\boldsymbol{E}\quad \boldsymbol{A}]=\begin{pmatrix}1&2&0&2&2&0\\2&0&3&2&1&3\\0&1&-1&0&1&0\end{pmatrix}\xrightarrow[r_2\leftrightarrow r_3]{r_2-2r_1}\begin{pmatrix}1&2&0&2&2&0\\0&1&-1&0&1&0\\0&-4&3&-2&-3&3\end{pmatrix}$$

$$\xrightarrow[r_3\div(-1)]{r_3+4r_2}\begin{pmatrix}1&2&0&2&2&0\\0&1&-1&0&1&0\\0&0&0&2&1&-3\end{pmatrix}\xrightarrow{r_2+r_3}\begin{pmatrix}1&2&0&2&2&0\\0&1&0&2&0&-3\\0&0&1&2&-1&-3\end{pmatrix}$$

$$\xrightarrow{r_1-2r_2}\begin{pmatrix}1&2&0&2&2&0\\0&1&0&2&0&-3\\0&0&1&2&-1&-3\end{pmatrix},\text{即得 }\boldsymbol{X}=\begin{pmatrix}-2&2&6\\2&0&-3\\2&-1&-3\end{pmatrix}$$

例 5　求解矩阵方程 $\boldsymbol{XA}=\boldsymbol{A}+2\boldsymbol{X}$，其中 $\boldsymbol{A}=\begin{pmatrix}4&2&3\\1&1&0\\-1&2&3\end{pmatrix}$。

解：先将原方程作恒等变形：

$$\boldsymbol{XA}=\boldsymbol{A}+2\boldsymbol{X}\Leftrightarrow\boldsymbol{XA}-2\boldsymbol{X}=\boldsymbol{A}\Leftrightarrow\boldsymbol{X}(\boldsymbol{A}-2\boldsymbol{E})=\boldsymbol{A}$$

由于 $\boldsymbol{A}-2\boldsymbol{E}=\begin{pmatrix}2&2&3\\1&-1&0\\-1&2&1\end{pmatrix}$，而 $|\boldsymbol{A}-2\boldsymbol{E}|=-1\neq0$，故 $\boldsymbol{A}-2\boldsymbol{E}$ 可逆。

从而 $\boldsymbol{X}=\boldsymbol{A}(\boldsymbol{A}-2\boldsymbol{E})^{-1}$。

$$\left(\frac{\boldsymbol{A}-2\boldsymbol{E}}{\boldsymbol{A}}\right)=\begin{pmatrix}2&2&3\\1&-1&0\\-1&2&1\\4&2&3\\1&1&0\\-1&2&3\end{pmatrix}\rightarrow\begin{pmatrix}-1&2&3\\1&-1&0\\-2&2&1\\1&2&3\\1&1&0\\-4&2&3\end{pmatrix}\rightarrow\begin{pmatrix}-1&0&0\\1&1&3\\-2&-2&-5\\1&4&6\\1&3&3\\-4&-6&-9\end{pmatrix}\rightarrow$$

$$\begin{pmatrix}1&0&0\\-1&1&0\\2&-2&1\\-1&4&-6\\-1&3&-6\\4&-6&9\end{pmatrix}\to\begin{pmatrix}1&0&0\\-1&1&0\\0&0&1\\11&-8&-6\\11&-9&-6\\-14&12&9\end{pmatrix}\to\begin{pmatrix}1&0&0\\0&1&0\\0&0&1\\3&-8&-6\\2&-9&-6\\-2&12&9\end{pmatrix}$$

即
$$\boldsymbol{X}=\begin{pmatrix}3&-8&-6\\2&-9&-6\\-2&12&9\end{pmatrix}$$

习题 8.5

1.将下列矩阵化为矩阵的标准形式:

(1)$\begin{pmatrix}1&0&1\\2&1&0\\-3&2&-5\end{pmatrix}$ (2)$\begin{pmatrix}3&2&9&6\\-1&-3&4&-17\\1&4&-7&3\\-1&-4&7&-3\end{pmatrix}$ (3)$\begin{pmatrix}2&1&2&3\\4&1&3&5\\2&0&1&2\end{pmatrix}$

2.求下列矩阵的逆矩阵:

(1)$\begin{pmatrix}1&2&-3\\0&1&2\\0&0&1\end{pmatrix}$ (2)$\begin{pmatrix}3&-2&0&-1\\0&2&2&1\\1&-2&-3&-2\\0&1&2&1\end{pmatrix}$

3.已知矩阵 $\boldsymbol{A}=\begin{pmatrix}1&0&1\\2&1&0\\-3&2&-5\end{pmatrix}$,求$[\boldsymbol{E}-\boldsymbol{A}]^{-1}$。

4.已知 $\boldsymbol{A}=\begin{pmatrix}2&2&3\\1&1&0\\-1&2&3\end{pmatrix}$,

(1)设 $\boldsymbol{AX}-2\boldsymbol{A}+5\boldsymbol{E}=\boldsymbol{O}$,求 $\boldsymbol{X}$;

(2)设 $\boldsymbol{AX}=\boldsymbol{A}+2\boldsymbol{X}$,求 $\boldsymbol{X}$。

§8.6 矩阵的秩

一、矩阵的秩

矩阵的秩是矩阵的一个数字特征,对研究矩阵的性质有重要的作用,并为矩阵在求解线性方程组等方面的应用提供了重要的理论依据。

定义1 在 $m\times n$ 矩阵 $\boldsymbol{A}$ 中,任取 k 行 k 列($1\leqslant k\leqslant m$,$1\leqslant k\leqslant n$),位于这些行列交叉处的

k^2 个元素，不改变它们在 $\boldsymbol{A}$ 中所处的位置次序而得到的 k 阶行列式，称为矩阵 $\boldsymbol{A}$ 的 k **阶子式**。

注意：$m\times n$ 矩阵 $\boldsymbol{A}$ 的 k 阶子式共有 $C_m^k\cdot C_n^k$ 个。

定义 2　设 $\boldsymbol{A}$ 为 $m\times n$ 矩阵，如果存在 $\boldsymbol{A}$ 的 r 阶子式不为 0，而任何 $r+1$ 阶子式（如果存在的话）皆为 0，则称数 r 为矩阵 $\boldsymbol{A}$ 的**秩**，记为 $r(\boldsymbol{A})$（或 $R(\boldsymbol{A})$），并规定 0 矩阵的秩等于 0。

在矩阵 $\boldsymbol{A}$ 中有一个 r 阶子式不为 0，而所有 $r+1$ 阶子式（如果存在的话）全为 0 时，这个矩阵的秩就是 r，显然 r 不能超过矩阵的行数，也不能超过矩阵的列数；由于行列式与其转置行列式相等，因此 $\boldsymbol{A}^{\mathrm{T}}$ 的子式与 $\boldsymbol{A}$ 的子式对应相等，从而 $R(\boldsymbol{A})=R(\boldsymbol{A}^{\mathrm{T}})$。

显然，矩阵的秩具有下列性质：

(1)若矩阵 $\boldsymbol{A}$ 中有某个 s 阶子式不为 0，则 $R(\boldsymbol{A})\geqslant \boldsymbol{s}$；

(2)若 $\boldsymbol{A}$ 中所有 t 阶子式全为 0，则 $R(\boldsymbol{A})<\boldsymbol{t}$；

(3)若 $\boldsymbol{A}$ 为 $m\times n$ 矩阵，则 $0\leqslant R(\boldsymbol{A})\leqslant \min\{m,n\}$；

(4)$R(\boldsymbol{A})=R(\boldsymbol{A}^{\mathrm{T}})$。

例 1　求矩阵 $\boldsymbol{A}=\begin{pmatrix}1&2&3\\2&3&-5\\4&7&1\end{pmatrix}$的秩。

解：　在 $\boldsymbol{A}$ 中，$\begin{vmatrix}1&3\\2&-5\end{vmatrix}\neq 0$

又因为 $\boldsymbol{A}$ 的 3 阶子式只有一个 $|\boldsymbol{A}|$，且 $|\boldsymbol{A}|=\begin{vmatrix}1&2&3\\2&3&-5\\4&7&1\end{vmatrix}=\begin{vmatrix}1&2&3\\0&-1&-11\\0&-1&-11\end{vmatrix}=0$，

则
$$\boldsymbol{R}(\boldsymbol{A})=2$$

例 2　求矩阵 $\boldsymbol{B}=\begin{pmatrix}2&-1&0&3&-2\\0&3&1&-2&5\\0&0&0&4&-3\\0&0&0&0&0\end{pmatrix}$的秩。

解：因为 $\boldsymbol{B}$ 是一个行阶梯形矩阵，其非 0 行只有 3 行，所以 $\boldsymbol{B}$ 的所有四阶子式全为 0。

而$\begin{vmatrix}2&-1&3\\0&3&-2\\0&0&4\end{vmatrix}\neq 0$，则 $R(\boldsymbol{B})=3$。

如果 n 阶方阵 A 的秩 $R(\boldsymbol{A})=n$，称 A 为**满秩阵**；如果 n 阶方阵 $\boldsymbol{A}$ 的秩 $R(\boldsymbol{A})<n$，则称 $\boldsymbol{A}$ 为**降秩阵**。

设 n 阶方阵 $\boldsymbol{A}$ 是可逆的，则 $|\boldsymbol{A}|\neq 0$，从而 $|\boldsymbol{A}|$ 就是可逆阵 $\boldsymbol{A}$ 的最高阶非 0 子式，得 $R(\boldsymbol{A})=n$，因此称可逆阵就是**满秩阵**，称不可逆阵为**降秩阵**。

利用定义计算矩阵的秩，需要由高阶到低阶考虑矩阵的子式，当矩阵的行数与列数较高时，按定义求秩是非常麻烦的。由于行阶梯形矩阵的秩很容易判断，而任意矩阵都可以经过初等变换化为行阶梯形矩阵，因而可考虑借助初等变换法来求矩阵的秩。

二、用初等变换求矩阵的秩

定理 1 初等变换不改变矩阵的秩，即如果 $\boldsymbol{A}\sim\boldsymbol{B}$，那么 $R(\boldsymbol{A})=R(\boldsymbol{B})$。

定理可以先证明矩阵 $\boldsymbol{A}$ 经一次初等行变换变为 $\boldsymbol{B}$，则 $R(\boldsymbol{A})\leqslant R(\boldsymbol{B})$。

由于 $\boldsymbol{B}$ 亦可经一次初等行变换为 $\boldsymbol{A}$，故也有

$$R(\boldsymbol{B})\leqslant R(\boldsymbol{A})$$

因此

$$R(\boldsymbol{A})=R(\boldsymbol{B})$$

经一次初等行变换矩阵的秩不变，即可知经有限次初等行变换矩阵的秩也不变。

设 $\boldsymbol{A}$ 经初等列变换变为 $\boldsymbol{B}$，则 $\boldsymbol{A}^{\mathrm{T}}$ 经初等行变换变为 $\boldsymbol{B}^{\mathrm{T}}$，由于 $R(\boldsymbol{A}^{\mathrm{T}})=R(\boldsymbol{B}^{\mathrm{T}})$，又

$$R(\boldsymbol{A})=R(\boldsymbol{A}^{\mathrm{T}}),R(\boldsymbol{B})=R(\boldsymbol{B}^{\mathrm{T}})$$

因此

$$R(\boldsymbol{A})=R(\boldsymbol{B})$$

总之，若 $\boldsymbol{A}$ 经过有限次初等变换变为 $\boldsymbol{B}$(即 $\boldsymbol{A}\sim\boldsymbol{B}$)，则

$$R(\boldsymbol{A})=R(\boldsymbol{B})$$

由定理 3 的推论和定理 4 可得

推论 1 设 $\boldsymbol{P}$、$\boldsymbol{Q}$ 都是可逆矩阵，则 $R(\boldsymbol{PAQ})=R(\boldsymbol{PA})=R(\boldsymbol{AQ})=R(\boldsymbol{A})$。

根据上述定理，得到利用初等变换求矩阵的秩的方法：把矩阵用初等行变换变成行阶梯形矩阵，行阶梯形矩阵中非零行的行数就是该矩阵的秩。

例 3 求矩阵 $\boldsymbol{A}=\begin{pmatrix}1&2&3&4\\-1&-1&-4&-2\\3&4&11&8\end{pmatrix}$的秩。

解：

$$\begin{pmatrix}1&2&3&4\\-1&-1&-4&-2\\3&4&11&8\end{pmatrix}\xrightarrow[r_3-3r_1]{r_2+r_1}\begin{pmatrix}1&2&3&4\\0&1&-1&2\\0&-2&2&-4\end{pmatrix}\xrightarrow{r_3+2r_2}\begin{pmatrix}1&2&3&4\\0&1&-1&2\\0&0&0&0\end{pmatrix}$$

$$\xrightarrow{r_1-2r_2}\begin{pmatrix}1&0&5&0\\0&1&-1&2\\0&0&0&0\end{pmatrix}\xrightarrow{c_3-5c_1}\begin{pmatrix}1&0&0&0\\0&1&-1&2\\0&0&0&0\end{pmatrix}\xrightarrow[c_4-2c_2]{c_3+c_2}\begin{pmatrix}1&0&0&0\\0&1&0&0\\0&0&0&0\end{pmatrix}$$

故 $R(\boldsymbol{A})=2$。

例 4 求矩阵 $\boldsymbol{A}=\begin{pmatrix}1&0&0&1\\1&2&0&-1\\3&-1&0&4\\1&4&5&1\end{pmatrix}$的秩。

解：

$$\boldsymbol{A}=\begin{pmatrix}1&0&0&1\\1&2&0&-1\\3&-1&0&4\\1&4&5&1\end{pmatrix}\longrightarrow\begin{pmatrix}1&0&0&1\\0&2&0&-2\\0&-1&0&1\\0&4&5&0\end{pmatrix}\longrightarrow\begin{pmatrix}1&0&0&1\\0&1&0&-1\\0&0&0&0\\0&0&5&4\end{pmatrix}$$

$$\longrightarrow\begin{pmatrix}1&0&0&1\\0&1&0&-1\\0&0&1&0.8\\0&0&0&0\end{pmatrix}$$

最后矩阵的秩显然等于 3，故 $R(\boldsymbol{A})=3$。

任何一个 $m\times n$ 型的矩阵 $\boldsymbol{A}=(a_{ij})_{m\times n}$ 都与其标准型 $\boldsymbol{F}$ 等价，即

$$A\rightarrow\begin{bmatrix}\boldsymbol{E}_r & \boldsymbol{O}\\ \boldsymbol{O} & \boldsymbol{O}\end{bmatrix}=F$$

可见，矩阵 $\boldsymbol{A}$ 的标准型是确定的：它的左上角单位矩阵 $\boldsymbol{r}$ 的阶数等于矩阵 $\boldsymbol{A}$ 的秩 $R(\boldsymbol{A})$。

设 $\boldsymbol{A}$ 是 $m\times n$ 型的矩阵，则

(1)$0\leqslant R(\boldsymbol{A})\leqslant\min\{m,n\}$；

(2)$R(\boldsymbol{A}^{\mathrm{T}})=R(\boldsymbol{A})$；

(3)若 $\boldsymbol{A}\sim\boldsymbol{B}$，则 $R(\boldsymbol{A})=R(\boldsymbol{B})$；

(4)设 $\boldsymbol{P}$ 是 m 阶可逆阵，$\boldsymbol{Q}$ 是 n 阶可逆阵，则 $R(\boldsymbol{PAQ})=R(\boldsymbol{A})$；

(5)$\max[R(\boldsymbol{A}),R(\boldsymbol{B})]\leqslant R(\boldsymbol{A},\boldsymbol{B})\leqslant R(\boldsymbol{A})+R(\boldsymbol{B})$；

(6)$R(\boldsymbol{A}\pm\boldsymbol{B})\leqslant R(\boldsymbol{A})+R(\boldsymbol{B})$；

(7)$R(\boldsymbol{AB})\leqslant\min[R(\boldsymbol{A})+R(\boldsymbol{B})]$。

例 5 设 $\boldsymbol{A}=\begin{pmatrix}1 & -2 & 2 & -1\\ 2 & -4 & 8 & 0\\ -2 & 4 & -2 & 3\\ 3 & -6 & 0 & -6\end{pmatrix}$，$\boldsymbol{b}=\begin{pmatrix}1\\2\\3\\4\end{pmatrix}$，求矩阵 $\boldsymbol{A}$ 及矩阵 $\widetilde{\boldsymbol{A}}=(\boldsymbol{A},\boldsymbol{b})$ 的秩。

解：$\boldsymbol{A}=\begin{pmatrix}1 & -2 & 2 & -1 & 1\\ 2 & -4 & 8 & 0 & 2\\ -2 & 4 & -2 & 3 & 3\\ 3 & -6 & 0 & -6 & 4\end{pmatrix}\xrightarrow[r_4-3r_1]{\substack{r_2-2r_1\\ r_3+2r_1}}\begin{pmatrix}1 & -2 & 2 & -1 & 1\\ 0 & 0 & 4 & 2 & 0\\ 0 & 0 & -2 & 1 & 5\\ 0 & 0 & -6 & -3 & 1\end{pmatrix}$

$$\xrightarrow[r_4+3r_2]{\substack{r_2\div 2\\ r_3-r_2}}\begin{pmatrix}1 & -2 & 2 & -1 & 1\\ 0 & 0 & 2 & 1 & 0\\ 0 & 0 & 0 & 0 & 5\\ 0 & 0 & 0 & 0 & 1\end{pmatrix}\xrightarrow[r_4-r_3]{r_2\div 5}\begin{pmatrix}1 & -2 & 2 & -1 & 1\\ 0 & 0 & 2 & 1 & 0\\ 0 & 0 & 0 & 0 & 1\\ 0 & 0 & 0 & 0 & 0\end{pmatrix}$$

所以 $R(\boldsymbol{A})=2$，$R(\widetilde{\boldsymbol{A}})=3$。

例 6 设 $\boldsymbol{A}$ 为 n 阶非奇异矩阵，$\boldsymbol{B}$ 为 $n\times m$ 矩阵。试证：$\boldsymbol{A}$ 与 $\boldsymbol{B}$ 之积的秩等于 $\boldsymbol{B}$ 的秩，即 $R(\boldsymbol{AB})=R(\boldsymbol{B})$。

证 因为 $\boldsymbol{A}$ 非奇异，故可表示成若干初等矩阵之积，$\boldsymbol{A}=\boldsymbol{P}_1\boldsymbol{P}_2\cdots\boldsymbol{P}_s$，$\boldsymbol{P}_i(i=1,2,\cdots,s)$ 皆为初等矩阵，$\boldsymbol{AB}=\boldsymbol{P}_1\boldsymbol{P}_2\cdots\boldsymbol{P}_s\boldsymbol{B}$，即 $\boldsymbol{AB}$ 是 $\boldsymbol{B}$ 经 s 次初等行变换后得出的。因而 $R(\boldsymbol{AB})=R(\boldsymbol{B})$。证毕。

注 由矩阵的秩及满秩矩阵的定义，显然，若一个 n 阶矩阵 $\boldsymbol{A}$ 是满秩的，则 $|\boldsymbol{A}|\neq 0$。因而 $\boldsymbol{A}$ 非奇异；反之亦然。

习题 8.6

1. 已知 $\boldsymbol{A}=\begin{pmatrix}1 & 3 & -2 & 2\\ 0 & 2 & -1 & 3\\ -2 & 0 & 1 & 5\end{pmatrix}$，求该矩阵的秩。

2. 求 λ 的值，使下面的矩阵 $\boldsymbol{A}$ 有最小的秩。其中 $\boldsymbol{A}=\begin{pmatrix}3 & 1 & 1 & 4\\ \lambda & 4 & 10 & 1\\ 1 & 7 & 17 & 3\\ 2 & 2 & 5 & 3\end{pmatrix}$。

3. 求下列矩阵的秩，并求一个最高阶非 0 子式：

(1) $\begin{pmatrix}3 & 1 & 0 & 2\\ 1 & -1 & 2 & -1\\ 1 & 3 & -4 & 4\end{pmatrix}$　　(2) $\begin{pmatrix}3 & 2 & -1 & -3 & -2\\ 2 & -1 & 3 & 1 & -3\\ 7 & 0 & 5 & -1 & -8\end{pmatrix}$

第 9 章　线性方程组

§9.1　线性方程组有解的条件

有了矩阵的理论，就可以分析一下以矩阵为工具求解线性方程组的问题。本节主要给出方程组有解的判别条件。

设有 n 个未知数 m 个方程的线性方程组

$$\begin{cases} a_{11}x_1+a_{12}x_2+\cdots+a_{1n}x_n=b_1 \\ a_{21}x_1+a_{22}x_2+\cdots+a_{2n}x_n=b_2 \\ \vdots \qquad \vdots \qquad \ddots \qquad \vdots \\ a_{m1}x_1+a_{m2}x_2+\cdots+a_{mn}x_n=b_m \end{cases} \tag{9-1-1}$$

其矩阵形式为

$$\boldsymbol{A}\boldsymbol{x}=\boldsymbol{b} \tag{9-1-2}$$

其中 $\boldsymbol{A}=\begin{pmatrix} a_{11} & a_{12} & \cdots & a_{1n} \\ a_{21} & a_{22} & \cdots & a_{2n} \\ \cdots & \cdots & \cdots & \cdots \\ a_{m1} & a_{m2} & \cdots & a_{mn} \end{pmatrix}, \boldsymbol{x}=\begin{pmatrix} x_1 \\ x_2 \\ \vdots \\ x_n \end{pmatrix}, \boldsymbol{b}=\begin{pmatrix} b_1 \\ b_2 \\ \vdots \\ b_m \end{pmatrix}$，

分别为系数矩阵、未知数向量、常数项向量，称矩阵$[\boldsymbol{A}\boldsymbol{b}]$（有时记为 $\tilde{\boldsymbol{A}}$）为线性方程组（9-1-1）的**增广矩阵**。

当 $b_i=0, i=1,2,\cdots,m$ 时，线性方程组（9-1-1）称为**齐次线性方程组**；否则称为**非齐次线性方程组**。显然，齐次线性方程组的矩阵形式为

$$\boldsymbol{A}\boldsymbol{x}=0 \tag{9-1-3}$$

如果 $x_1=k_1, x_2=k_2, \cdots x_n=k_n$ 是线性方程组（9-1-1）的解，那么

$$\boldsymbol{x}=\begin{pmatrix} k_1 \\ k_2 \\ \vdots \\ k_n \end{pmatrix}$$

称为线性方程组（9-1-1）的**解向量**，或称为矩阵方程（9-1-2）的**解**。

设有两个线性方程组 $\boldsymbol{A}_1\boldsymbol{x}=\boldsymbol{b}_1$ 和 $\boldsymbol{A}_2\boldsymbol{x}=\boldsymbol{b}_2$，如果 $\boldsymbol{A}_1\boldsymbol{x}=\boldsymbol{b}_1$ 的解都是 $\boldsymbol{A}_2\boldsymbol{x}=\boldsymbol{b}_2$ 的解，而 $\boldsymbol{A}_2\boldsymbol{x}=\boldsymbol{b}_2$ 的解也都是 $\boldsymbol{A}_1\boldsymbol{x}=\boldsymbol{b}_1$ 的解，称它们是**同解的线性方程组**，或称这两个线性方程组**同解**。

一、消元法解线性方程组

用消元法解简单的线性方程组的方法,也适用于求解一般的线性方程组,并可用其增广矩阵的初等变换表示其求解过程。

例 1 解线性方程组

$$\begin{cases}2x_1-3x_2+2x_3=13\\ x_1+4x_2-2x_3=-8\\ 3x_1+2x_2-x_3=1\end{cases} \tag{1}$$

解:在方程组(1)中、交换第一、第二个方程的位置,得

$$\begin{cases}x_1+4x_2-2x_3=-8\\ 2x_1-3x_2+2x_3=13\\ 3x_1+2x_2-x_3=1\end{cases} \tag{2}$$

在方程组(2)中,第一个方程乘(−2)加到第二个方程上,第一个方程乘(−3)加到第三个方程上,得

$$\begin{cases}x_1+4x_2-2x_3=-8\\ -11x_2+6x_3=29\\ -10x_2+5x_3=25\end{cases} \tag{3}$$

在方程组(3)中,第三个方程乘(−1)加到第二个方程上,得

$$\begin{cases}x_1+4x_2-2x_3=-8\\ -x_2+x_3=4\\ -10x_2+5x_3=25\end{cases} \tag{4}$$

在方程组(4)中,第二个方程乘(−10)加到第三个方程上,得

$$\begin{cases}x_1+4x_2-2x_3=-8\\ -x_2+x_3=4\\ -5x_3=-15\end{cases} \tag{5}$$

方程组(5)是一个阶梯形方程组,从方程组(5)的第三个方程可以得到 x_3 的值,然后再依次代入前两个方程,求出 x_2、x_1 的值则得方程组(1)的解。其方法如下:

在方程组(5)中,第三个方程乘以$\left(-\frac{1}{5}\right)$,得

$$\begin{cases}x_1+4x_2-2x_3=-8\\ -x_2+x_3=4\\ x_3=3\end{cases} \tag{6}$$

在方程组(6)中,第三个方程乘(−1)加到第二个方程上,第三个方程乘 2 加到第一个方程上得

$$\begin{cases} x_1+4x_2=-2 \\ -x_2=1 \\ x_3=3 \end{cases} \tag{7}$$

在方程(7)中,第二个方程乘 4 加到第一个方程上,得

$$\begin{cases} x_1=2 \\ -x_2=1 \\ x_3=3 \end{cases} \tag{8}$$

在方程组(8)中,第二个方程乘(−1),得

$$\begin{cases} x_1=2 \\ x_2=-1 \\ x_3=3 \end{cases} \tag{9}$$

显然,方程组(1)~(9)都是同解方程组,因而(9)是方程组(1)的解。

这个解法就是消元法,(1)到(6)是消元过程,(7)到(9)是回代过程。

整个求解过程,用方程组(1)的增广矩阵的初等行变换表示为

$$\tilde{\mathbf{A}}=\begin{bmatrix} 2 & -3 & 2 & \vdots & 13 \\ 1 & 4 & -2 & \vdots & -8 \\ 3 & 2 & -1 & \vdots & 1 \end{bmatrix} \xrightarrow{r_1\leftrightarrow r_2} \begin{bmatrix} 1 & 4 & -2 & \vdots & -8 \\ 2 & -3 & 2 & \vdots & 13 \\ 3 & 2 & -1 & \vdots & 1 \end{bmatrix}$$

$$\xrightarrow[r_3-3r_1]{r_2-2r_1} \begin{bmatrix} 1 & 4 & -2 & \vdots & -8 \\ 0 & -11 & 6 & \vdots & 29 \\ 0 & -10 & 5 & \vdots & 25 \end{bmatrix} \xrightarrow{r_2-r_3} \begin{bmatrix} 1 & 4 & -2 & \vdots & -8 \\ 0 & -1 & 1 & \vdots & 4 \\ 0 & -10 & 5 & \vdots & 25 \end{bmatrix}$$

$$\xrightarrow{r_3-10r_2} \begin{bmatrix} 1 & 4 & -2 & \vdots & -8 \\ 0 & -1 & 1 & \vdots & 4 \\ 0 & 0 & -5 & \vdots & -15 \end{bmatrix} \xrightarrow{-\frac{1}{5}r_3} \begin{bmatrix} 1 & 4 & -2 & \vdots & -8 \\ 0 & -1 & 1 & \vdots & 4 \\ 0 & 0 & 1 & \vdots & 3 \end{bmatrix}$$

$$\xrightarrow[r_1+2r_3]{r_2-r_3} \begin{bmatrix} 1 & 4 & 0 & \vdots & -2 \\ 0 & -1 & 0 & \vdots & 1 \\ 0 & 0 & 1 & \vdots & 3 \end{bmatrix} \xrightarrow{r_1+4r_2} \begin{bmatrix} 1 & 0 & 0 & \vdots & 2 \\ 0 & -1 & 0 & \vdots & 1 \\ 0 & 0 & 1 & \vdots & 3 \end{bmatrix}$$

$$\xrightarrow{-r_2} \begin{bmatrix} 1 & 0 & 0 & \vdots & 2 \\ 0 & 1 & 0 & \vdots & -1 \\ 0 & 0 & 1 & \vdots & 3 \end{bmatrix}$$

由最后一个矩阵得到方程组的解

$$x_1=2, x_2=-1, x_3=3$$

此例子中 $R(\mathbf{A})=R(\tilde{\mathbf{A}})=3$(方程组中未知数个数)。

可以看到,用消元法解线性方程组的过程实质上就是对其增广矩阵施行相应的初等行变换的过程。因此,用消元法解线性方程组时,只要将其增广矩阵 $\tilde{\mathbf{A}}$ 化为行简化阶梯形矩阵,由行简化阶梯形矩阵即可得线性方程组的解。

例 2 解线性方程组

$$\begin{cases} x_1+x_2+x_3+x_4=0 \\ x_1+3x_2+2x_3+4x_4=-6 \\ 2x_1+x_3-x_4=6 \end{cases}。$$

解:对增广矩阵施行初等行变换

$$\tilde{\boldsymbol{A}}=\begin{bmatrix} 1 & 1 & 1 & 1 & \vdots & 0 \\ 1 & 3 & 2 & 4 & \vdots & -6 \\ 2 & 0 & 1 & -1 & \vdots & 6 \end{bmatrix} \xrightarrow[r_3-2r_2]{r_2-r_1} \begin{bmatrix} 1 & 1 & 1 & 1 & \vdots & 0 \\ 0 & 2 & 1 & 3 & \vdots & -6 \\ 0 & -2 & -1 & -3 & \vdots & 6 \end{bmatrix}$$

$$\xrightarrow{r_3+r_2} \begin{bmatrix} 1 & 1 & 1 & 1 & \vdots & 0 \\ 0 & 2 & 1 & 3 & \vdots & -6 \\ 0 & 0 & 0 & 0 & \vdots & 0 \end{bmatrix} \xrightarrow{r_1-\frac{1}{2}r_2} \begin{bmatrix} 1 & 0 & \frac{1}{2} & -\frac{1}{2} & \vdots & 3 \\ 0 & 2 & 1 & 3 & \vdots & -6 \\ 0 & 0 & 0 & 0 & \vdots & 0 \end{bmatrix}$$

$$\xrightarrow{\frac{1}{2}r_2} \begin{bmatrix} 1 & 0 & \frac{1}{2} & -\frac{1}{2} & \vdots & 3 \\ 0 & 1 & \frac{1}{2} & \frac{3}{2} & \vdots & -3 \\ 0 & 0 & 0 & 0 & \vdots & 0 \end{bmatrix}$$

行简化阶梯形矩阵所对应的线性方程组是

$$\begin{cases} x_1\ \frac{1}{2}x_3-\frac{1}{2}x_4=3 \\ x_2+\frac{1}{2}x_3+\frac{3}{2}x_4=-3 \\ 0=0 \end{cases}$$

将含未知数 x_3、x_4 的项移到等式右边,得

$$\begin{cases} x_1=-\frac{1}{2}x_3+\frac{1}{2}x_4+3 \\ x_2=-\frac{1}{2}x_3-\frac{3}{2}x_4-3 \end{cases}$$

在此方程组中,未知数 x_3、x_4 可以取任意实数,设 $x_3=c_1$,$x_4=c_2$,则方程组的无穷多个解为:

$$\begin{cases} x_1=-\frac{1}{2}c_1+\frac{1}{2}c_2+3 \\ x_2=-\frac{1}{2}c_1-\frac{3}{2}c_2-3 \\ x_3=c_1 \\ x_4=c_2 \end{cases}$$

写成下面解向量形式

$$\begin{bmatrix} x_1 \\ x_2 \\ x_3 \\ x_4 \end{bmatrix} = \begin{bmatrix} -\frac{1}{2} \\ -\frac{1}{2} \\ 1 \\ 0 \end{bmatrix} c_1 + \begin{bmatrix} \frac{1}{2} \\ -\frac{3}{2} \\ 0 \\ 1 \end{bmatrix} c_2 + \begin{bmatrix} 3 \\ -3 \\ 0 \\ 0 \end{bmatrix}, (c_1、c_2 \in R)。$$

此例子中 $R(\boldsymbol{A})=R(\tilde{\boldsymbol{A}})=3<4$(方程组中未知数个数)。

例 3 解线性方程组 $\begin{cases} x_1+x_2+x_3+x_4=2 \\ 2x_1+x_2+x_3=-6 \\ x_1-x_2-x_3-3x_4=6 \end{cases}$。

解:对增广矩阵 $\tilde{\boldsymbol{A}}$ 施行初等行变换

$$\tilde{\boldsymbol{A}}=\begin{bmatrix} 1 & 1 & 1 & 1 & 2 \\ 2 & 1 & 1 & 0 & -6 \\ 1 & -1 & -1 & -3 & 6 \end{bmatrix} \xrightarrow[r_3-r_1]{r_2-2r_1} \begin{bmatrix} 1 & 1 & 1 & 1 & 2 \\ 0 & -1 & -1 & -2 & -10 \\ 0 & -2 & -2 & -4 & 4 \end{bmatrix}$$

$$\xrightarrow{r_3-2r_2} \begin{bmatrix} 1 & 1 & 1 & 1 & 2 \\ 0 & -1 & -1 & -2 & -10 \\ 0 & 0 & 0 & 0 & 24 \end{bmatrix} = \boldsymbol{B}$$

此例子中 $\boldsymbol{R}(\boldsymbol{A})=2\neq\boldsymbol{R}(\tilde{\boldsymbol{A}})=3$,方程组无解,因为由增广矩阵经行初等变换变为矩阵 $\boldsymbol{B}$ 时,矩阵 $\boldsymbol{B}$ 对应的线性方程组中,第三个方程是矛盾方程,因此矩阵 $\boldsymbol{B}$ 所对应的线性方程组无解,从而原线性方程组也无解。

二、非齐次线性方程组有解的充分必要条件

一般地,对非齐次线性方程组(9-1-1)的增广矩阵 $\tilde{\boldsymbol{A}}$施行若干初等行变换,可将其化为行简化阶梯形矩阵。设 $\tilde{\boldsymbol{A}}$化为如下形式:

$$\begin{bmatrix} 1 & 0 & \cdots & 0 & a'_{1,r+1} & \cdots & a'_{1n} & b'_1 \\ 0 & 1 & \cdots & 0 & a'_{2,r+1} & \cdots & a'_{2n} & b'_2 \\ \cdots & \cdots & \cdots & \cdots & \cdots & \cdots & \cdots & \cdots \\ 0 & 0 & \cdots & 1 & a'_{r,r+1} & \cdots & a'_{rn} & b'_r \\ 0 & 0 & \cdots & 0 & 0 & \cdots & 0 & b'_{r+1} \\ 0 & 0 & \cdots & 0 & 0 & \cdots & 0 & 0 \\ \cdots & \cdots & \cdots & \cdots & \cdots & \cdots & \cdots & \cdots \\ 0 & 0 & \cdots & 0 & 0 & \cdots & 0 & 0 \end{bmatrix} \qquad (9\text{-}1\text{-}4)$$

与行简化阶梯形矩阵(9-1-4)对应的非齐次线性方程组为

$$\begin{cases} x_1 + \cdots \quad a'_{1,r+1}x_{r+1} + \cdots + a'_{1n}x_n = b'_1 \\ \quad x_2 \cdots \quad a'_{2,r+1}x_{r+1} + \cdots + a'_{2n}x_n = b'_2 \\ \quad \cdots \cdots \quad \cdots \quad \cdots \quad \cdots \quad \cdots \\ \qquad x_r + a'_{r,r+1}x_{r+1} + \cdots + a'_{rn}x_n = b'_r \\ \qquad\qquad 0 = b'_{r+1} \\ \qquad\qquad 0 = 0 \\ \qquad\qquad \cdots \quad \cdots \\ \qquad\qquad 0 = 0 \end{cases} \tag{9-1-5}$$

线性方程组(9-1-5)与线性方程组(9-1-1)是同解方程组。

可以看出,线性方程组(9-1-5)是否有解取决于方程 $0=b'_{r+1}$ 是否成立。

(1)若方程组(9-1-5)中,$b'_{r+1}\neq 0$ 则满足前 r 个方程的任何一组数 $k_1,k_2,\cdots,k_n$,都不能满足"$0=b'_{r+1}$"这个方程,所以(9-1-5)无解,从而(9-1-1)无解。

(2)若方程组(9-1-5)中 $b'_{r+1}=0$,又有以下两种情况:

①当 $r=n$ 时,由方程组(9-1-3)得方程组(9-1-1)的惟一解

$$\begin{cases} x_1 = b'_1 \\ x_2 = b'_2 \\ \cdots \quad \cdots \\ x_n = b'_n \end{cases} \tag{9-1-6}$$

②当 $r<n$ 时,在方程组(9-1-5)中,取 $x_{r+1}=c_1, x_{r+2}=c_2\cdots, x_n=c_{n-r}$ 得非齐次线性方程组(9-1-1)的无穷多个解:

$$\begin{cases} x_1 = -a'_{1,r+1}\boldsymbol{c}_1 - a'_{1,r+2}\boldsymbol{c}_2 - \cdots - a'_{1n}\boldsymbol{c}_{n-r} + b'_1 \\ x_2 = -a'_{2,r+1}\boldsymbol{c}_1 - a'_{2,r+2}\boldsymbol{c}_2 - \cdots - a'_{2n}\boldsymbol{c}_{n-r} + b'_2 \\ \vdots \quad \cdots \quad \cdots \quad \cdots \quad \cdots \quad \cdots \\ x_r = -a'_{r,r+1}\boldsymbol{c}_1 - a'_{r,r+2}\boldsymbol{c}_2 - \cdots - a'_{rn}\boldsymbol{c}_{n-r} + b'_r \\ x_{r+1} = c_1 \\ x_{r+2} = c_2 \\ \cdots \quad \cdots \\ x_n = c_{n-r} \end{cases} \tag{9-1-7}$$

写成解的向量式,得

$$\begin{bmatrix} x_1 \\ \vdots \\ x_r \\ x_{r+1} \\ \vdots \\ x_n \end{bmatrix} = \begin{bmatrix} -a'_{1,r+1} \\ \vdots \\ -a'_{r,r+1} \\ 1 \\ \vdots \\ 0 \end{bmatrix} c_1 + \cdots + \begin{bmatrix} -a'_{1n} \\ \vdots \\ -a'_{rn} \\ 0 \\ \vdots \\ 1 \end{bmatrix} c_{n-r} + \begin{bmatrix} b'_1 \\ \vdots \\ b'_r \\ 0 \\ \vdots \\ 0 \end{bmatrix} \tag{9-1-8}$$

其中 $c_1,c_2,\cdots,c_{n-r}$ 为任意常数,(9-1-7)式又称为线性方程组的一般解,(9-1-8)式又称为线性方程组的通解。

由此可得如下结论：

定理1　设 $\boldsymbol{A}=(a_{ij})_{m\times n}$，$n$ 元非齐次线性方程组 $\boldsymbol{Ax}=\boldsymbol{b}$ 有解的充要条件是系数矩阵 $\boldsymbol{A}$ 的秩等于增广矩阵 $\widetilde{\boldsymbol{A}}=(\boldsymbol{Ab})$ 的秩，即 $R(\boldsymbol{A})=R(\widetilde{\boldsymbol{A}})$。

注　记 $(\boldsymbol{Ab})=\widetilde{\boldsymbol{A}}$，则上述定理的结果，可简要总结如下：

(1) $R(\boldsymbol{A})=R(\widetilde{\boldsymbol{A}})=\boldsymbol{n}\Leftrightarrow\boldsymbol{Ax}=\boldsymbol{b}$ 有唯一解；

(2) $R(\boldsymbol{A})=R(\widetilde{\boldsymbol{A}})<\boldsymbol{n}\Leftrightarrow\boldsymbol{Ax}=\boldsymbol{b}$ 有无穷多解；

(3) $R(\boldsymbol{A})\neq R(\widetilde{\boldsymbol{A}})\Leftrightarrow\boldsymbol{Ax}=\boldsymbol{b}$ 无解。

求解非齐次线性方程组的方法，可归纳如下：

对非齐次线性方程组，将增广矩阵 $\widetilde{\boldsymbol{A}}$ 化为行阶梯形矩阵，便可直接判断其是否有解，若有解，化为行最简形矩阵，便可直接写出其全部解。其中要注意，当 $R(\boldsymbol{A})=R(\widetilde{\boldsymbol{A}})=r<n$ 时，$\widetilde{\boldsymbol{A}}$ 的行阶梯形矩阵中含有 r 个非零行，把这 r 行的第一个非零元所对应的未知量作为非自由量，其余 $n-r$ 个作为自由未知量。

例4　解线性方程组
$$\begin{cases}x_1+5x_2-x_3-x_4=-1\\x_1-2x_2+x_3+3x_4=3\\3x_1+8x_2-x_3+x_4=1\\x_1-9x_2+3x_3+7x_4=7\end{cases}$$

解：对增广矩阵 $[\boldsymbol{A}\ \boldsymbol{b}]$ 施以初等变换，化为阶梯形矩阵：

$$[\boldsymbol{A}\ \boldsymbol{b}]=\begin{pmatrix}1&5&-1&-1&-1\\1&-2&1&3&3\\3&8&-1&1&1\\1&-9&3&7&7\end{pmatrix}\longrightarrow\begin{pmatrix}1&5&-1&-1&-1\\0&-7&2&4&4\\0&-7&2&4&4\\0&-14&4&8&8\end{pmatrix}$$

$$\longrightarrow\begin{pmatrix}1&5&-1&-1&-1\\0&-7&2&4&4\\0&0&0&0&0\\0&0&0&0&0\end{pmatrix}\longrightarrow\begin{pmatrix}1&5&-1&-1&-1\\0&1&-2/7&-4/7&-4/7\\0&0&0&0&0\\0&0&0&0&0\end{pmatrix}$$

因为 $R[\boldsymbol{A}\quad\boldsymbol{b}]=R(\boldsymbol{A})=2<4$，故方程组有无穷多解。

利用上式回代

$$\xrightarrow{\text{回代}}\begin{pmatrix}1&0&3/7&13/7&13/7\\0&1&-2/7&-4/7&-4/7\\0&0&0&0&0\\0&0&0&0&0\end{pmatrix}，\text{即}\begin{cases}x_1=\dfrac{13}{7}-\dfrac{3}{7}x_3-\dfrac{13}{7}x_4\\x_2=-\dfrac{4}{7}+\dfrac{2}{7}x_3+\dfrac{4}{7}x_4\end{cases}$$

取 $x_3=c_1$，$x_4=c_2$（c_1、c_2 为任意常数），由方程组的全部解为

$$\begin{cases} x_1=\frac{13}{7}-\frac{3}{7}c_1-\frac{13}{7}c_2 \\ x_2=-\frac{4}{7}+\frac{2}{7}c_1+\frac{4}{7}c_2 \\ x_3=c_1 \\ x_4=c_2 \end{cases}$$

写成解向量形式,得通解

$$\begin{bmatrix} x_1 \\ x_2 \\ x_3 \\ x_4 \end{bmatrix}=\begin{bmatrix} -\frac{3}{7} \\ \frac{2}{7} \\ 1 \\ 0 \end{bmatrix}c_1+\begin{bmatrix} -\frac{13}{7} \\ \frac{4}{7} \\ 0 \\ 1 \end{bmatrix}c_2+\begin{bmatrix} \frac{13}{7} \\ -\frac{4}{7} \\ 0 \\ 0 \end{bmatrix},(c_1、c_2\in \boldsymbol{R})$$

例 5 讨论线性方程组 $\begin{cases} x_1+x_2+2x_3+3x_4=1 \\ x_1+3x_2+6x_3+x_4=3 \\ 3x_1-x_2-px_3+15x_4=3 \\ x_1-5x_2-10x_3+12x_4=t \end{cases}$ 当 p、t 取何值时，方程组无解？有唯一解？有无穷多解？在方程组有无穷多解的情况下，求出全部解。

解:$$\boldsymbol{B}=\left(\begin{array}{cccc:c} 1 & 1 & 2 & 3 & 1 \\ 1 & 3 & 6 & 1 & 3 \\ 3 & -1 & -p & 15 & 3 \\ 1 & -5 & -10 & 12 & t \end{array}\right)\longrightarrow\left(\begin{array}{cccc:c} 1 & 1 & 2 & 3 & 1 \\ 0 & 2 & 4 & -2 & 2 \\ 0 & -4 & -p-6 & 6 & 0 \\ 0 & -6 & -12 & 9 & t-1 \end{array}\right)$$

$$\longrightarrow\left(\begin{array}{cccc:c} 1 & 1 & 2 & 3 & 1 \\ 0 & 1 & 2 & -1 & 1 \\ 0 & 0 & -p+2 & 2 & 4 \\ 0 & 0 & 0 & 3 & t+5 \end{array}\right)$$

(1)当 $p\neq 2$ 时,$r(\boldsymbol{A})=r(\boldsymbol{B})=4$,方程组有唯一解;

(2)当 $p=2$ 时,有

$$\boldsymbol{B}\longrightarrow\left(\begin{array}{cccc:c} 1 & 1 & 2 & 3 & 1 \\ 0 & 1 & 2 & -1 & 1 \\ 0 & 0 & 0 & 2 & 4 \\ 0 & 0 & 0 & 3 & t+5 \end{array}\right)\longrightarrow\left(\begin{array}{cccc:c} 1 & 1 & 2 & 3 & 1 \\ 0 & 1 & 2 & -1 & 1 \\ 0 & 0 & 0 & 1 & 2 \\ 0 & 0 & 0 & 0 & t-1 \end{array}\right)$$

当 $t\neq 1$ 时,$r(\boldsymbol{A})=3<r(\boldsymbol{B})=4$,方程组无解;

当 $t=1$ 时,$r(\boldsymbol{A})=r(\boldsymbol{B})=3$,方程组有无穷多解。

$$\boldsymbol{B}\longrightarrow\left(\begin{array}{cccc:c} 1 & 1 & 2 & 3 & 1 \\ 0 & 1 & 2 & -1 & 1 \\ 0 & 0 & 0 & 1 & 2 \\ 0 & 0 & 0 & 0 & t-1 \end{array}\right)\longrightarrow\left(\begin{array}{cccc:c} 1 & 1 & 2 & 3 & 1 \\ 0 & 1 & 2 & -1 & 1 \\ 0 & 0 & 0 & 1 & 2 \\ 0 & 0 & 0 & 0 & 0 \end{array}\right)$$

$$\longrightarrow\begin{pmatrix}1&0&0&0&\vdots&-8\\0&1&2&0&\vdots&3\\0&0&0&1&\vdots&2\\0&0&0&0&\vdots&0\end{pmatrix},\text{即}\begin{cases}x_1=-8\\x_2+2x_3=3\\x_4=2\end{cases}$$

故原方程组的全部解为

$$\begin{pmatrix}x_1\\x_2\\x_3\\x_4\end{pmatrix}=k\begin{pmatrix}0\\-2\\1\\0\end{pmatrix}+\begin{pmatrix}-8\\3\\0\\2\end{pmatrix}\quad(k\in\boldsymbol{R})$$

三、齐次线性方程组有非零解的充分必要条件

定理 2 设 $\boldsymbol{A}=(a_{ij})_{m\times n}$，$n$ 元齐次线性方程组 $\boldsymbol{Ax}=0$ 有非零解的充要条件是系数矩阵的秩 $R(\boldsymbol{A})<\boldsymbol{n}$，而它只有零解的充分必要条件是系数矩阵 $\boldsymbol{A}$ 的秩。

推论 1 如果齐次线性方程组的方程个数小于未知数个数，即 $m<n$，则它必有非零解。

推论 2 未知数个数与方程个数相同的齐次线性方程组有非零解的充分必要条件是 $|\boldsymbol{A}|=0$；而它只有零解的充分必要条件是 $|\boldsymbol{A}|\neq0$。

对齐次线性方程组，将其系数矩阵化为行最简形矩阵，便可直接写出其全部解。

例 6 求解齐次线性方程组 $\begin{cases}x_1+2x_2+2x_3+x_4=0\\2x_1+x_2-2x_3-2x_4=0\\x_1-x_2-4x_3-3x_4=0\end{cases}$。

解：对系数矩阵 $\boldsymbol{A}$ 施行初等行变换。

$$\boldsymbol{A}=\begin{pmatrix}1&2&2&1\\2&1&-2&-2\\1&-1&-4&-3\end{pmatrix}\xrightarrow[r_3-r_1]{r_2-2r_1}\begin{pmatrix}1&2&2&1\\0&-3&-6&-4\\0&-3&-6&-4\end{pmatrix}\xrightarrow[r_2\div(-3)]{r_3-r_2}\begin{pmatrix}1&2&2&1\\0&1&2&4/3\\0&0&0&0\end{pmatrix}$$

$$\xrightarrow{r_1-2r_2}\begin{pmatrix}1&0&-2&-5/3\\0&1&2&4/3\\0&0&0&0\end{pmatrix}$$

即得与原方程同解的方程组

$$\begin{cases}x_1=2x_3-(5/3)x_4\\x_2=-2x_3-(4/3)x_4\end{cases}\quad(x_3、x_4\text{ 可任意取值})$$

令 $x_3=c_1$，$x_4=c_2$，把它写成向量形式为

$$\begin{pmatrix}x_1\\x_2\\x_3\\x_4\end{pmatrix}=c_1\begin{pmatrix}2\\-2\\1\\0\end{pmatrix}+c_2\begin{pmatrix}5/3\\-4/3\\0\\1\end{pmatrix}$$

它表达了方程组的**全部解**。

习题 9.1

1. 判断下列方程组是否有解？如有解，是否有唯一的一组解？

(1) $\begin{cases} x_1+2x_2-3x_3+x_4=1 \\ x_1+x_2+x_3+x_4=0 \end{cases}$ (2) $\begin{cases} -3x_1+x_2+4x_3=1 \\ x_1+x_2+x_3=0 \\ -2x_1+x_3=-1 \\ x_1+x_2-2x_3=0 \end{cases}$

(3) $\begin{cases} x_1+x_2+2x_3+3x_4=1 \\ x_2+x_3-4x_4=1 \\ x_1+2x_2+3x_3-x_4=4 \\ 2x_1+3x_2-x_3-x_4=-6 \end{cases}$

2. 求解非齐次线性方程组：

(1) $\begin{cases} x_1-2x_2+3x_3-x_4=1 \\ 3x_1-x_2+5x_3-3x_4=2 \\ 2x_1+x_2+2x_3-2x_4=3 \end{cases}$ (2) $\begin{cases} x_1-x_2-x_3+x_4=0 \\ x_1-x_2+x_3-3x_4=1 \\ x_1-x_2-2x_3+3x_4=-1/2 \end{cases}$

3. 求解齐次线性方程组：

(1) $\begin{cases} x_1+2x_2-x_3=0 \\ 2x_1+4x_2+7x_3=0 \end{cases}$ (2) $\begin{cases} x_1+2x_2-3x_3=0 \\ 2x_1+5x_2+2x_3=0 \\ 3x_1-x_2-4x_3=0 \end{cases}$

4. a 取何值时，方程组 $\begin{cases} 2x_1+2x_2-x_3=a \\ x_1-2x_2+4x_3=3 \\ x_1+4x_2-5x_3=3 \end{cases}$ 有解，有多少个解？

§9.2 *n* 维向量及向量组

一、n 维向量及其线性运算

解析几何中把“既有大小又有方向的量”称为向量，并把可随意平行移动的有向线段作为向量的几何形象。引入坐标系后，又定义了向量的坐标表示式(三个有次序实数)，此即上面定义的 3 维向量。因此，当 $n\leqslant 3$ 时，n 维向量可以把有向线段作为其几何形象。当 $n>3$ 时，n 维向量没有直观的几何形象。

定义 1 n 个有次序的数 $a_1,a_2,\cdots,a_n$ 所组成的数组称为 n **维向量**，这 n 个数称为该向量的 n 个**分量**，第 i 个数 a_i 称为第 i 个**分量**。分量全为实数的向量称为**实向量**，分量为复数的向量称为**复向量**。本书除特别指明外，只讨论实向量。

n 维向量可以写成一列，记作

$$\boldsymbol{\alpha}=\begin{bmatrix} a_1 \\ a_2 \\ \vdots \\ a_n \end{bmatrix}$$

称为**列向量**,也就是 $n\times 1$ 列矩阵。n 维向量可以写成一行,记作

$$\boldsymbol{\alpha}^{\mathrm{T}}=(a_1,a_2,\cdots,a_n)$$

称为行向量,也就是 $1\times n$ 行矩阵,行向量、列向量统称为向量,习惯上总把列向量和行向量看作是两个不同的向量。

本书中,列向量用黑体小写字母 $\boldsymbol{a}$、$\boldsymbol{b}$、$\boldsymbol{\alpha}$、$\boldsymbol{\beta}$ 等表示,行向量则用 $\boldsymbol{a}^{\mathrm{T}}$、$\boldsymbol{b}^{\mathrm{T}}$、$\boldsymbol{\alpha}^{\mathrm{T}}$、$\boldsymbol{\beta}^{\mathrm{T}}$ 等表示。

所有分量均为零的向量称为零向量,记作 $\mathbf{0}$,即

$$\mathbf{0}=(0,0,\cdots,0)^{\mathrm{T}}$$

向量$(-a_1,-a_2,\cdots,-a_n)^{\mathrm{T}}$ 称为向量 $\boldsymbol{\alpha}=(a_1,a_2,\cdots,a_n)^{\mathrm{T}}$ 的负向量,记作$-\alpha$。

若 n 维向量 $\boldsymbol{\alpha}=(a_1,a_2,\cdots,a_n)^{\mathrm{T}}$ 和 $\boldsymbol{\beta}=(b_1,b_2,\cdots,b_n)^{\mathrm{T}}$中各个对应的分量都相等,即 $a_1=b_1,a_2=b_2,\cdots,a_n=b_n$,就称向量 $\boldsymbol{\alpha}$ 和向量 $\boldsymbol{\beta}$ 相等,记作 $\boldsymbol{\alpha}=\boldsymbol{\beta}$.

可按矩阵的线性运算定义向量的线性运算。

定义 2 设两个 n 维向量 $\boldsymbol{\alpha}=(a_1,a_2,\cdots,a_n)^{\mathrm{T}}$ 与 $\boldsymbol{\beta}=(b_1,b_2,\cdots,b_n)^{\mathrm{T}}$ 的各对应分量之和组成的向量,称为向量 $\boldsymbol{\alpha}$ 与 $\boldsymbol{\beta}$ 的和, 记为 $\boldsymbol{\alpha}+\boldsymbol{\beta}$,即

$$\boldsymbol{\alpha}+\boldsymbol{\beta}=(a_1+b_1,a_2+b_2,\cdots,a_n+b_n)^{\mathrm{T}}$$

由加法和负向量的定义,可定义向量的减法:

$$\boldsymbol{\alpha}-\boldsymbol{\beta}=\boldsymbol{\alpha}+(-\boldsymbol{\beta})=(a_1-b_1,a_2-b_2,\cdots,a_n-b_n)^{\mathrm{T}}$$

定义 3 n 维向量 $\boldsymbol{\alpha}=(a_1,a_2,\cdots,a_n)^{\mathrm{T}}$ 的各个分量都乘以实数 k 所组成的向量,称为数 k 与向量 $\boldsymbol{\alpha}$ 的**乘积**(又简称为数乘),记为 $k\boldsymbol{\alpha}$,即

$$k\boldsymbol{\alpha}=(ka_1,ka_2,\cdots,ka_n)^{\mathrm{T}}$$

向量的加法和数乘运算统称为**向量的线性运算**。

向量的线性运算与行(列)矩阵的运算规律相同,从而也满足下列运算规律:

设 $\boldsymbol{\alpha}$、$\boldsymbol{\beta}$、$\boldsymbol{\gamma}$ 为维向量,k、l 为实数,则

(1)$\boldsymbol{\alpha}+\boldsymbol{\beta}=\boldsymbol{\beta}+\boldsymbol{\alpha}$

(2)$(\boldsymbol{\alpha}+\boldsymbol{\beta})+\boldsymbol{\gamma}=\boldsymbol{\alpha}+(\boldsymbol{\beta}+\boldsymbol{\gamma})$

(3)$\boldsymbol{\alpha}+\boldsymbol{o}=\boldsymbol{\alpha}$

(4)$\boldsymbol{\alpha}+(-\boldsymbol{\alpha})=\boldsymbol{o}$

(5)$1\boldsymbol{\alpha}=\boldsymbol{\alpha}$

(6)$k(l\boldsymbol{\alpha})=(kl)\boldsymbol{\alpha}$

(7)$\boldsymbol{k}(\boldsymbol{\alpha}+\boldsymbol{\beta})=k\boldsymbol{\alpha}+k\boldsymbol{\beta}$

(8)$(k+l)\boldsymbol{\alpha}=k\boldsymbol{\alpha}+l\boldsymbol{\alpha}$

二、向量组的线性组合

若干个同维数的列向量(或行向量)所组成的集合称为**向量组**。例如,一个 $m\times n$ 矩阵

$$A=\begin{pmatrix} a_{11} & a_{12} & \cdots & a_{1n} \\ a_{21} & a_{22} & & a_{2n} \\ \cdots & \cdots & & \cdots \\ a_{m1} & a_{m2} & \cdots & a_{mn} \end{pmatrix}$$

每一列

$$\boldsymbol{\alpha}_j=\begin{pmatrix} a_{1j} \\ a_{2j} \\ \vdots \\ a_{mj} \end{pmatrix}(j=1,2,\cdots,n)$$

组成的向量组 $\alpha_1,\alpha_2,\cdots,\alpha_n$ 称为矩阵 $\boldsymbol{A}$ 的**列向量组**,而由矩阵 $\boldsymbol{A}$ 的每一行

$$\boldsymbol{\beta}_i^{\mathrm{T}}=(\boldsymbol{a}_{i1},\boldsymbol{a}_{i2},\cdots,\boldsymbol{a}_{in})^{\mathrm{T}}(\boldsymbol{i}=1,2,\cdots,\boldsymbol{m})$$

组成的向量组 $\boldsymbol{\beta}_1^{\mathrm{T}},\boldsymbol{\beta}_2^{\mathrm{T}},\cdots,\boldsymbol{\beta}_m^{\mathrm{T}}$ 称为矩阵 $\boldsymbol{A}$ 的**行向量组**。

根据上述讨论,矩阵 $\boldsymbol{A}$ 记为

$$\boldsymbol{A}=(\alpha_1,\alpha_2,\cdots,\alpha_n)\text{或 }\boldsymbol{A}=\begin{pmatrix} \beta_1^{\mathrm{T}} \\ \beta_2^{\mathrm{T}} \\ \vdots \\ \beta_n^{\mathrm{T}} \end{pmatrix}$$

这样,矩阵 $\boldsymbol{A}$ 就与其列向量组或行向量组之间建立了一一对应关系。

矩阵的列向量组和行向量组都是只含有限个向量的向量组。而线性方程组

$$\boldsymbol{A}_{m\times n}\boldsymbol{X}=0$$

的全体解当 $R(\boldsymbol{A})<n$ 时是一个含有无限多个 n 维列向量的向量组。

考察线性方程组

$$\begin{cases} a_{11}x_1+a_{12}x_2+\cdots+a_{1n}x_n=b_1 \\ a_{21}x_1+a_{22}x_2+\cdots+a_{2n}x_n=b_2 \\ \vdots \qquad \vdots \qquad \ddots \qquad \vdots \\ a_{m1}x_1+a_{m2}x_2+\cdots+a_{mn}x_n=b_m \end{cases} \tag{9-2-1}$$

令

$$\boldsymbol{\alpha}_j=\begin{pmatrix} a_{1j} \\ a_{2j} \\ \vdots \\ a_{mj} \end{pmatrix}(j=1,2,\cdots,n),\boldsymbol{\beta}=\begin{pmatrix} b_1 \\ b_2 \\ \vdots \\ b_m \end{pmatrix}$$

则线性方程组(9-2-1)可表为如下向量形式:

$$\alpha_1x_1+\alpha_2x_2+\cdots+\alpha_nx_n=\boldsymbol{\beta} \tag{9-2-2}$$

于是,线性方程组(9-2-1)是否有解,就相当于是否存在一组数 $k_1,k_2,\cdots,k_n$ 使得下列线性关系式成立:

$$\boldsymbol{\beta}=k_1\alpha_1+k_2\alpha_2+\cdots+k_n\alpha_n$$

定义 4 给定向量组 $\boldsymbol{A}$:$\alpha_1,\alpha_2,\cdots,\alpha_s$,对于任何一组实数 $k_1,k_2,\cdots,k_s$,表达式

$$k_1\alpha_1+k_2\alpha_2+\cdots+k_s\alpha_s$$

称为向量组 $\boldsymbol{A}$ 的一个**线性组合**,$k_1,k_2,\cdots,k_s$ 称为这个**线性组合的系数**。

定义 5 给定向量组 $\boldsymbol{A}:\boldsymbol{\alpha}_1,\boldsymbol{\alpha}_2,\cdots,\boldsymbol{\alpha}_s$ 和向量 $\boldsymbol{\beta}$，若存在一组数 $k_1,k_2,\cdots,k_s$，使

$$\boldsymbol{\beta}=k_1\boldsymbol{\alpha}_1+k_2\boldsymbol{\alpha}_2+\cdots+k_s\boldsymbol{\alpha}_s$$

则称向量 $\boldsymbol{\beta}$ 是向量组 $\boldsymbol{A}$ 的线性组合，又称向量 β 能由向量组 $\boldsymbol{A}$ **线性表示**(或**线性表出**)。

例 1 零向量是任何一组向量的线性组合. 因为 $\boldsymbol{o}=0\cdot\boldsymbol{\alpha}_1+0\cdot\boldsymbol{\alpha}_2+\cdots+0\cdot\boldsymbol{\alpha}_s$。

例 2 向量组 $\boldsymbol{\alpha}_1,\boldsymbol{\alpha}_2,\cdots,\boldsymbol{\alpha}_s$ 中的任一向量 $\boldsymbol{\alpha}_j(1\leqslant j\leqslant s)$ 都是此向量组的线性组合。

因为 $\boldsymbol{\alpha}_j=0\cdot\boldsymbol{\alpha}_1+\cdots+1\cdot\boldsymbol{\alpha}_j+\cdots+0\cdot\boldsymbol{\alpha}_s$

例 3 任何一个 n 维向量 $\boldsymbol{\alpha}=(a_1,a_2,\cdots,a_n)^{\mathrm{T}}$ 都是 n 维向量单位组 $\boldsymbol{\varepsilon}_1=(1,0,\cdots,0)^{\mathrm{T}}$，$\boldsymbol{\varepsilon}_2=(0,1,0,\cdots,0)^{\mathrm{T}},\cdots,\boldsymbol{\varepsilon}_n=(0,0,\cdots,0,1)^{\mathrm{T}}$ 的线性组合。

因为 $\boldsymbol{\alpha}=\boldsymbol{a}_1\varepsilon_1+\boldsymbol{a}_2\varepsilon_2+\cdots+\boldsymbol{a}_n\varepsilon_n$

注 (1)$\boldsymbol{\beta}$ 能由向量组 $\boldsymbol{\alpha}_1,\boldsymbol{\alpha}_2,\cdots,\boldsymbol{\alpha}_s$ 唯一线性表示的充分必要条件是线性方程组 $\boldsymbol{\alpha}_1x_1+\boldsymbol{\alpha}_2x_2+\cdots+\boldsymbol{\alpha}_sx_s=\boldsymbol{\beta}$ 有唯一解；

(2)$\boldsymbol{\beta}$ 能由向量组 $\boldsymbol{\alpha}_1,\boldsymbol{\alpha}_2,\cdots,\boldsymbol{\alpha}_s$ 线性表示且表示不唯一的充分必要条件是线性方程组 $\boldsymbol{\alpha}_1x_1+\boldsymbol{\alpha}_2x_2+\cdots+\boldsymbol{\alpha}_sx_s=\boldsymbol{\beta}$ 有无穷多个解；

(3)$\boldsymbol{\beta}$ 不能由向量组 $\boldsymbol{\alpha}_1,\boldsymbol{\alpha}_2,\cdots,\boldsymbol{\alpha}_s$ 线性表示的充分必要条件是线性方程组 $\boldsymbol{\alpha}_1x_1+\boldsymbol{\alpha}_2x_2+\cdots+\boldsymbol{\alpha}_sx_s=\boldsymbol{\beta}$ 无解。

定理 1 设向量

$$\boldsymbol{\beta}=\begin{pmatrix}b_1\\b_2\\\vdots\\b_m\end{pmatrix},\boldsymbol{\alpha}_j=\begin{pmatrix}\boldsymbol{a}_{1j}\\\boldsymbol{a}_{2j}\\\vdots\\\boldsymbol{a}_{mj}\end{pmatrix}\quad(j=1,2,\cdots,s)$$

则向量 $\boldsymbol{\beta}$ 能由向量组 $\boldsymbol{\alpha}_1,\boldsymbol{\alpha}_2,\cdots,\boldsymbol{\alpha}_s$ 线性表示的充分必要条件是矩阵 $\boldsymbol{A}=(\boldsymbol{\alpha}_1,\boldsymbol{\alpha}_2,\cdots,\boldsymbol{\alpha}_s)$ 与矩阵 $\widetilde{\boldsymbol{A}}=(\boldsymbol{\alpha}_1,\boldsymbol{\alpha}_2,\cdots,\boldsymbol{\alpha}_s,\beta)$ 的秩相等。

例 4 证明向量 $\boldsymbol{\beta}=(4,3,-1,11)^{\mathrm{T}}$ 能由向量组 $\boldsymbol{\alpha}_1=(1,2,-1,5)^{\mathrm{T}}$，$\boldsymbol{\alpha}_2=(2,-1,1,1)^{\mathrm{T}}$ 的线性表示，且写出它的一种表示方式。

证 $\boldsymbol{B}=(\boldsymbol{\alpha}_1\quad\boldsymbol{\alpha}_2\quad\boldsymbol{\beta})$ 施以初等行变换：

$$\begin{pmatrix}1&2&4\\2&-1&3\\-1&1&-1\\5&1&11\end{pmatrix}\longrightarrow\begin{pmatrix}1&2&4\\0&-5&-5\\0&3&3\\0&-9&-9\end{pmatrix}\longrightarrow\begin{pmatrix}1&2&4\\0&-5&-5\\0&0&0\\0&0&0\end{pmatrix}\longrightarrow\begin{pmatrix}1&0&2\\0&1&1\\0&0&0\\0&0&0\end{pmatrix}$$

易见，$\boldsymbol{R}(\boldsymbol{\alpha}_1\quad\boldsymbol{\alpha}_2\quad\boldsymbol{\beta})=\boldsymbol{R}(\boldsymbol{\alpha}_1,\boldsymbol{\alpha}_2)=2$。故 $\boldsymbol{\beta}$ 可由 $\boldsymbol{\alpha}_1$、$\boldsymbol{\alpha}_2$ 线性表示，且由上面的初等变换可知 $\boldsymbol{\beta}=2\boldsymbol{\alpha}_1+\boldsymbol{\alpha}_2$。

例 5 证明：向量 $\boldsymbol{\beta}=(-1,1,5)$ 是向量 $\boldsymbol{\alpha}_1=(1,2,3),\boldsymbol{\alpha}_2=(0,1,4),\boldsymbol{\alpha}_3=(2,3,6)$ 的线性组合并具体将 $\boldsymbol{\beta}$ 用 $\boldsymbol{\alpha}_1$、$\boldsymbol{\alpha}_2$、$\boldsymbol{\alpha}_3$ 表示出来。

证 先假定 $\boldsymbol{\beta}=\lambda_1\boldsymbol{\alpha}_1+\lambda_2\boldsymbol{\alpha}_2+\lambda_3\boldsymbol{\alpha}_3$，其中 λ_1、λ_2、λ_3 为待定常数，则

$$\begin{aligned}(-1,1,5)&=\lambda_1(1,2,3)+\lambda_2(0,1,4)+\lambda_3(2,3,6)\\&=(\lambda_1,2\lambda_1,3\lambda_1)+(0,\lambda_2,4\lambda_2)+(2\lambda_3,3\lambda_3,6\lambda_3)\\&=(\lambda_1,2\lambda_1,3\lambda_1)+(0,\lambda_2,4\lambda_2)+(2\lambda_3,3\lambda_3,6\lambda_3)\end{aligned}$$

由于两个向量相等的充要条件是它们的分量分别对应相等，因此可得方程组：

$$\begin{cases}\lambda_1+2\lambda_3=-1\\2\lambda_1+\lambda_2+3\lambda_3=1\\3\lambda_1+4\lambda_2+6\lambda_3=5\end{cases}\quad 解得\begin{cases}\lambda_1=1\\\lambda_2=2\\\lambda_3=-1\end{cases}$$

于是 $\boldsymbol{\beta}$ 可以表示为 $\boldsymbol{\alpha}_1,\boldsymbol{\alpha}_2,\boldsymbol{\alpha}_3$ 的线性组合,它的表示式为 $\boldsymbol{\beta}=\boldsymbol{\alpha}_1+2\boldsymbol{\alpha}_2-\boldsymbol{\alpha}_3$。

注 判断一个向量是否可用多种形式由其他向量组线性表出的问题也可以归结为某一个线性方程组解的个数问题. 解唯一,表示方式也唯一。解越多,表示方式也越多。这说明线性方程组的解同向量线性关系之间的紧密联系。

三、线性组合的应用

例 6 某公司生产两种产品,使用§8.2 中的相关数据。设

$$\boldsymbol{a}=\begin{pmatrix}0.3\\0.35\\0.15\end{pmatrix},\boldsymbol{b}=\begin{pmatrix}0.35\\0.25\\0.2\end{pmatrix}$$

则 $\boldsymbol{a}$ 和 $\boldsymbol{b}$ 分别代表两种产品的“一元产出成本”。

(1)向量 $100\boldsymbol{a}$ 的经济学解释是什么?

(2)假设该公司希望生产价值 x_1 元的产品 **A** 和价值 x_2 元的产品 **B**。请写出表示该公司需要花费的各种成本(原材料、劳动力、管理费)的向量。

解:(1)由

$$100\boldsymbol{a}=100\begin{pmatrix}0.3\\0.35\\0.15\end{pmatrix}=\begin{pmatrix}30\\30\\15\end{pmatrix}$$

可知,向量 $100\boldsymbol{a}$ 表示了生产价值 100 元产品 **A** 的不同成本花费,即原材料 30 元,劳动力 35 元,管理费 15 元。

(2)生产价值 x_1 元的产品 **A**,成本用 $x_1\boldsymbol{a}$ 表示,生产价值 x_2 元的产品 **B**,成本用 $x_2\boldsymbol{b}$ 表示。因此生产这两种产品的总成本为

$$x_1\boldsymbol{a}+x_2\boldsymbol{b}=x_1\begin{pmatrix}0.3\\0.35\\0.15\end{pmatrix}+x_2\begin{pmatrix}0.35\\0.25\\0.2\end{pmatrix}=\begin{pmatrix}0.3x_1+0.35x_2\\0.35x_1+0.25x_2\\0.15x_1+0.2x_2\end{pmatrix}$$

习题 9.2

1. 下列向量组中,向量 $\boldsymbol{\beta}$ 能否由其余向量线性表示?若能则写出线性表示式:

$\boldsymbol{\alpha}_1=(3,-3,2)^{\mathrm{T}},\boldsymbol{\alpha}_2=(-2,1,2)^{\mathrm{T}},\boldsymbol{\alpha}_3=(1,2,-1)^{\mathrm{T}},\boldsymbol{\beta}=(4,5,6)^{\mathrm{T}}$。

2. 设 $\boldsymbol{\alpha}_1=(2,-4,1,-1)^{\mathrm{T}},\boldsymbol{\alpha}_2=(-3,-1,2,-5/2)^{\mathrm{T}}$,如果向量满足 $3\boldsymbol{\alpha}_1-2(\boldsymbol{\beta}+\boldsymbol{\alpha}_2)=0$,求 $\boldsymbol{\beta}$。

3. 设 $\boldsymbol{\alpha}=(2,0,-1,3)^{\mathrm{T}},\boldsymbol{\beta}=(1,7,4,-2)^{\mathrm{T}},\boldsymbol{\gamma}=(0,1,0,1)^{\mathrm{T}}$。

(1)求 $2\boldsymbol{\alpha}+\boldsymbol{\beta}-3\boldsymbol{\gamma}$;(2)若有 $\boldsymbol{x}$,满足 $3\boldsymbol{\alpha}-\boldsymbol{\beta}+5\boldsymbol{\gamma}+2\boldsymbol{x}=0$,求 $\boldsymbol{x}$。

4. 设有向量

$$\boldsymbol{\alpha}_1=\begin{pmatrix}1+\lambda\\1\\1\end{pmatrix}\quad \boldsymbol{\alpha}_2=\begin{pmatrix}1\\1+\lambda\\1\end{pmatrix}\quad \boldsymbol{\alpha}_3=\begin{pmatrix}1\\1\\1+\lambda\end{pmatrix}\quad \boldsymbol{\beta}=\begin{pmatrix}0\\\lambda\\\lambda^2\end{pmatrix}$$

试问当 λ 取何值时，

(1) $\boldsymbol{\beta}$ 可由 $\boldsymbol{\alpha}_1$、$\boldsymbol{\alpha}_2$、$\boldsymbol{\alpha}_3$ 线性表示，且表达式唯一？

(2) $\boldsymbol{\beta}$ 可由 $\boldsymbol{\alpha}_1$、$\boldsymbol{\alpha}_2$、$\boldsymbol{\alpha}_3$ 线性表示，但表达式不唯一？

(3) $\boldsymbol{\beta}$ 不能由 $\boldsymbol{\alpha}_1$、$\boldsymbol{\alpha}_2$、$\boldsymbol{\alpha}_3$ 线性表示？

§9.3 向量组的线性相关性

一、向量组的线性相关与线性无关

定义 1 给定向量组 $\boldsymbol{A}:\boldsymbol{\alpha}_1,\boldsymbol{\alpha}_2,\cdots,\boldsymbol{\alpha}_s$，如果存在不全为零的数 $k_1,k_2,\cdots,k_s$，使

$$k_1\boldsymbol{\alpha}_1+k_2\boldsymbol{\alpha}_2+\cdots+k_s\boldsymbol{\alpha}_s=0 \tag{9-3-1}$$

则称向量组 $\boldsymbol{A}$ **线性相关**，否则称为**线性无关**。

由定义可得出如下结论：

(1)当且仅当 $k_1=k_2=\cdots=k_s=0$ 时，式(9-3-1)成立，向量组 $\boldsymbol{\alpha}_1,\boldsymbol{\alpha}_2,\cdots,\boldsymbol{\alpha}_s$ 线性无关；

(2)包含零向量的任何向量组是线性相关的；

(3)向量组只含有一个向量 $\boldsymbol{\alpha}$ 时，则

① $\boldsymbol{\alpha}\neq 0$ 的充分必要条件是 $\boldsymbol{\alpha}$ 是线性无关的；

② $\boldsymbol{\alpha}=0$ 的充分必要条件是 $\boldsymbol{\alpha}$ 是线性相关的；

(4)仅含两个向量的向量组线性相关的充分必要条件是这两个向量的对应分量成比例；反之，仅含两个向量的向量组线性无关的充分必要条件是这两个向量的对应分量不成比例。

(5)两个向量线性相关的几何意义是这两个向量共线，三个向量线性相关的几何意义是这三个向量共面。

例 1 判断向量组 $\boldsymbol{\alpha}_1=(1,2,0)^{\mathrm{T}},\boldsymbol{\alpha}_2=(2,1,0)^{\mathrm{T}},\boldsymbol{\alpha}_3=(-3,2,4)^{\mathrm{T}}$ 的线性相关性。

解：设 $k_1\boldsymbol{\alpha}_1+k_2\boldsymbol{\alpha}_2+k_3\boldsymbol{\alpha}_3=\boldsymbol{0}$，则有

$$k_1(1,2,0)^{\mathrm{T}}+k_2(2,1,0)^{\mathrm{T}}+k_3(-3,2,4)^{\mathrm{T}}=(0,0,0)$$

得线性方程组

$$\begin{cases}k_1+2k_2-3k_3=0\\2k_1+k_2+2k_3=0\\4k_3=0\end{cases}$$

由于方程组的系数行列式

$$\begin{vmatrix}1&2&-3\\2&1&2\\0&0&4\end{vmatrix}=-12\neq 0$$

由克莱姆法则知方程组只有零解，即 $k_1=k_2=k_3=0$，因此向量组 $\boldsymbol{\alpha}_1,\boldsymbol{\alpha}_2,\boldsymbol{\alpha}_3$ 线性无关。

例 2 对 2 维单位坐标向量组：$\boldsymbol{e}_1=\begin{bmatrix}1\\0\end{bmatrix},\boldsymbol{e}_2=\begin{bmatrix}0\\1\end{bmatrix}$，讨论它的线性相关性。

解：设存在不全为零的数 λ_1、λ_2，使

$$\lambda_1\boldsymbol{e}_1+\lambda_2\boldsymbol{e}_2=0$$

也就是

$$\lambda_1\begin{bmatrix}1\\0\end{bmatrix}+\lambda_2\begin{bmatrix}0\\1\end{bmatrix}=0$$

即

$$\begin{bmatrix}\lambda_1\\0\end{bmatrix}+\begin{bmatrix}0\\\lambda_2\end{bmatrix}=\begin{pmatrix}\lambda_1\\\lambda_2\end{pmatrix}=0$$

于是 $\lambda_1=0,\lambda_2=0$，这同 λ_1、λ_2 不全为零的假定是矛盾的。因此 e_1、e_2 是线性无关的两个向量。

同理可得到 n 维向量组线性无关。

例 3 证明：若向量组 $\boldsymbol{\alpha}$、$\boldsymbol{\beta}$、$\boldsymbol{\gamma}$ 线性无关，则向量组 $\boldsymbol{\alpha}+\boldsymbol{\beta},\boldsymbol{\beta}+\boldsymbol{\gamma},\boldsymbol{\gamma}+\boldsymbol{\alpha}$ 亦线性无关。

证 设有一组数 k_1、k_2、k_3，使

$$k_1(\boldsymbol{\alpha}+\boldsymbol{\beta})+k_2(\boldsymbol{\beta}+\boldsymbol{\gamma})+k_3(\boldsymbol{\gamma}+\boldsymbol{\alpha})=0 \tag{1}$$

成立，整理得 $(k_1+k_3)\boldsymbol{\alpha}+(k_1+k_2)\boldsymbol{\beta}+(k_2+k_3)\boldsymbol{\gamma}=0$

由 $\boldsymbol{\alpha}$、$\boldsymbol{\beta}$、$\boldsymbol{\gamma}$ 线性无关，故

$$\begin{cases}k_1+k_3=0\\k_1+k_2=0\\k_2+k_3=0\end{cases} \tag{2}$$

因为 $\begin{vmatrix}1&0&1\\1&1&0\\0&1&1\end{vmatrix}=2\neq0$，故方程组(2)仅有零解，即只有 $k_1=k_2=k_3=0$ 时式(1)才成立。

因而向量组 $\boldsymbol{\alpha}+\boldsymbol{\beta},\boldsymbol{\beta}+\boldsymbol{\gamma},\boldsymbol{\gamma}+\boldsymbol{\alpha}$ 线性无关。

定理 1 向量组 $\boldsymbol{\alpha}_1,\boldsymbol{\alpha}_2,\cdots,\boldsymbol{\alpha}_s(s\geqslant2)$ 线性相关的充要条件是其中存在一个向量可以由其余 $m-1$ 个向量线性表示。

证明 必要性

设 $\boldsymbol{\alpha}_1,\boldsymbol{\alpha}_2,\cdots,\boldsymbol{\alpha}_s$ 线性相关，则存在一组非零数 $k_1,k_2,\cdots,k_s$ 使得

$$k_1\boldsymbol{\alpha}_1+k_2\boldsymbol{\alpha}_2+\cdots+k_s\boldsymbol{\alpha}_s=0$$

不妨设 $k_1\neq0$，于是由 $k_1\boldsymbol{\alpha}_1=-k_2\boldsymbol{\alpha}_2-\cdots-k_{\mathrm{m}}\boldsymbol{\alpha}_m$

可得

$$\boldsymbol{\alpha}_1=-\frac{k_2}{k_1}\boldsymbol{\alpha}_2-\cdots-\frac{k_s}{k_1}\boldsymbol{\alpha}_s$$

即 $\boldsymbol{\alpha}_1$ 可由其余 $s-1$ 个向量线性表示。

充分性 设 $\boldsymbol{\alpha}_1,\boldsymbol{\alpha}_2,\cdots,\boldsymbol{\alpha}_s$ 中存在一个向量可由其余 $s-1$ 个向量线性表示，不妨设 $\boldsymbol{\alpha}_1$ 可由其余 $s-1$ 个向量线性表示，即

$$\boldsymbol{\alpha}_1=k'_2\boldsymbol{\alpha}_2+\cdots+k'_s\boldsymbol{\alpha}_s$$

于是

$$\boldsymbol{\alpha}_1-k'_2\boldsymbol{\alpha}_2-\cdots-k'_s\boldsymbol{\alpha}_s=0$$

故存在一组的不全为零的数 $k_1=1\neq0,k_2=-k_2',\cdots,k_s=-k_s'$,使得 $k_1\boldsymbol{\alpha}_1+k_2\boldsymbol{\alpha}_2+\cdots+k_s\boldsymbol{\alpha}_s=0$,所以 $\boldsymbol{\alpha}_1,\boldsymbol{\alpha}_2,\cdots,\boldsymbol{\alpha}_s$ 线性相关,定理得证。

二、向量组线性相关性的充分必要条件

给定向量组 $\boldsymbol{A}:\boldsymbol{\alpha}_1,\boldsymbol{\alpha}_2,\cdots,\boldsymbol{\alpha}_s$,构成矩阵 $\boldsymbol{A}=(\boldsymbol{\alpha}_1,\boldsymbol{\alpha}_2,\cdots,\boldsymbol{\alpha}_s)$,向量组 $\boldsymbol{A}$ 线性相关,即齐次线性方程组

$$\boldsymbol{x}_1\boldsymbol{\alpha}_1+\boldsymbol{x}_2\boldsymbol{\alpha}_2+\cdots+\boldsymbol{x}_s\boldsymbol{\alpha}_s=0$$

也就是 $\boldsymbol{Ax}=0$ 有非零解。因此,由定理 1 可知:

定理 2 设有列向量组 $\boldsymbol{\alpha}_j=\begin{pmatrix}\boldsymbol{a}_{1j}\\\boldsymbol{a}_{2j}\\\vdots\\\boldsymbol{a}_{nj}\end{pmatrix}(j=1,2,\cdots,s)$,则向量组 $\boldsymbol{\alpha}_1,\boldsymbol{\alpha}_2,\cdots,\boldsymbol{\alpha}_s$ 线性相关的充要条件是:是矩阵 $\boldsymbol{A}=(\boldsymbol{\alpha}_1,\boldsymbol{\alpha}_2,\cdots,\boldsymbol{\alpha}_s)$的秩小于向量的个数 s。

例 4 n 维向量组

$$\boldsymbol{\varepsilon}_1=(1,0,\cdots,0)^{\mathrm{T}},\boldsymbol{\varepsilon}_2=(0,1\cdots,0)^{\mathrm{T}},\cdots,\boldsymbol{\varepsilon}_n=(0,0,\cdots,1)^{\mathrm{T}}$$

称为 n **维单位坐标向量组**,讨论其线性相关性。

解:n 维单位坐标向量组构成的矩阵

$$\boldsymbol{E}=(\boldsymbol{\varepsilon}_1,\boldsymbol{\varepsilon}_2,\cdots,\boldsymbol{\varepsilon}_n)=\begin{pmatrix}1&0&\cdots&0\\0&1&\cdots&0\\\cdots&\cdots&\cdots&\cdots\\0&0&\cdots&1\end{pmatrix}$$

是 n 阶单位矩阵。

由 $|\boldsymbol{E}|=1\neq0$,知 $R(\boldsymbol{E})=n$。即 $R(\boldsymbol{E})$等于向量组中向量的个数,故此向量是线性无关的。

例 5 已知 $\boldsymbol{a}_1=\begin{pmatrix}1\\1\\1\end{pmatrix}$,$\boldsymbol{a}_2=\begin{pmatrix}0\\2\\5\end{pmatrix}$,$\boldsymbol{a}_3=\begin{pmatrix}2\\4\\7\end{pmatrix}$,试讨论向量组 $\boldsymbol{a}_1$、$\boldsymbol{a}_2$、$\boldsymbol{a}_3$ 及 $\boldsymbol{a}_1$、$\boldsymbol{a}_2$ 的线性相关性。

解:对矩阵 $A=(\boldsymbol{a}_1,\boldsymbol{a}_2,\boldsymbol{a}_3)$施行初等行变换成行阶梯形矩阵,可同时看出矩阵 $\boldsymbol{A}$ 及 $\boldsymbol{B}=(\boldsymbol{\alpha}_1,\boldsymbol{\alpha}_2)$的秩,利用定理 2 即可得出结论。

$$(\boldsymbol{\alpha}_1,\boldsymbol{\alpha}_2,\boldsymbol{\alpha}_3)=\begin{pmatrix}1&0&2\\1&2&4\\1&5&7\end{pmatrix}\xrightarrow[r_3-r_1]{r_2-r_1}\begin{pmatrix}1&0&2\\0&2&2\\0&5&5\end{pmatrix}\xrightarrow{r_1-\frac{5}{2}r_2}\begin{pmatrix}1&0&2\\0&2&2\\0&0&0\end{pmatrix}$$

易见,$r(\boldsymbol{A})=2,r(\boldsymbol{B})=2$,故向量组 $\boldsymbol{\alpha}_1$、$\boldsymbol{\alpha}_2$、$\boldsymbol{\alpha}_3$ 线性相关。向量组 $\boldsymbol{a}_1$、$\boldsymbol{a}_2$ 线性无关。

例 6 判断下列向量组是否线性相关:

$$\boldsymbol{\alpha}_1=\begin{pmatrix}1\\2\\-1\\5\end{pmatrix}\quad \boldsymbol{\alpha}_2=\begin{pmatrix}2\\-1\\1\\1\end{pmatrix}\quad \boldsymbol{\alpha}_3=\begin{pmatrix}4\\3\\-1\\11\end{pmatrix}$$

解:对矩阵$(\boldsymbol{\alpha}_1,\boldsymbol{\alpha}_2,\boldsymbol{\alpha}_3)$施以初等行变换化为阶梯形矩阵:

$$\begin{pmatrix}1&2&4\\2&-1&3\\-1&1&-1\\5&1&11\end{pmatrix}\longrightarrow\begin{pmatrix}1&2&4\\0&-5&-5\\0&3&3\\0&-9&-9\end{pmatrix}\longrightarrow\begin{pmatrix}1&2&4\\0&1&1\\0&0&0\\0&0&0\end{pmatrix}$$

秩$(\boldsymbol{\alpha}_1,\boldsymbol{\alpha}_2,\boldsymbol{\alpha}_3)=2<3$,所以向量组 $\boldsymbol{\alpha}_1$、$\boldsymbol{\alpha}_2$、$\boldsymbol{\alpha}_3$ 线性相关。

推论 1 n 个 n 维列向量组 $\boldsymbol{\alpha}_1,\boldsymbol{\alpha}_2,\cdots,\boldsymbol{\alpha}_n$ 线性无关(线性相关)的充要条件是:矩阵 $\boldsymbol{A}=(\boldsymbol{\alpha}_1,\boldsymbol{\alpha}_2,\cdots,\boldsymbol{\alpha}_n)$ 的秩等于(小于)向量的个数 n。

推论 2 n 个 n 维列向量组 $\boldsymbol{\alpha}_1,\boldsymbol{\alpha}_2,\cdots,\boldsymbol{\alpha}_n$ 线性无关(线性相关)的充要条件是:矩阵 $\boldsymbol{A}=(\boldsymbol{\alpha}_1,\boldsymbol{\alpha}_2,\cdots,\boldsymbol{\alpha}_n)$ 的行列式不等于(等于)零。

注:上述结论对于矩阵的行向量组也同样成立。

推论 3 当向量组中所含向量的个数大于向量的维数时,此向量组必线性相关。

定理 3 如果向量组中有一部分向量(部分组)线性相关,则整个向量组线性相关。

推论 4 线性无关的向量组中的任何一部分组皆线性无关。

定理 4 若向量组 $\boldsymbol{\alpha}_1,\cdots,\boldsymbol{\alpha}_s,\boldsymbol{\beta}$ 线性相关,而向量组 $\boldsymbol{\alpha}_1,\boldsymbol{\alpha}_2,\cdots,\boldsymbol{\alpha}_s$ 线性无关,则向量 $\boldsymbol{\beta}$ 可由 $\boldsymbol{\alpha}_1,\boldsymbol{\alpha}_2,\cdots,\boldsymbol{\alpha}_s$ 线性表示且表示法唯一。

三、向量组间的线性表示

定义 2 设有两向量组

$$\boldsymbol{A}:\boldsymbol{\alpha}_1,\boldsymbol{\alpha}_2,\cdots,\boldsymbol{\alpha}_s\quad \boldsymbol{B}:\boldsymbol{\beta}_1,\boldsymbol{\beta}_2,\cdots,\boldsymbol{\beta}_t$$

若向量组 $\boldsymbol{B}$ 中的每一个向量都能由向量组 $\boldsymbol{A}$ 线性表示,则称向量组 $\boldsymbol{B}$ 能由向量组 $\boldsymbol{A}$ 线性表示。若向量组 $\boldsymbol{A}$ 与向量组 $\boldsymbol{B}$ 能相互线性表示,则称这两个向量组等价。

按定义,若向量组 $\boldsymbol{B}$ 能由向量组 A 线性表示,则存在

$$k_{1j},k_{2j},\cdots,k_{sj}\ (j=1,2,\cdots,t)$$

使

$$\boldsymbol{\beta}_j=k_{1j}\boldsymbol{\alpha}_1+k_{2j}\boldsymbol{\alpha}_2+\cdots+k_{sj}\boldsymbol{\alpha}_s=(\boldsymbol{\alpha}_1,\boldsymbol{\alpha}_2,\cdots,\boldsymbol{\alpha}_s)\begin{pmatrix}k_{1j}\\k_{2j}\\\vdots\\k_{sj}\end{pmatrix}$$

所以

$$(\boldsymbol{\beta}_1,\boldsymbol{\beta}_2,\cdots,\boldsymbol{\beta}_t)=(\alpha_1,\boldsymbol{\alpha}_2,\cdots,\boldsymbol{\alpha}_s)\begin{pmatrix}k_{11}&k_{12}&\cdots&k_{1t}\\k_{21}&k_{22}&\cdots&k_{2t}\\\cdots&\cdots&\cdots&\cdots\\k_{s1}&k_{s2}&\cdots&k_{st}\end{pmatrix}$$

其中矩阵 $\boldsymbol{K}_{s\times t}=(k_{ij})_{s\times t}$ 称为这一线性表示的系数矩阵。

引理 若 $\boldsymbol{C}_{s\times n}=\boldsymbol{A}_{s\times t}\boldsymbol{B}_{t\times n}$，则矩阵 $\boldsymbol{C}$ 的列向量组能由矩阵 $\boldsymbol{A}$ 的列向量组线性表示，$\boldsymbol{B}$ 为这一表示的系数矩阵。而矩阵 $\boldsymbol{C}$ 的行向量组能由 $\boldsymbol{B}$ 的行向量组线性表示，$\boldsymbol{A}$ 为这一表示的系数矩阵。

注意，若向量组 $\boldsymbol{A}$ 可由向量组 $\boldsymbol{B}$ 线性表示，向量组 $\boldsymbol{B}$ 可由向量组 $\boldsymbol{C}$ 线性表示，则向量组 $\boldsymbol{A}$ 可由向量组 $\boldsymbol{C}$ 线性表示。

定理 5 设有两个向量组

$$\boldsymbol{A}:\boldsymbol{\alpha}_1,\boldsymbol{\alpha}_2,\cdots,\boldsymbol{\alpha}_s;\boldsymbol{B}:\boldsymbol{\beta}_1,\boldsymbol{\beta}_2,\cdots,\boldsymbol{\beta}_t$$

向量组 $\boldsymbol{B}$ 能由向量组 $\boldsymbol{A}$ 线性表示，若 $s<t$，则向量组 $\boldsymbol{B}$ 线性相关。

推论 5 向量组 $\boldsymbol{B}$ 能由向量组 $\boldsymbol{A}$ 线性表示，若向量组 $\boldsymbol{B}$ 线性无关，则 $s\geqslant t$。

推论 6 设向量组 $\boldsymbol{A}$ 与 $\boldsymbol{B}$ 可以相互线性表示，若 $\boldsymbol{A}$ 与 $\boldsymbol{B}$ 都是线性无关的，则 $s=t$。

例 7 设向量组 $\boldsymbol{a}_1,\boldsymbol{a}_2,\boldsymbol{a}_3$ 线性相关，向量组 $\boldsymbol{a}_2,\boldsymbol{a}_3,\boldsymbol{a}_4$ 线性无关，证明

(1)$\boldsymbol{a}_1$ 能由 $\boldsymbol{a}_2,\boldsymbol{a}_3$ 线性表示；

(2)$\boldsymbol{a}_4$ 不能由 $\boldsymbol{a}_1,\boldsymbol{a}_2,\boldsymbol{a}_3$ 线性表示。

证明 (1)因 $\boldsymbol{\alpha}_2,\boldsymbol{\alpha}_3,\boldsymbol{\alpha}_4$ 线性无关，故 $\boldsymbol{\alpha}_2,\boldsymbol{\alpha}_3$ 线性无关，而 $\boldsymbol{\alpha}_1,\boldsymbol{\alpha}_2,\boldsymbol{\alpha}_3$ 线性相关，从而 $\boldsymbol{\alpha}_1$ 能由 $\boldsymbol{\alpha}_2,\boldsymbol{\alpha}_3$ 线性表示；

(2)用反证法。假设 $\boldsymbol{\alpha}_4$ 能由 $\boldsymbol{\alpha}_1,\boldsymbol{\alpha}_2,\boldsymbol{\alpha}_3$ 线性表示，而由(1)知 $\boldsymbol{\alpha}_1$ 能由 $\boldsymbol{\alpha}_2,\boldsymbol{\alpha}_3$ 线性表示，因此 $\boldsymbol{\alpha}_4$ 能由 $\boldsymbol{\alpha}_2,\boldsymbol{\alpha}_3$ 表示，这与 $\boldsymbol{\alpha}_2,\boldsymbol{\alpha}_3,\boldsymbol{\alpha}_4$ 线性无关矛盾。证毕。

习题 9.3

1. 判断下列向量组是否线性相关：

(1)$\boldsymbol{\alpha}_1=(1,2,0,1)^{\mathrm{T}},\boldsymbol{\alpha}_2=(1,3,0,-1)^{\mathrm{T}},\boldsymbol{\alpha}_3=(-1,-1,1,0)^{\mathrm{T}}$

(2)$\boldsymbol{\alpha}_1=(1,2,-1,5)^{\mathrm{T}},\boldsymbol{\alpha}_2=(2,-1,1,1)^{\mathrm{T}},\boldsymbol{\alpha}_3=(4,3,-1,11)^{\mathrm{T}}$

(3)$\boldsymbol{\alpha}_1=(1,0,-1)^{\mathrm{T}},\boldsymbol{\alpha}_2=(-2,2,0,)^{\mathrm{T}},\boldsymbol{\alpha}_3=(3,-5,2)^{\mathrm{T}}$

2. 问 a 取什么值时下列向量组线性相关：

$$\boldsymbol{a}_1=\begin{pmatrix}a\\1\\1\end{pmatrix}\quad \boldsymbol{a}_2=\begin{pmatrix}1\\a\\-1\end{pmatrix}\quad \boldsymbol{a}_3=\begin{pmatrix}1\\-1\\a\end{pmatrix}$$

3. 设 3 维列向量 $\boldsymbol{\alpha}_1,\boldsymbol{\alpha}_2,\boldsymbol{\alpha}_3$ 线性无关，$\boldsymbol{A}$ 是 3 阶矩阵，且有 $\boldsymbol{A}\boldsymbol{\alpha}_1=\boldsymbol{\alpha}_1+2\boldsymbol{\alpha}_2+3\boldsymbol{\alpha}_3,\boldsymbol{A}\boldsymbol{\alpha}_2=2\boldsymbol{\alpha}_2+3\boldsymbol{\alpha}_3,\boldsymbol{A}\boldsymbol{\alpha}_3=3\boldsymbol{\alpha}_2-4\boldsymbol{\alpha}_3$，试求 $|\boldsymbol{A}|$。

§9.4 向量组的秩

一、向量组的秩

定义 1 设有向量组 $\boldsymbol{A}:\boldsymbol{\alpha}_1,\boldsymbol{\alpha}_2,\cdots,\boldsymbol{\alpha}_s$，若在向量组 $\boldsymbol{A}$ 中能选出 r 个向量 $\boldsymbol{\alpha}_1,\boldsymbol{\alpha}_2,\cdots,\boldsymbol{\alpha}_r$，满足：

(1) 向量组 $\boldsymbol{A}_0:\boldsymbol{\alpha}_1,\boldsymbol{\alpha}_2,\cdots,\boldsymbol{\alpha}_r$ 线性无关;

(2) 向量组 $\boldsymbol{A}$ 中任意 $r+1$ 个向量(若有的话)都线性相关。

则称向量组 $\boldsymbol{A}_0$ 是向量组 $\boldsymbol{A}$ 的一个**极大线性无关向量组**(简称为**极大无关组**)。

注 (1)含有零向量的向量组没有极大无关组。

(2)向量组的极大无关组可能不止一个,但可知,其向量的个数是相同的。

定义2 向量组 $\boldsymbol{\alpha}_1,\boldsymbol{\alpha}_2,\cdots,\boldsymbol{\alpha}_s$ 的极大无关组所含向量的个数称为该**向量组的秩**,记为

$$R(\boldsymbol{\alpha}_1,\boldsymbol{\alpha}_2,\cdots,\boldsymbol{\alpha}_s)$$

规定 由零向量组成的向量组的秩为0。

对于只含有限个向量的向量组 $\boldsymbol{A}:\boldsymbol{\alpha}_1,\boldsymbol{\alpha}_2,\cdots,\boldsymbol{\alpha}_s$,它可以构成矩阵 $\boldsymbol{A}=(\boldsymbol{\alpha}_1,\boldsymbol{\alpha}_2,\cdots,\boldsymbol{\alpha}_s)$,由极大无关组定义、矩阵的最高阶非零子式和矩阵的秩的定义,可想到向量组 $\boldsymbol{A}$ 的秩就等于矩阵的秩,即有:

定理1 矩阵 $\boldsymbol{A}$ 的秩等于它的列向量组的秩,也等于它的行向量组的秩。

证 设 $\boldsymbol{A}=(\boldsymbol{\alpha}_1,\boldsymbol{\alpha}_2,\cdots,\boldsymbol{\alpha}_s)$,$R(\boldsymbol{A})=r$,并设矩阵 $\boldsymbol{A}$ 的最高阶非零子式(r 阶)为 $\boldsymbol{D}_r$,根据定理3知 $\boldsymbol{D}_r$ 所在的 r 个列向量线性无关;又由 $\boldsymbol{A}$ 中所有 $r+1$ 阶子式均为零,知 $\boldsymbol{A}$ 中任意 $r+1$ 个列向量都线性相关.因此 $\boldsymbol{D}_r$ 所在的 r 个列向量是 $\boldsymbol{A}$ 的列向量组的一个极大无关组,故列向量组的秩为 r,同理可得矩阵 $\boldsymbol{A}$ 的行向量组的秩也为 r。

由此,得出求向量组的秩的一般方法:将向量组按列(行)排成一个矩阵,然后将矩阵用初等行(列)变换化为行(列)阶梯形矩阵,其中非零行(列)的行(列)数就是该向量组的秩。

例1 全体 n 维向量构成的向量组记作 $\boldsymbol{R}^n$,求 $\boldsymbol{R}^n$ 的一个极大无关组及 $\boldsymbol{R}^n$ 的秩。

解:因为 n 维单位坐标向量构面的向量组 $\boldsymbol{E}:\boldsymbol{\varepsilon}_1,\boldsymbol{\varepsilon}_2,\cdots,\boldsymbol{\varepsilon}_n$ 是线性无关的,又知,$\boldsymbol{R}^n$ 中的任意 $n+1$ 个向量都线性相关,因此向量组 $\boldsymbol{E}$ 是 $\boldsymbol{R}^n$ 的一个极大无关组,且 $\boldsymbol{R}^n$ 的秩等于 n。

定理2 如果 $\boldsymbol{\alpha}_{j_1},\boldsymbol{\alpha}_{j_2},\cdots,\boldsymbol{\alpha}_{j_r}$ 是 $\boldsymbol{\alpha}_1,\boldsymbol{\alpha}_2,\cdots,\boldsymbol{\alpha}_s$ 的线性无关部分组,它是极大无关组的充分必要条件是 $\boldsymbol{\alpha}_1,\boldsymbol{\alpha}_2,\cdots,\boldsymbol{\alpha}_s$ 中的每一个向量都可由 $\boldsymbol{\alpha}_{j_1},\boldsymbol{\alpha}_{j_2},\cdots,\boldsymbol{\alpha}_{j_r}$ 线性表示。

注 由定理2知:

(1)向量组与其极大线性无关组可相互线性表示,即向量组与其极大线性无关组等价;

(2)一个向量组的任意两个极大无关组等价;

(3)等价的向量组必有相同的秩。

二、矩阵等价的应用

前面介绍了矩阵等价的概念,讨论了向量组的线性相关性,向量组的秩及其极大线性无关组的概念。那么,矩阵等价又与向量组的线性相关性有什么关系呢?

定理3 如果矩阵 $\boldsymbol{A}$ 经有限次行(列)初等变换变到矩阵 $\boldsymbol{B}$,则 $\boldsymbol{A}$ 的任意 r 个列(行)、向量与 B 的对应的 r 个列(行)向量有相同的线性相关性。

由定理9可知,可以把列向量组构成矩阵 $\boldsymbol{A}$,对矩阵 $\boldsymbol{A}$ 施以行初等变换,把 $\boldsymbol{A}$ 化为行阶梯形的矩阵以及行最简形矩阵来求 $\boldsymbol{A}$ 得列向量组的秩、列向量组的最大无关组以及各列向量之间的线性表示关系式。

例 2 设矩阵 $A=\begin{pmatrix}2 & -1 & -1 & 1 & 2\\ 1 & 1 & -2 & 1 & 4\\ 4 & -6 & 2 & -2 & 4\\ 3 & 6 & -9 & 7 & 9\end{pmatrix}$，求矩阵 **A** 的列向量组的一个极大无关并把不属于极大无关组的列向量用极大无关组线性表示。

解:对 **A** 施行初等变换化为行阶梯形矩阵：

$$A\longrightarrow\begin{pmatrix}1 & 1 & -2 & 1 & 4\\ 0 & 1 & -1 & 1 & 0\\ 0 & 0 & 0 & 1 & -3\\ 0 & 0 & 0 & 0 & 0\end{pmatrix}\longrightarrow\begin{pmatrix}1 & 1 & -2 & 1 & 4\\ 0 & 1 & -1 & 1 & 0\\ 0 & 0 & 0 & 1 & -3\\ 0 & 0 & 0 & 0 & 0\end{pmatrix}$$

知 $r(A)=3$,故列向量组的极大无关组含 3 个向量。

而三个非零首元在第 1、2、4,三列,故 $\boldsymbol{\alpha}_1$、$\boldsymbol{\alpha}_2$、$\boldsymbol{\alpha}_4$ 为列向量组的一个极大无关组。

因 $r(\boldsymbol{\alpha}_1,\boldsymbol{\alpha}_2,\boldsymbol{\alpha}_4)=3$,故 $\boldsymbol{\alpha}_1,\boldsymbol{\alpha}_2,\boldsymbol{\alpha}_4$ 线性无关。

得 **A** 的行最简形矩阵：$\begin{cases}\boldsymbol{\alpha}_3=-\boldsymbol{\alpha}_1-\boldsymbol{\alpha}_2\\ \boldsymbol{\alpha}_5=4\boldsymbol{\alpha}_1+3\boldsymbol{\alpha}_2-3\boldsymbol{\alpha}_4\end{cases}$

例 3 求向量组

$\boldsymbol{\alpha}_1=(1,2,-1,1)^{\mathrm{T}},\boldsymbol{\alpha}_2=(2,0,t,0)^{\mathrm{T}},\boldsymbol{\alpha}_3=(0,-4,5,-2)^{\mathrm{T}},\boldsymbol{\alpha}_4=(3,-2,t+4,-1)^{\mathrm{T}}$ 的秩和一个极大无关组。

解:向量的分量中含参数 t,向量组的秩和极大无关组与 t 的取值有关。对下列矩阵作初等行变换：

$$[\boldsymbol{\alpha}_1\ \ \boldsymbol{\alpha}_2\ \ \boldsymbol{\alpha}_3\ \ \boldsymbol{\alpha}_4]=\begin{pmatrix}1 & 2 & 0 & 3\\ 2 & 0 & -4 & -2\\ -1 & t & 5 & t+4\\ 1 & 0 & -2 & -1\end{pmatrix}\longrightarrow\begin{pmatrix}1 & 2 & 0 & 3\\ 0 & -4 & -4 & -8\\ 0 & t+2 & 5 & t+7\\ 0 & -2 & -2 & -4\end{pmatrix}\longrightarrow\begin{pmatrix}1 & 2 & 0 & 3\\ 0 & 1 & 1 & 2\\ 0 & 0 & 3-t & 3-t\\ 0 & 0 & 0 & 0\end{pmatrix}$$

显然,$\boldsymbol{\alpha}_1$、$\boldsymbol{\alpha}_2$ 线性无关,且

(1)$t=3$ 时,则 $r(\boldsymbol{\alpha}_1,\boldsymbol{\alpha}_2,\boldsymbol{\alpha}_3,\boldsymbol{\alpha}_1)=2$,且 $\boldsymbol{\alpha}_1$、$\boldsymbol{\alpha}_2$ 是极大无关组；

(2)$t\neq3$ 时,则 $r(\boldsymbol{\alpha}_1,\boldsymbol{\alpha}_2,\boldsymbol{\alpha}_3,\boldsymbol{\alpha}_1)=3$,且 $\boldsymbol{\alpha}_1$、$\boldsymbol{\alpha}_2$、$\boldsymbol{\alpha}_3$ 是极大无关组。

例 4 设 $\boldsymbol{A}_{m\times n}$ 及 $\boldsymbol{B}_{n\times s}$ 为两个矩阵，证明:**A** 与 **B** 乘积的秩不大于 **A** 的秩和 **B** 的秩，即 $r(\boldsymbol{AB})\leqslant\min(r(\boldsymbol{A}),r(\boldsymbol{B}))$。

证 设

$\boldsymbol{A}=(\boldsymbol{a}_{ij})_{m\times n}=(\boldsymbol{\alpha}_1,\boldsymbol{\alpha}_2,\cdots,\boldsymbol{\alpha}_n),\boldsymbol{B}=(\boldsymbol{b}_{ij})_{n\times s}\boldsymbol{AB}=\boldsymbol{C}=(\boldsymbol{c}_{ij})_{m\times s}=(\boldsymbol{\gamma}_1,\boldsymbol{\gamma}_2,\cdots,\boldsymbol{\gamma}_s)$

即$(\boldsymbol{\gamma}_1,\boldsymbol{\gamma}_2,\cdots,\boldsymbol{\gamma}_s)=(\boldsymbol{\alpha}_1,\boldsymbol{\alpha}_2,\cdots,\boldsymbol{\alpha}_n)\begin{pmatrix}\boldsymbol{b}_{11} & \cdots & \boldsymbol{b}_{1j} & \cdots & \boldsymbol{b}_{1s}\\ \boldsymbol{b}_{21} & \cdots & \boldsymbol{b}_{2j} & \cdots & \boldsymbol{b}_{2s}\\ \cdots & \cdots & \cdots & \cdots & \cdots\\ \boldsymbol{b}_{n1} & \cdots & \boldsymbol{b}_{nj} & \cdots & \boldsymbol{b}_{ns}\end{pmatrix}$

因此有 $\boldsymbol{\gamma}_j=b_{1j}\boldsymbol{\alpha}_1+b_{2j}\boldsymbol{\alpha}_2+\cdots+b_{nj}\boldsymbol{\alpha}_n(j=1,2,\cdots,s)$，即 $\boldsymbol{AB}$ 的列向量组 $\boldsymbol{\gamma}_1,\boldsymbol{\gamma}_2,\cdots,\boldsymbol{\gamma}_s$ 可由 $\boldsymbol{A}$ 的列向量组 $\boldsymbol{\alpha}_1,\boldsymbol{\alpha}_2,\cdots,\boldsymbol{\alpha}_n$ 线性表示，故 $\boldsymbol{\gamma}_1,\boldsymbol{\gamma}_2,\cdots,\boldsymbol{\gamma}_s$ 的极大无关组可由 $\boldsymbol{\alpha}_1,\boldsymbol{\alpha}_2,\cdots,\boldsymbol{\alpha}_n$ 的极大无关组线性表示，由向量间线性关系的判定定理：$r(\boldsymbol{AB})\leqslant r(\boldsymbol{A})$。

类似地：设 $\boldsymbol{B}=(b_{ij})\begin{pmatrix}\boldsymbol{\beta}_1\\\boldsymbol{\beta}_2\\\vdots\\\boldsymbol{\beta}_n\end{pmatrix}$，可以证明：$r(\boldsymbol{AB})\leqslant r(\boldsymbol{B})$。因此，$r(\boldsymbol{AB})\leqslant\min(r(A),r(\boldsymbol{B}))$。

例 5 设向量组 $\boldsymbol{B}$ 能由向量组 $\boldsymbol{A}$ 线性表示，且它们的秩相等，证明向量组 $\boldsymbol{A}$ 与向量组 $\boldsymbol{B}$ 等价。

证一 只要证明向量组 $\boldsymbol{B}$ 能由向量组 $\boldsymbol{A}$ 线性表示. 设两个向量组的秩都为 s，并设 $\boldsymbol{A}$ 组和 $\boldsymbol{B}$ 组的极大无关组依次为 $\boldsymbol{A}_0:\boldsymbol{a}_1,\cdots,\boldsymbol{a}_s$ 和 $\boldsymbol{B}_0:\boldsymbol{b}_1,\cdots,\boldsymbol{b}_s$，因 $\boldsymbol{B}$ 组能由 $\boldsymbol{A}$ 组线性表示，故 $\boldsymbol{B}_0$ 组能由 $\boldsymbol{A}_0$ 组线性表示，即有 s 阶方阵 $\boldsymbol{K}_s$ 使 $(\boldsymbol{b}_1,\cdots,\boldsymbol{b}_s)=(\boldsymbol{a}_1,\cdots,\boldsymbol{a}_s)\boldsymbol{K}_s$。因 $\boldsymbol{B}_0$ 组线性无关，故

$$r(\boldsymbol{b}_1,\cdots,\boldsymbol{b}_s)=s$$

所以

$$r(\boldsymbol{K}_s)\geqslant r(\boldsymbol{b}_1,\cdots,\boldsymbol{b}_s)=s$$

但 $r(\boldsymbol{K}_s)\leqslant s$，因此 $r(\boldsymbol{K}_s)=s$. 于是矩阵 $\boldsymbol{K}_s$ 可逆，并有 $(\boldsymbol{a}_1,\cdots,\boldsymbol{a}_s)=(\boldsymbol{b}_1,\cdots,\boldsymbol{b}_s)\boldsymbol{K}_s^{-1}$，即 $\boldsymbol{A}_0$ 组能由 $\boldsymbol{B}_0$ 组线性表示，从而 $\boldsymbol{A}$ 组能由 $\boldsymbol{B}$ 组线性表示。

证二 设向量组 $\boldsymbol{A}$ 和 $\boldsymbol{B}$ 的秩都有为 s。因 $\boldsymbol{B}$ 组能由 $\boldsymbol{A}$ 组线性表示，故 $\boldsymbol{A}$ 组和 $\boldsymbol{B}$ 组合并而成的向量组 $(\boldsymbol{A},\boldsymbol{B})$ 能由 $\boldsymbol{A}$ 组线性表示。而 $\boldsymbol{A}$ 组是 $(\boldsymbol{A},\boldsymbol{B})$ 组的部分组，故 $\boldsymbol{A}$ 组总能由 $(\boldsymbol{A},\boldsymbol{B})$ 组线性表示。所以 $(\boldsymbol{A},\boldsymbol{B})$ 组与 $\boldsymbol{A}$ 组等价，因此 $(\boldsymbol{A},\boldsymbol{B})$ 组的秩也为 s。

又因 $\boldsymbol{B}$ 组的秩也为 s，故 $\boldsymbol{B}$ 组的极大无关组 $\boldsymbol{B}_0$ 含 s 个向量，因此 $\boldsymbol{B}_0$ 组也是 $(\boldsymbol{A},\boldsymbol{B})$ 组的极大无关组，从而 $(\boldsymbol{A},\boldsymbol{B})$ 组与 $\boldsymbol{B}_0$ 组等价，由 $\boldsymbol{A}$ 组与 $(\boldsymbol{A},\boldsymbol{B})$ 组等价，$(\boldsymbol{A},\boldsymbol{B})$ 与 $\boldsymbol{B}_0$ 等价，推知 $\boldsymbol{A}$ 组与 $\boldsymbol{B}$ 组等价。

习题 9.4

1. 求下列向量组的一个极大无关组，并把其余向量用该极大无关组线性表示。

(1) $\boldsymbol{\alpha}_1=(2,4,2)^{\mathrm{T}},\boldsymbol{\alpha}_2=(1,1,0)^{\mathrm{T}},\boldsymbol{\alpha}_3=(2,3,1)^{\mathrm{T}},\boldsymbol{\alpha}_4=(3,5,2)^{\mathrm{T}}$

(2) $\boldsymbol{\alpha}_1=(1,1,1)^{\mathrm{T}},\boldsymbol{\alpha}_2=(1,1,0)^{\mathrm{T}},\boldsymbol{\alpha}_3=(1,0,0)^{\mathrm{T}},\boldsymbol{\alpha}_4=(1,2,-3)^{\mathrm{T}}$

(3) $\boldsymbol{\alpha}_1=(2,1,1,1)^{\mathrm{T}},\boldsymbol{\alpha}_2=(-1,1,7,10)^{\mathrm{T}},\boldsymbol{\alpha}_3=(3,1,-1,-2)^{\mathrm{T}},\boldsymbol{\alpha}_4=(8,5,9,11)^{\mathrm{T}}$

2. 求下列矩阵的列向量组的一个极大无关组。

(1) $\begin{pmatrix}1&1&0\\2&0&4\\2&3&-2\end{pmatrix}$ (2) $\begin{pmatrix}1&2&0&4\\2&5&1&0\\1&0&4&2\\3&1&3&28\end{pmatrix}$

3. 设向量组 $\boldsymbol{\alpha}_1=\begin{pmatrix}a\\3\\1\end{pmatrix}$，$\boldsymbol{\alpha}_2=\begin{pmatrix}2\\b\\3\end{pmatrix}$，$\boldsymbol{\alpha}_3=\begin{pmatrix}1\\2\\1\end{pmatrix}$，$\alpha_4=\begin{pmatrix}2\\3\\1\end{pmatrix}$ 的秩为 2，求 a、b。

§9.5　线性方程组解的结构

前面介绍了用矩阵的初等变换法求解线性方程组有解的方法，在解决了线性方程组有解的判别条件之后，这一节用向量组的线性相关性理论讨论线性方程组解的结构。

一、齐次线性方程组 $Ax=0$ 的基础解系

设有齐次线性方程组

$$\begin{cases} a_{11}x_1+a_{12}x_2+\cdots+a_{1n}x_n=0 \\ a_{21}x_1+a_{22}x_2+\cdots+a_{2n}x_n=0 \\ \cdots\ \cdots\ \cdots\ \cdots\ \cdots\ \cdots\ \cdots \\ a_{m1}x_1+a_{m2}x_2+\cdots+a_{nm}x_n=0 \end{cases} \tag{9-5-1}$$

若记

$$\boldsymbol{A}=\begin{pmatrix} a_{11} & a_{12} & \cdots & a_{1n} \\ a_{21} & a_{22} & \cdots & a_{2n} \\ \cdots & \cdots & & \cdots \\ a_{m1} & a_{m2} & \cdots & a_{nm} \end{pmatrix},\boldsymbol{x}=\begin{pmatrix} x_1 \\ x \\ \vdots \\ x_n \end{pmatrix}$$

则方程组(9-5-1)可写为向量方程

$$\boldsymbol{Ax}=0 \tag{9-5-2}$$

称方程组(9-5-1)的解 $\boldsymbol{x}=\begin{pmatrix} x_1 \\ x_2 \\ \vdots \\ x_n \end{pmatrix}$ 为方程组(9-5-1)的**解向量**。

性质 1　若 ξ_1、ξ_2 为方程组(9-5-1)的解，则 $\xi_1+\xi_2$ 也是该方程组的解。

证明　因为 $\boldsymbol{A}(\xi_1+\xi_2)=\boldsymbol{A}\xi_1+\boldsymbol{A}\xi_2=0+0=0$，所以是齐次线性方程组的解。

性质 2　若 ξ_1 为方程组(9-1-3)的解，k 为实数，则 $k\xi_1$ 也是方程组(9-5-1)的解。

证　因为 $\boldsymbol{A}(k\xi_1)=k(\boldsymbol{A}\xi_1)=0$，所以 $k\xi_1$ 是齐次线性方程组的解。

性质 1 和性质 2 说明，如果 $\xi_1,\xi_2,\cdots,\xi_r$ 是齐次线性方程组的解，则它们的线性组合

$$k_1\xi_1+k_2\xi_2+\cdots+k_t\xi_r \quad (k_1,k_2,\cdots,k_r\in R)$$

仍是齐次线性方程组的解。

定义 1　齐次线性方程组 $\boldsymbol{Ax}=0$ 的有限个解 $\xi_1,\xi_2,\cdots,\xi_r$ 满足：

(1)$\xi_1,\xi_2,\cdots,\xi_r$ 线性无关；

(2)$\boldsymbol{Ax}=0$ 的任意一个解均可由 $\xi_1,\xi_2,\cdots,\xi_r$ 线性表示。

则称 $\xi_1,\xi_2,\cdots,\xi_r$ 是齐次线性方程组 $\boldsymbol{Ax}=0$ 的一个**基础解系**。

齐次线性方程组全体解向量组成的集合记作 $\boldsymbol{S}=\{\boldsymbol{x}\mid\boldsymbol{Ax}=0\}$。齐次线性方程组的基础解系就是解集合 S 的一个极大无关组，基础解系所含向量个数 r 就是解集合 S 的秩，从而齐次线性方程组 $\boldsymbol{Ax}=0$ 的任一解都可由其基础解系表示成

$$x=k_1\xi_1+k_2\xi_2+\cdots+k_r\xi_r(k_1,k_2,\cdots,k_r\in R)$$

它包含了齐次线性方程组的全部解,称为齐次线性方程组的通解。

当一个齐次线性方程组只有零解时，该方程组没有基础解系；而当一个齐次线性方程组有非零解时，是否一定有基础解系呢?

定理1 对齐次线性方程组 $\boldsymbol{A}\boldsymbol{x}=0$,若 $r(\boldsymbol{A})=r<n$,则该方程组的基础解系一定存在,且每个基础解系中所含解向量的个数均等于 $n-r$，其中 n 是方程组所含未知量的个数。

证 由解的判定定理可知,当 $R(\boldsymbol{A})=r<n$ 时,齐次线性方程组(9-5-1)有无穷多解。这时,对齐次线性方程组(9-5-1)的系数矩阵施行初等行变换,可将其化为如下的行简化阶梯形矩阵:

$$\begin{bmatrix} 1 & 0 & \cdots & 0 & a'_{1,r+1} & a'_{1,r+2} & \cdots & a'_{1n} \\ 0 & 1 & \cdots & 0 & a'_{2,r+1} & a'_{2,r+2} & \cdots & a'_{2n} \\ \cdots & \cdots & \cdots & \cdots & \cdots & \cdots & \cdots & \cdots \\ 0 & 0 & \cdots & 1 & a'_{r,r+1} & a'_{r,r+2} & \cdots & a'_{rn} \\ 0 & 0 & \cdots & 0 & 0 & 0 & \cdots & 0 \\ \cdots & \cdots & \cdots & \cdots & \cdots & \cdots & \cdots & \cdots \\ 0 & 0 & \cdots & 0 & 0 & 0 & \cdots & 0 \end{bmatrix} \tag{9-5-3}$$

由此可得与齐次线性方程组(9-5-1)同解的方程组

$$\begin{cases} x_1+ & & a'_{1,r+1}x_{r+1} & +a'_{1,r+2}x_{r+2} & +\cdots & +a'_{1n}x_n=0 \\ & x_2+ & a'_{2,r+1}x_{r+1} & +a'_{2,r+2}x_{r+2} & +\cdots & +a'_{2n}x_n=0 \\ & \cdots & & & & \\ & x_r+ & a'_{r,r+1}x_{r+1} & a'_{r,r+2}x_{r+2} & +\cdots & +a'_{rn}x_n=0 \end{cases} \tag{9-5-4}$$

在方程组(9-5-4)中取 $x_{r+1}=\boldsymbol{c}_1,x_{r+2}=\boldsymbol{c}_2,\cdots,x_n=\boldsymbol{c}_{n-r}$ 得齐次线性方程组(9-5-1)的一般解:

$$\begin{cases} x_1= & -a'_{1,r+1}c_1 & -a'_{1,r+2}c_2 & \cdots & -a'_{1n}c_{n-r} \\ x_2= & -a'_{2,r+1}c_1 & -a'_{2,r+2}c_2 & \cdots & -a'_{2n}c_{n-r} \\ \cdots & \cdots & \cdots & \cdots & \cdots \\ x_r= & -a'_{r,r+1}c_1 & -a'_{r,r+2}c_2 & \cdots & -a'_{rn}c_{n-r} \\ x_{r+1}= & c_1 & & & \\ x_{r+2}= & c_2 & & & \\ \cdots & \cdots & & & \\ x_n= & c_{n-r} & & & \end{cases} \tag{9-5-5}$$

(其中 $c_1,c_2,\cdots,c_{n-r}$ 都为任意常数)。

将式(9-5-5)写成向量形式

$$\begin{bmatrix} x_1 \\ x_2 \\ \vdots \\ x_r \\ x_{r+1} \\ x_{r+2} \\ \vdots \\ x_n \end{bmatrix} = c_1 \begin{bmatrix} -a'_{1,r+1} \\ -a'_{2,r+1} \\ \vdots \\ -a'_{r,r+1} \\ 1 \\ 0 \\ \vdots \\ 0 \end{bmatrix} + c_2 \begin{bmatrix} -a'_{1,r+2} \\ -a'_{2,r+2} \\ \vdots \\ -a'_{r,r+2} \\ 0 \\ 1 \\ \vdots \\ 0 \end{bmatrix} + \cdots + c_{n-r} \begin{bmatrix} -a'_{1n} \\ -a'_{2n} \\ \vdots \\ -a'_{rn} \\ 0 \\ 0 \\ \vdots \\ 1 \end{bmatrix} \tag{9-5-6}$$

取

$$\boldsymbol{x} = \begin{bmatrix} x_1 \\ x_2 \\ \vdots \\ x_r \\ x_{r+1} \\ x_{r+2} \\ \vdots \\ x_n \end{bmatrix}, \boldsymbol{\xi}_1 = \begin{bmatrix} -a'_{1,r+1} \\ -a'_{2,r+1} \\ \vdots \\ -a'_{r,r+1} \\ 1 \\ 0 \\ \vdots \\ 0 \end{bmatrix}, \boldsymbol{\xi}_2 = \begin{bmatrix} -a'_{1,r+2} \\ -a'_{2,r+2} \\ \vdots \\ -a'_{r,r+2} \\ 0 \\ 1 \\ \vdots \\ 0 \end{bmatrix}, \cdots, \boldsymbol{\xi}_{n-r} = \begin{bmatrix} -a'_{1n} \\ -a'_{2n} \\ \vdots \\ -a'_{rn} \\ 0 \\ 0 \\ \vdots \\ 1 \end{bmatrix}$$

由式(9-5-6)知，方程组(9-5-1)的任意解 $\boldsymbol{x}$ 都可由 $\xi_1, \xi_2, \cdots, \xi_{n-r}$ 线性表示，而 $\xi_1, \xi_2, \cdots, \xi_{n-r}$ 构成的矩阵

$$\boldsymbol{B} = \begin{bmatrix} -a'_{1,r+1} & -a'_{1,r+2} & \cdots & -a'_{1n} \\ -a'_{2,r+1} & -a'_{2,r+2} & \cdots & -a'_{2n} \\ \cdots & \cdots & \cdots & \cdots \\ -a'_{r,r+1} & -a'_{r,r+2} & \cdots & -a'_{rn} \\ 1 & 0 & \cdots & 0 \\ 0 & 1 & \cdots & 0 \\ \cdots & \cdots & \cdots & \cdots \\ 0 & 0 & \cdots & 1 \end{bmatrix}$$

经过初等行变换化为

$$\begin{bmatrix} 0 & 0 & \cdots & 0 \\ 0 & 0 & \cdots & 0 \\ \cdots & \cdots & \cdots & \cdots \\ 0 & 0 & \cdots & 0 \\ 1 & 0 & \cdots & 0 \\ 0 & 1 & \cdots & 0 \\ \cdots & \cdots & \cdots & \cdots \\ 0 & 0 & \cdots & 1 \end{bmatrix}$$

的形式。据此知，$R(\boldsymbol{B})=n-r$，$\boldsymbol{\xi}_1,\boldsymbol{\xi}_2,\cdots,\boldsymbol{\xi}_{n-r}$的秩为 $n-r$，即 $\boldsymbol{\xi}_1,\boldsymbol{\xi}_2,\cdots,\boldsymbol{\xi}_{n-r}$线性无关。

所以 $\boldsymbol{\xi}_1,\boldsymbol{\xi}_2,\cdots,\boldsymbol{\xi}_{n-r}$便是齐次线性方程组的一个基础解系，且有 $n-r$ 个向量。

定理证明的过程也给出了求基础解系的方法。其中，一般解为向量形式(9-5-6)，称为齐次线性方程组的**通解**。非齐次线性方程组也有同样的概念。

注 定理 1 的证明过程实际上已给出了求齐次线性方程组的基础解系的方法。且若已知 $\boldsymbol{\xi}_1,\boldsymbol{\xi}_2,\cdots,\boldsymbol{\xi}_{n-r}$是线性方程组 $\boldsymbol{Ax}=0$ 的一个基础解系，则 $\boldsymbol{Ax}=0$ 的全部解可表为

$$\boldsymbol{x}=k_1\boldsymbol{\xi}_1+k_2\boldsymbol{\xi}_2+\cdots+k_{n-r}\boldsymbol{\xi}_{n-r} \tag{9-5-7}$$

其中 $k_1,k_2,\cdots,k_{n-r}$为任意实数. 称表达式(9-5-7)为线性方程组 $\boldsymbol{Ax}=0$ 的**通解**。

例 1 求齐次线性方程组$\begin{cases}x_1+x_2-x_3-x_4=0\\2x_1-5x_2+3x_3+2x_4=0\\7x_1-7x_2+3x_3+x_4=0\end{cases}$的基础解系与通解。

解：对系数矩阵 $\boldsymbol{A}$ 作初等行变换，化为行最简矩阵：

$$\boldsymbol{A}=\begin{pmatrix}1&1&-1&1\\2&-5&3&2\\7&-7&3&1\end{pmatrix}\longrightarrow\begin{pmatrix}1&0&-2/7&-3/7\\0&1&-5/7&-4/7\\0&0&0&0\end{pmatrix}$$

得到原方程组的同解方程组$\begin{cases}x_1=(2/7)x_3+(3/7)x_4\\x_2=(5/7)x_3+(4/7)x_4\end{cases}$，令$\begin{pmatrix}x_3\\x_4\end{pmatrix}=\begin{bmatrix}1\\0\end{bmatrix},\begin{bmatrix}0\\1\end{bmatrix}$，即得基础解系

$$\xi_1=\begin{pmatrix}2/7\\5/7\\1\\0\end{pmatrix}\qquad\xi_2=\begin{pmatrix}3/7\\4/7\\0\\1\end{pmatrix}$$

并由此得到通解

$$\begin{pmatrix}x_1\\x_2\\x_3\\x_4\end{pmatrix}=C_1\begin{pmatrix}2/7\\5/7\\1\\0\end{pmatrix}+C_2\begin{pmatrix}3/7\\4/7\\0\\1\end{pmatrix}\qquad(C_1、C_2\in R)$$

例 2 用基础解系表示如下线性方程组的通解。

$$\begin{cases}x_1+x_2+x_3+4x_4-3x_5=0\\x_1-x_2+3x_3-2x_4-x_5=0\\2x_1+x_2+3x_3+5x_4-5x_5=0\\3x_1+x_2+5x_3+6x_4-7x_5=0\end{cases}$$

解：$m=4$，$n=5$，$m<n$，因此所给方程组有无穷多个解。对增广矩阵 $\boldsymbol{A}$ 施以初等行变换：

$$A=\begin{pmatrix}1&1&1&4&-3\\1&-1&3&-2&-1\\2&1&3&5&-5\\3&1&5&6&-7\end{pmatrix}\longrightarrow\begin{pmatrix}1&1&1&4&-3\\0&-2&2&-6&2\\0&-1&1&-3&1\\0&-2&2&-6&2\end{pmatrix}\longrightarrow\begin{pmatrix}1&0&2&1&-2\\0&0&0&0&0\\0&1&-1&3&-1\\0&0&0&0&0\end{pmatrix}$$

即原方程组与下面方程组同解：

$\begin{cases}x_1=-2x_3-x_4+2x_5\\x_2=x_3-3x_4+x_5\end{cases}$，其中 x_3、x_4、x_5 为自由未知量。

令自由未知量 $\begin{pmatrix}x_3\\x_4\\x_5\end{pmatrix}$ 取值 $\begin{pmatrix}1\\0\\0\end{pmatrix}$、$\begin{pmatrix}0\\1\\0\end{pmatrix}$、$\begin{pmatrix}0\\0\\1\end{pmatrix}$，分别得方程组的解为

$\boldsymbol{\xi}_1=(-2,1,1,0,0)^T$，$\boldsymbol{\xi}_2=(-1,-3,0,1,0)^T$，$\boldsymbol{\xi}_3=(2,1,0,0,1)^T$，$\boldsymbol{\xi}_1$、$\boldsymbol{\xi}_2$、$\boldsymbol{\xi}_3$ 就是所给方程组的一个基础解系。因此，方程组的通解为 $\boldsymbol{x}=c1\boldsymbol{\xi}_1+c_2\boldsymbol{\xi}_2+c_3\boldsymbol{\xi}_3$（$c_1$，$c_2$，$c_3$ 为任意常数）。

二、非齐次线性方程组解的结构

设有非齐次线性方程组

$$\boldsymbol{Ax}=\boldsymbol{b}$$

当常数项 $\boldsymbol{b}=0$ 时，得齐次线性方程组

$$\boldsymbol{Ax}=0$$

称为**由非齐次线性方程组导出的齐次线性方程组**，简称**导出组**。

性质 3 设 $\boldsymbol{\eta}_1$、$\boldsymbol{\eta}_2$ 是非齐次线性方程组 $\boldsymbol{Ax}=\boldsymbol{b}$ 的解，则 $\boldsymbol{\eta}_1-\boldsymbol{\eta}_2$ 是对应的齐次线性方程组 $\boldsymbol{Ax}=0$ 的解。

证 因为 $$\boldsymbol{A}(\boldsymbol{\eta}_1-\boldsymbol{\eta}_2)=\boldsymbol{A\eta}_1-\boldsymbol{A\eta}_2=\boldsymbol{b}-\boldsymbol{b}=\boldsymbol{0}$$

所以 $\boldsymbol{x}=\boldsymbol{\eta}_1-\boldsymbol{\eta}_2$ 是其导出组的解。

性质 4 设 $\boldsymbol{\eta}$ 是非齐次线性方程组 $\boldsymbol{Ax}=\boldsymbol{b}$ 的解，ξ 为对应的齐次线性方程组 $\boldsymbol{Ax}=0$ 的解，则 $\boldsymbol{\xi}+\boldsymbol{\eta}$ 非齐次线性方程组 $\boldsymbol{Ax}=\boldsymbol{b}$ 的解。

证明 因为 $$\boldsymbol{A}(\boldsymbol{\xi}+\boldsymbol{\eta})=\boldsymbol{A}\xi+\boldsymbol{A\eta}=\boldsymbol{0}+\boldsymbol{b}=\boldsymbol{b}$$

所以 $\boldsymbol{x}=\boldsymbol{\xi}+\boldsymbol{\eta}$ 是非齐次线性方程组的解。

定理 2 设 η^* 是非齐次线性方程组 $\boldsymbol{Ax}=\boldsymbol{b}$ 的一个解，ξ_1，ξ_2，…，ξ_{n-r} 是对应齐次线性方程组 $\boldsymbol{Ax}=\boldsymbol{0}$ 的通解，则 $\boldsymbol{x}=k_1\boldsymbol{\xi}_1+k_2\boldsymbol{\xi}_2+\cdots+k_{n-r}\boldsymbol{\xi}_{n-r}+\boldsymbol{\eta}^*$ 是非齐次线性方程组 $\boldsymbol{Ax}=\boldsymbol{b}$ 的通解。

例 3 求下列方程组 $\begin{cases}x_1+x_2+x_3+3x_4+x_5=7\\3x_1+x_2+2x_3+x_4-3x_5=-2\\2x_2+x_3+2x_4+6x_5=23\end{cases}$ 的通解。

解：$$\tilde{\boldsymbol{A}}=\begin{pmatrix}1&1&1&1&1&7\\3&1&2&1&-3&-2\\0&2&1&2&6&23\end{pmatrix}\longrightarrow\begin{pmatrix}1&0&1/2&0&-2&-9/2\\0&1&1/2&1&3&23/2\\0&0&0&0&0&0\end{pmatrix}$$

由 $r(\boldsymbol{A})=r(\tilde{\boldsymbol{A}})$，知方程组有解。

又因为 $r(\boldsymbol{A})=2$，$n-r=3$，所以方程组有无穷多解. 且原方程组等价于方程组

$$\begin{cases} x_1 = -x_3/2 + 2x_5 - 9/2 \\ x_2 = -x_3/2 - x_4 - 3x_5 + 23/2 \end{cases}$$

令 $\begin{pmatrix} x_3 \\ x_4 \\ x_5 \end{pmatrix} = \begin{pmatrix} 1 \\ 0 \\ 0 \end{pmatrix}$、$\begin{pmatrix} 0 \\ 1 \\ 0 \end{pmatrix}$、$\begin{pmatrix} 0 \\ 0 \\ 1 \end{pmatrix}$。分别代入等价方程组对应的齐次方程组中求得基础解系

$$\boldsymbol{\xi}_1 = \begin{pmatrix} -1/2 \\ -1/2 \\ 1 \\ 0 \\ 0 \end{pmatrix} \quad \boldsymbol{\xi}_2 = \begin{pmatrix} 0 \\ -1 \\ 0 \\ 1 \\ 0 \end{pmatrix} \quad \boldsymbol{\xi}_3 = \begin{pmatrix} 2 \\ -3 \\ 0 \\ 0 \\ 1 \end{pmatrix}$$

求特解:令 $x_3 = x_4 = x_5 = 0$,得 $x_1 = -9/2, x_2 = 23/2$

故所求通解为 $x = C_1 \begin{pmatrix} -1/2 \\ -1/2 \\ 1 \\ 0 \\ 0 \end{pmatrix} + C_2 \begin{pmatrix} 0 \\ -1 \\ 0 \\ 1 \\ 0 \end{pmatrix} + C_3 \begin{pmatrix} 2 \\ -3 \\ 0 \\ 0 \\ 1 \end{pmatrix} + \begin{pmatrix} -9/2 \\ 23/2 \\ 0 \\ 0 \\ 0 \end{pmatrix}$

其中 C_1、C_2、C_3 为任意常数。

例 4 求解下列非齐次线性方程组:

$$\begin{cases} x_1 + x_2 - 3x_3 - x_4 = 1 \\ 3x_1 - x_2 - 3x_3 - 4x_4 = 4 \\ x_1 + 5x_2 - 9x_3 - 8x_4 = 0 \end{cases}$$

解:对方程组的增广矩阵作如下初等变换:

$$\tilde{\mathbf{A}} = (\mathbf{A} \quad \boldsymbol{b}) = \begin{pmatrix} 1 & 1 & -3 & -1 & \cdots & 1 \\ 3 & -1 & -3 & 4 & \cdots & 4 \\ 1 & 5 & -9 & 8 & \cdots & 0 \end{pmatrix} \xrightarrow[r_3 - r_1]{r_2 - 3r_1} \begin{pmatrix} 1 & 1 & -3 & -1 & \cdots & 1 \\ 0 & -4 & 6 & 7 & \cdots & 1 \\ 0 & 4 & -6 & -7 & \cdots & -1 \end{pmatrix}$$

$$\xrightarrow{r_3 + r_2} \begin{pmatrix} 1 & 1 & -3 & -1 & \cdots & 1 \\ 0 & -4 & 6 & 7 & \cdots & 1 \\ 0 & 0 & 0 & 0 & \cdots & 0 \end{pmatrix} \xrightarrow{\left(-\frac{1}{4}\right) r_2} \begin{pmatrix} 1 & 1 & -3 & -1 & \cdots & 1 \\ 0 & 1 & -3/2 & -7/4 & \cdots & -1/4 \\ 0 & 0 & 0 & 0 & \cdots & 0 \end{pmatrix}$$

$$\xrightarrow{r_1 - r_2} \begin{pmatrix} 1 & 0 & -3/2 & 3/4 & \cdots & 5/4 \\ 0 & 1 & -3/2 & -7/4 & \cdots & -1/4 \\ 0 & 0 & 0 & 0 & \cdots & 0 \end{pmatrix}$$

在上面的初等变换中没有作过列对换,因此可立即求出特解 $\boldsymbol{\gamma}$ 和对应齐次线性方程组的基础解系:

$$\boldsymbol{\gamma} = \begin{pmatrix} 5/4 \\ -1/4 \\ 0 \\ 0 \end{pmatrix} \qquad \boldsymbol{\eta}_1 = \begin{pmatrix} 3/2 \\ 3/2 \\ 1 \\ 0 \end{pmatrix} \qquad \boldsymbol{\eta}_2 = \begin{pmatrix} -3/4 \\ 7/4 \\ 0 \\ 1 \end{pmatrix}$$

原方程组的解为 $\boldsymbol{x}=\boldsymbol{\gamma}+c_1\boldsymbol{\eta}_1+c_2\boldsymbol{\eta}_2$，其中 c_1、c_2 为任意数。

例 5 设四元非齐次线性方程组 $\boldsymbol{AX}=b$ 的系数矩阵 $\boldsymbol{A}$ 的秩为 3，已知它的三个解向量为 $\boldsymbol{\eta}_1$、$\boldsymbol{\eta}_2$、$\boldsymbol{\eta}_3$，其中

$$\boldsymbol{\eta}_1=\begin{pmatrix}3\\-4\\1\\2\end{pmatrix},\boldsymbol{\eta}_2+\boldsymbol{\eta}_3=\begin{pmatrix}4\\6\\8\\0\end{pmatrix}$$

求该方程组的通解。

解：依题意，方程组 $\boldsymbol{Ax}=\boldsymbol{b}$ 的导出组的基础解系含 $4-3=1$ 个向量，于是导出组的任何一个非零解都可作为其基础解系。

显然 $\boldsymbol{\eta}_1-\frac{1}{2}(\boldsymbol{\eta}_2+\boldsymbol{\eta}_3)=\begin{pmatrix}1\\-7\\-3\\2\end{pmatrix}\neq 0$ 是导出组的非零解，可作为其基础解系。

故方程组 $\boldsymbol{Ax}=\boldsymbol{b}$ 的通解为

$$\boldsymbol{x}=\boldsymbol{\eta}_1+C\left[\boldsymbol{\eta}_1-\frac{1}{2}(\boldsymbol{\eta}_2+\boldsymbol{\eta}_3)\right]=\begin{pmatrix}3\\-4\\1\\2\end{pmatrix}+C\begin{pmatrix}1\\-7\\-3\\2\end{pmatrix}\quad (C\text{ 为任意常数})$$

习题 9.5

1. 求下列齐次线性方程组的基础解系。

(1) $\begin{cases}x_1-x_2+5x_3-x_4=0\\x_1+x_2-2x_3+3x_4=0\\3x_1-x_2+8x_3+x_4=0\\x_1+3x_2-9x_3+7x_4=0\end{cases}$ (2) $\begin{cases}6x_1+x_2+x_3+x_4=0\\16x_1+x_2-x_3+5x_4=0\\7x_1+2x_2+3x_3=0\end{cases}$

(3) $\begin{cases}x_1+3x_2+2x_3=0\\2x_1-x_2+3x_3=0\\3x_1-5x_2+4x_3=0\\x_1+17x_2+4x_3=0\end{cases}$

2. 求下列非齐次线性方程组的通解。

(1) $\begin{cases}x_1-x_2-x_3+x_4=0\\x_1-x_2+x_3-3x_4=1\\x_1-x_2-2x_3+3x_4=-1/2\end{cases}$ (2) $\begin{cases}2x_1+3x_2+x_3=1\\x_1+x_2-x_3=2\\4x_1+7x_2+8x_3=-1\\x_1+3x_2+8x_3=-4\end{cases}$

(3) $\begin{cases} x_1-x_2+x_4=0 \\ 2x_1-x_3-2x_4=-2 \\ -2x_2-x_3+4x_4=2 \end{cases}$

§9.6 线性方程组的应用

一、网络流模型

网络流模型广泛应用于交通、运输、通信、电力分配、城市规划、任务分派以及计算机辅助设计等众多领域。当科学家、工程师和经济学家研究某种网络中的流量问题时,线性方程组就自然产生了,例如,城市规划设计人员和交通工程师监控城市道路网格内的交通流量,电气工程师计算电路中流经的电流,经济学家分析产品通过批发商和零售商网络从生产者到消费者的分配等。大多数网络流模型中的方程组都包含了数百甚至上千未知量和线性方程。

一个网络由一个点集以及连接部分或全部点的直线或弧线构成。网络中的点称作联结点(或节点),网络中的连接线称作分支。每一分支中的流量方向已经指定,并且流量(或流速)已知或者已标为变量。

网络流的基本假设是网络中流入与流出的总量相等,并且每个联结点流入和流出的总量也相等。例如,图 9-6-1 分别说明了的流量从一个或两个分支流入联结点,x_1、x_2 和 x_3 分别表示从其他分支流出的流量,x_4 和 x_5 表示从其他分支流入的流量。因为流量在每个联结点守恒,所以有 $x_1+x_2=60$ 和 $x_4+x_5=x_3+80$。在类似的网络模式中,每个联结点的流量都可以用一个线性方程来表示。网络分析要解决的问题就是:在部分信息(如网络的输入量)已知的情况下,确定每一分支中的流量。

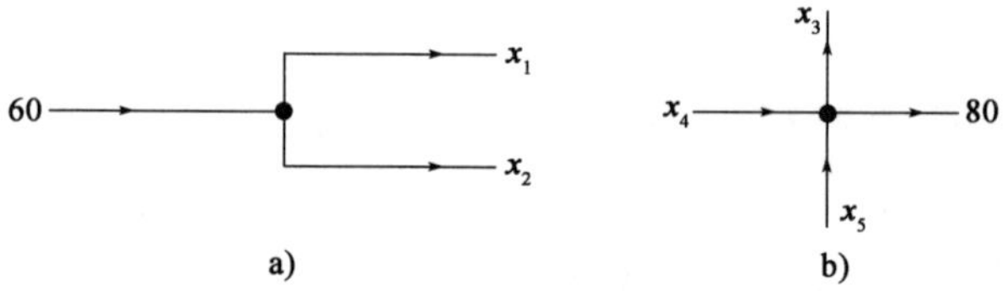

图 9-6-1

二、人口迁移模型

在生态学、经济学和工程学等许多领域中经常需要对随时间变化的动态系统进行数学建模,此类系统中的某些量常按离散时间间隔来测量,这样就产生了与时间间隔相应的向量序列 $\boldsymbol{x}_0,\boldsymbol{x}_1,\boldsymbol{x}_2,\cdots$,其中 $\boldsymbol{x}_k$ 表示第 k 次测量时系统状态的有关信息,而 $\boldsymbol{x}_0$ 常被称为初始向量。

如果存在矩阵 $\boldsymbol{A}$,并给定初始向量 $\boldsymbol{x}_0$,使得 $x_1=\boldsymbol{A}\boldsymbol{x}_0$,$x_2=\boldsymbol{A}\boldsymbol{x}_1$,$\cdots$,即

$$\boldsymbol{x}_{n+1}=\boldsymbol{A}\boldsymbol{x}_n \quad (n=0,1,2,\cdots) \tag{9-6-1}$$

则称方程(9-6-1)为一个线性差分方程或者递归方程。

人口迁移模型考虑的问题是人口的迁移或人群的流动。但是这个模型还可以广泛应用于生态学、经济学和工程学的许多领域。这里考察一个简单的模型,即某城市及其周边郊区在若

干年内的人口变化的情况。该模型显然可用于研究我国当前农村的城镇化与城市化过程中农村人口与城市人口的变迁问题。

设定一个初始的年份，比如说 2002 年，用 r_0、s_0 分别表示这一年城市和农村的人口。设 $\boldsymbol{x}_0$ 为初始人口向量，即 $\boldsymbol{x}_0=\begin{pmatrix} r_0 \\ s_0 \end{pmatrix}$，对 2003 年以及后面的年份，用向量

$$\boldsymbol{x}_1=\begin{pmatrix} r_1 \\ s_1 \end{pmatrix},\boldsymbol{x}_2=\begin{pmatrix} r_2 \\ s_2 \end{pmatrix},\boldsymbol{x}_3=\begin{pmatrix} r_3 \\ s_3 \end{pmatrix},\cdots$$

表示每一年城市和农村的人口。我们的目标是用数学公式表示出这些向量之间的关系。

假设每年大约有 5%的城市人口迁移到农村(95%仍然留在城市)，有 12%的郊区人口迁移到城市(88%仍然留在郊区)，如图 9-6-2 所示，忽略其他因素对人口规模的影响，则一年之后，城市与郊区人口的分布分别为：

$$r_0\begin{pmatrix} 0.95 \\ 0.05 \end{pmatrix}\begin{matrix}\text{留在城市} \\ \text{移居农村}\end{matrix} \qquad s_0\begin{pmatrix} 0.12 \\ 0.88 \end{pmatrix}\begin{matrix}\text{移居城市} \\ \text{留在农村}\end{matrix}$$

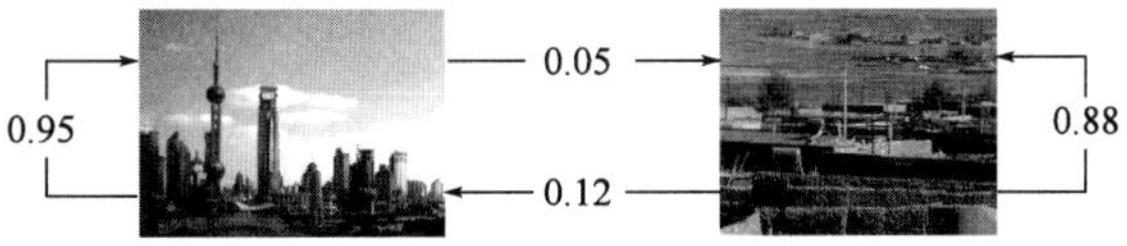

图 9-6-2

因此，2003 年全部人口的分布为

$$\begin{pmatrix} r_1 \\ s_1 \end{pmatrix}=r_0\begin{pmatrix} 0.95 \\ 0.05 \end{pmatrix}+r_1\begin{pmatrix} 0.12 \\ 0.88 \end{pmatrix}=\begin{pmatrix} 0.95 & 0.12 \\ 0.05 & 0.88 \end{pmatrix}\begin{pmatrix} r_0 \\ s_0 \end{pmatrix}$$

即

$$\boldsymbol{x}_1=\boldsymbol{M}\boldsymbol{x}_0$$

式中 $\boldsymbol{M}=\begin{pmatrix} 0.95 & 0.12 \\ 0.05 & 0.88 \end{pmatrix}$称为迁移矩阵。

如果人口迁移的百分比保持不变，则可以继续得到 2004 年，2005 年，…的人口分布公式：

$$\boldsymbol{x}_2=\boldsymbol{M}\boldsymbol{x}_1,\boldsymbol{x}_3=\boldsymbol{M}\boldsymbol{x}_2,\cdots$$

一般地，有

$$\boldsymbol{x}_{n+1}=\boldsymbol{A}\boldsymbol{x}_n \quad (n=0,1,2,\cdots)$$

这里，向量序列$\{\boldsymbol{x}_0,\boldsymbol{x}_1,\boldsymbol{x}_2,\cdots\}$描述了城市与郊区人口在若干年内的分布变化。

注 如果一个人口迁移模型经验证基本符合实际情况的话，就可以利用它进一步预测未来一段时间内人口分布变化的情况，从而为政府决策提供有力的依据。

例 1 图 9-6-3 中的网络给出了在下午一两点，某市区部分单行道的交通流量(以每 15 分钟通过的汽车数量来度量)。试确定网络的流量模式。

解：根据网络流模型的基本假设，在节点(交叉口)A、B、C、D 处，可以分别得到下列方程：

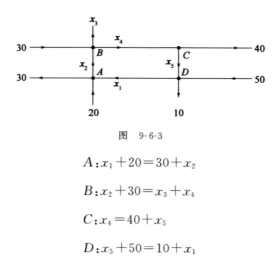

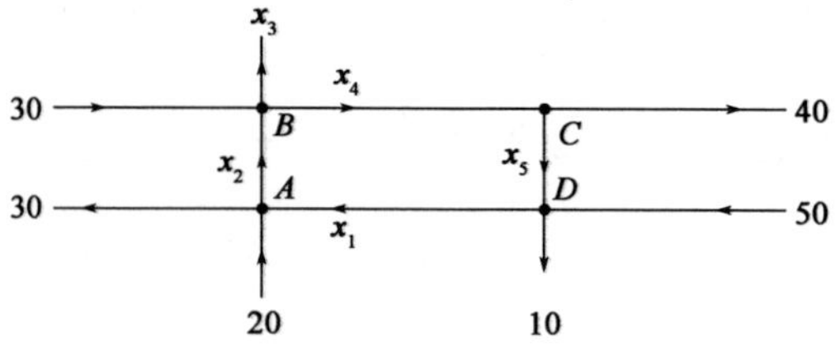

图 9-6-3

$$A:x_1+20=30+x_2$$

$$B:x_2+30=x_3+x_4$$

$$C:x_4=40+x_5$$

$$D:x_5+50=10+x_1$$

此外,该网络的总流入(20+30+50)等于网络的总流出($30+x_3+40+10$),化简得 $x_3=20$。把这个方程与整理后的前四个方程联立,得如下方程组

$$\begin{cases}x_1-x_2=10\\x_2-x_3-x_4=-30\\x_4-x_5=40\\x_1-x_5=40\\x_3=20\end{cases}$$

取 $x_5=c$(c 为任意常数),则网络的流量模式表示为

$$x_1=40+c,x_2=30+c,x_3=20,x_4=40+c,x_5=c$$

网络分支中的负流量表示与模型中指定的方向相反。由于街道是单行道,因此变量不能取负值。这导致变量在取正值时也有一定的局限。

例 2 已知某城市 2008 年的城市人口为 500000000,农村人口为 780000000。计算 2010 年的人口分布。

解:因 2008 年的初始人口为 $\boldsymbol{x}_0=\begin{pmatrix}500000000\\780000000\end{pmatrix}$,故对 2009 年,有

$$\boldsymbol{x}_1=\begin{pmatrix}0.95&0.12\\0.05&0.88\end{pmatrix}\begin{pmatrix}850000000\\350000000\end{pmatrix}=\begin{pmatrix}568600000\\711400000\end{pmatrix}$$

对 2010 年,有

$$\boldsymbol{x}_2=\begin{pmatrix}0.95&0.12\\0.05&0.88\end{pmatrix}\begin{pmatrix}568600000\\711400000\end{pmatrix}=\begin{pmatrix}625538000\\654462000\end{pmatrix}$$

即 2010 年中国的人口分布为城市人口为 625538000,农村人口为 654462000。

例 3　设一个经济系统包括 3 个部门，在某一个生产周期内各部门间的消耗系数及最终产品如表 9-6-1 所示。求各部门的总产品及部门间的流量。

各部门消耗系数表　　表 9-6-1

消耗部门 / 消耗系数 / 生产部门	1	2	3	最终产品(件)
1	0.25	0.1	0.1	245
2	0.2	0.2	0.1	90
3	0.1	0.1	0.2	175

解：设 $x_i(i=1,2,3)$ 表示第 i 部门的总产品。已知

$$\boldsymbol{A}=(a_{ij})=\begin{pmatrix}0.25 & 0.1 & 0.1\\ 0.2 & 0.2 & 0.10\\ 0.1 & 0.1 & 0.2\end{pmatrix}$$

代入产品分配平衡方程组得 $\begin{cases}x_1=0.25x_1+0.1x_2+0.1x_3+245\\ x_2=0.2x_1+0.2x_2+0.1x_3+90\\ x_3=0.1x_1+0.1x_2+0.2x_3+175\end{cases}$

因 $\boldsymbol{A}$ 与 $\boldsymbol{y}$ 满足定理的条件，故 $\boldsymbol{x}$ 有非负解，且

$$\boldsymbol{x}=(\boldsymbol{E}-\boldsymbol{A})^{-1}\boldsymbol{y},(\boldsymbol{E}-\boldsymbol{A})^{-1}=\frac{10}{891}\begin{pmatrix}126 & 18 & 18\\ 34 & 118 & 19\\ 20 & 17 & 116\end{pmatrix}$$

则
$$\boldsymbol{x}=\frac{10}{891}\begin{pmatrix}126 & 18 & 18\\ 34 & 118 & 19\\ 20 & 17 & 116\end{pmatrix}\begin{pmatrix}245\\ 90\\ 175\end{pmatrix}=\begin{pmatrix}400\\ 250\\ 300\end{pmatrix}$$

如果部门很多时，可借助计算机用迭代法求近似解。由 $x_{ij}=a_{ij}x_j(i,j=1,2,\cdots,n)$，按 $x_1=400,x_2=250,x_3=300,x_{11}=100,x_{12}=25,x_{13}=30$，计算部门间流量可得 $x_{21}=80,x_{22}=50,x_{23}=30,x_{31}=40,x_{32}=25,x_{33}=60$，现将所求得的各部门的总产量及部门间流量列成表 9-6-2。

各生产部门总产量及部门间流量　　表 9-6-2

消耗部门 / x_{ij} / 生产部门	1	2	3	y	x
1	100	25	30	245	400
2	80	50	30	90	250
3	40	25	60	175	300

例 4　假设某地区经济系统只分为 3 个部门：农业、工业和服务业，这三个部门间的生产分配关系可列成表(表 9-6-3)：

投入产出表

表 9-6-3

(单位:万元)

部门间流 投入 \ 产出量	中间产品 农业	中间产品 工业	中间产品 服务业	合计	最终产品 $\boldsymbol{y}$	总产品 $\boldsymbol{x}$
农业	27	44	2	73	120	193
工业	58	11010	182	11250	13716	24966
服务业	23	284	153	460	960	1420
合计	108	11338	337			
新创价值 z	85	13628	1083			
总收入	193	24966	1420			

根据表 9-6-3 和直接消耗系数的定义,可求出直接消耗系数 $a_{ij}(i,j=1,2,3)$,从而求得直接消耗系数矩阵 $\boldsymbol{A}$:

$$\boldsymbol{A}=\begin{pmatrix}0.1399 & 0.0018 & 0.0014\\ 0.3005 & 0.4410 & 0.1282\\ 0.1192 & 0.0114 & 0.1077\end{pmatrix}$$

$$\boldsymbol{E}-\boldsymbol{A}=\begin{pmatrix}0.8601 & -0.0018 & -0.0014\\ -0.3005 & 0.5590 & -0.1282\\ -0.1192 & -0.0114 & 0.8923\end{pmatrix}$$

算出

$$(\boldsymbol{E}-\boldsymbol{A})^{-1}=\begin{pmatrix}1.1643 & 0.0038 & 0.0024\\ 0.6635 & 1.7962 & 0.2591\\ 0.1640 & 0.0234 & 1.1243\end{pmatrix}$$

如果给定下一年计划的最终需求向量 $\boldsymbol{y}=(135,13820,1023)^{\mathrm{T}}$,则由模型 $(\boldsymbol{E}-\boldsymbol{A})\boldsymbol{x}=\boldsymbol{y}$,

有

$$\boldsymbol{x}=(\boldsymbol{E}-\boldsymbol{A})^{-1}\boldsymbol{y}=\begin{pmatrix}212\\ 25178\\ 1496\end{pmatrix}$$

从而可预测下一年各部门的总产出为 $x_1=212$,$x_2=25178$,$x_3=1496$。

利用这一结果,可以进一步预测下一年各部门间的流量 $x_{ij}=a_{ij}x_j(i,j=1,2,3)$ 和各部门的新创价值 $z_j(j=1,2,3)$(见表 9-6-4)。

新创价值表

表 9-6-4

(单位:万元)

部门间流 投入 \ 产出量	中间产品 农业	中间产品 工业	中间产品 服务业	最终产品 $\boldsymbol{y}$	总产品 $\boldsymbol{x}$
农业	29.7	45.3	2.1	135	212.1
工业	63.5	11103.2	191.3	13820	25178
服务业	25.3	287.0	161.1	1023	1496.4
新创价值 z	93.6	13742.5	1141.9		
总收入	212.1	25178.0	1496.4		

第10章 随机事件及其概率

“心想事成，万事如意”，表达了人们祈求顺利和成功的美好心愿。但在现实生活中，“事与愿违，处处碰壁”的事却时有发生。一项事业能否成功，既取决于主观努力，又取决于客观条件，而客观条件是不可控因素，特别是市场瞬息万变，到处充满风险，任何事业都具有不确定性，人们事先必须对其成功的可能性作出估计，并将这种估计作为科学决策的依据，才能尽可能避免风险，把握机遇，获得成功。概率论研究的正是这些不确定现象的规律性。

§10.1 随机事件及其关系和运算

引例

(1)上抛一枚硬币，观察其正面朝上还是反面朝上？

(2)掷一枚骰子，观察上面的点数是多少？

(3)观察上述两个过程中，结果是否有一定的规律性？

一、样本空间与随机事件

1. 随机现象

从亚里士多德时代开始，哲学家们就已经认识到随机性在生活中的作用，但直到20世纪初，人们才认识到随机现象亦可以通过数量化方法来进行研究。概率论就是以数量化方法来研究随机现象及其规律性的一门数学学科。而已学过的微积分等课程则是研究确定性现象的数学学科。

自然界的各种现象可分为两种。一种是结果明确可预知的现象，成为确定性现象，一种是结果不能确定的，称为不确定现象或随机现象。概率论研究的是随机现象。

由于随机现象的结果事先不能预知，初看似乎毫无规律。然而人们发现同一随机现象大量重复出现时，其每种可能的结果出现的频率具有稳定性，从而表明随机现象也有其固有的规律性。人们把随机现象在大量重复出现时所表现出的量的规律性称为随机现象的统计规律性。概率论与数理统计是研究随机现象统计规律性的一门学科。

2. 随机试验

为了对随机现象的统计规律性进行研究，就需要对随机现象进行重复观察，我们把对随机现象的观察称为随机试验，并简称为试验，记为 E。例如，观察某射手对固定目标进行射击；抛一枚硬币三次，观察出现正面的次数；记录某市120急救电话一昼夜接到的呼叫次数等均为随机试验。

随机试验具有下列特点：

(1)可重复性：试验可以在相同的条件下重复进行；

(2)可观察性：试验结果可观察，所有可能的结果是明确的；

(3)不确定性：每次试验出现的结果事先不能准确预知。

3. 样本空间

尽管一个随机试验将要出现的结果是不确定的，但其所有可能结果是明确的，我们把随机试验的每一种可能的结果称为一个样本点，记为 e(或 ω)；它们的全体称为样本空间，记为 S(或 Ω)。

4. 随机事件

样本空间中每一个样本点可以看作一个基本事件。基本事件的称谓是相对观察目的而言它们是不可再分解的、最基本的事件，其他事件均可由基本事件复合而成。一般地，由基本事件复合而成的事件称为复合事件。基本事件、复合事件都是随机事件。

二、事件的集合表示

按定义，样本空间 S 是随机试验的所有可能结果(样本点)的全体，故样本空间就是所有样本点构成的集合，每一个样本点是该集合的元素。一个事件是由具有该事件所要求的特征的那些可能结果所构成的，所以一个事件对应于 S 中具有相应特征的样本点(元素)构成的集合，它是 S 的一个子集。于是，任何一个事件都可以用 S 的某一子集来表示，常用字母 A,B,…,等表示。不可能事件用 $\varnothing$ 表示，必然事件用 Ω 表示。

事件与集合的关系如图 10-1-1。

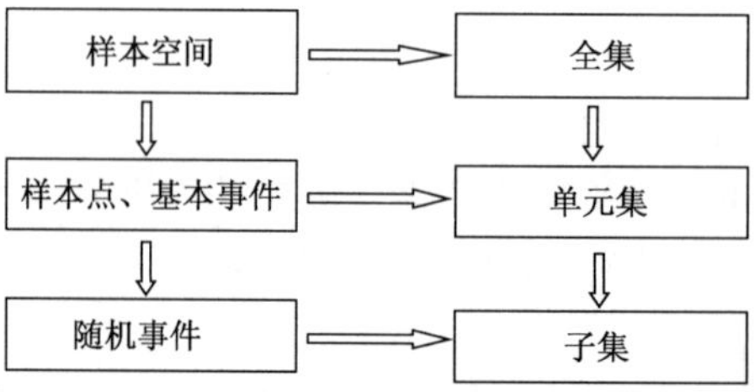

图 10-1-1

引例解析

(1)上抛一枚硬币，观察其正面朝上还是反面朝上？

此试验可以重复进行，可能结果只有两个：正面或反面，并且每次结果是随机的。

样本空间 Ω={正面，反面}；基本事件 A_1={正面}，A_2={反面}。

(2)掷一枚骰子，观察上面的点数是多少？

此试验可以重复进行，可能结果有六个，并且每次结果是随机的。

样本空间 Ω={1 点、2 点、3 点、4 点、5 点、6 点}；基本事件 A_1={1 点}，A_2={2 点}等。用 B 表示随机事件“出现 3 点一下(包括 3 点)”，则 B={1 点，2 点，3 点}。

三、事件的关系与运算

因为事件是样本空间的一个集合，故事件之间的关系与运算可按集合之间的关系和运算来处理。（要注意每种关系中的关键词）

(1)包含关系：如果事件 A 发生必然导致事件 B 发生，则称事件 A 包含于事件 B（或称事件 B 包含事件 A），记作 $A\subset B$（或 $B\supset A$）。

$A\subset B$ 的一个等价说法是，如果事件 B 不发生，则事件 A 必然不发生。

若 $A\subset B$ 且 $B\subset A$，则称事件 A 与 B 相等（或等价），记为 $A=B$。

为了方便起见，规定对于任一事件 A，有 $\varnothing\subset A$。显然，对于任一事件 A，有 $A\subset\Omega$。

(2)和事件："事件 A 与 B 中至少有一个发生"的事件称为 A 与 B 的并（和），记为 $A\cup B$ 或 $A+B$。

由事件并的定义，立即得到：

对任一事件 A，有

$$A\cup\Omega=\Omega \qquad A\cup\varnothing=A$$

$A=\bigcup\limits_{i=1}^{n}A_i$ 表示"$A_1,A_2,\cdots,A_n$ 中至少有一个事件发生"这一事件。

$A=\bigcup\limits_{i=1}^{\infty}A_i$ 表示"可列无穷多个事件 A_i 中至少有一个发生"这一事件。

(3)积事件："事件 A 与 B 同时发生或 A 与 B 都发生"的事件称为 A 与 B 的交（积），记为 $A\cap B$ 或（AB）。

由事件交的定义，立即得到：

对任一事件 A，有

$$A\cap\Omega=A \qquad A\cap\varnothing=\varnothing$$

$B=\bigcap\limits_{i=1}^{n}B_i$ 表示"$B_1,\cdots,B_n n$ 个事件同时发生"这一事件。

$B=\bigcap\limits_{i=1}^{\infty}B_i$ 表示"可列无穷多个事件 B_i 同时发生"这一事件。

(4)差事件："事件 A 发生而 B 不发生"的事件称为 A 与 B 的差，记为 $A-B$。（在 A 中减掉所含 B 的部分，即减掉 A 与 B 的公共部分 AB）。

由事件差的定义，则得到：

对于任一事件 A，有

$$A-A=\varnothing \qquad A-\varnothing=A \qquad A-\Omega=\varnothing$$

(5)互不相容事件：如果两个事件 A 与 B 不可能同时发生，则称事件 A 与 B 为互不相容（互斥），记作 $A\cap B=\varnothing$。（互斥事件不能同时发生，可以同时不发生。）

基本事件是两两互不相容的。

(6)对立事件：若 $A\cup B=\Omega$ 且 $A\cap B=\varnothing$，则称事件 A 与事件 B 互为逆事件（对立事件）。A 的对立事件记为 $\overline{A}$，$\overline{A}$ 是由所有不属于 A 的样本点组成的事件，它表示"A 不发生"这样一个事件。（对立事件不能同时发生，也不能同时不发生。）

显然 $\overline{A}=\Omega-A$。$\overline{\overline{A}}=A$

对立事件必为互不相容事件，反之，互不相容事件未必为对立事件。

(7)完备事件组:设 Ω 为样本空间,$A_1,A_2,\cdots,A_n$ 为 Ω 的一组事件,若满足

①$A_iA_j=\varnothing(i\neq j,i,j=1,2,\cdots,n)$

②$\bigcup\limits_{i=1}^{n}A_i=\Omega$

则称 $A_1,A_2,\cdots,A_n$ 为样本空间 Ω 的一个划分,也成为一个完备事件组。

例如:$A,\overline{A}$ 就是 Ω 的一个划分。

若 $A_1,A_2,\cdots,A_n$ 是 Ω 的一个划分,那么,对每次试验,事件 $A_1,A_2,\cdots,A_n$ 中必有一个且仅有一个发生。

以上事件之间的关系及运算可以用文氏(Venn)图来直观地描述。若用平面上一个矩形表示样本空间 Ω,矩形内的点表示样本点,圆 A 与圆 B 分别表示事件 A 与事件 B,则 A 与 B 的各种关系及运算如图 10-1-2 各图所示。

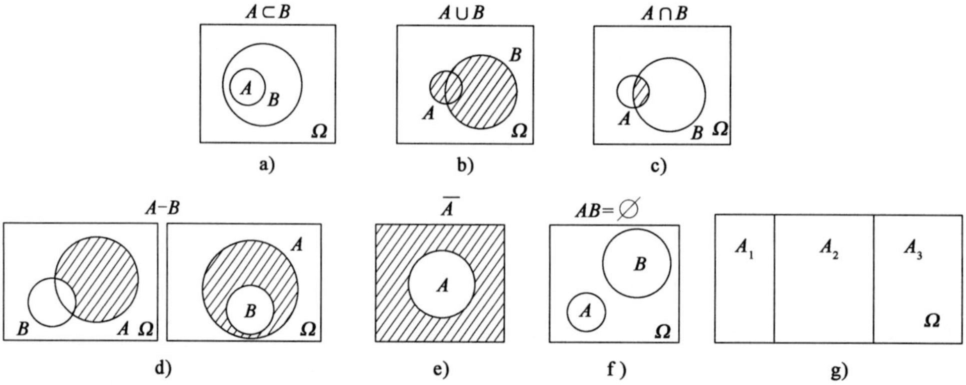

图 10-1-2

可以验证一般事件的运算满足如下关系:

(1)交换律:$A\cup B=B\cup A,\ A\cap B=B\cap A$

(2)结合律:$A\cup(B\cup C)=(A\cup B)\cup C$

$A\cap(B\cap C)=(A\cap B)\cap C$

(3)分配律:$A\cup(B\cap C)=(A\cup B)\cap(A\cup C)$

$A\cap(B\cup C)=(A\cap B)\cup(A\cap C)$

(4)$A-B=\overline{AB}=A-AB$

(5)摩根定律:$\overline{A\cap B}=\overline{A}\cup\overline{B}\ \overline{A\cup B}=\overline{A}\cap\overline{B}$

对于有穷个或可列无穷个 A_i,恒有

$$\overline{\bigcup_{i=1}^{n}A_i}=\bigcap_{i=1}^{n}\overline{A_i},\quad \overline{\bigcap_{i=1}^{n}A_i}=\bigcup_{i=1}^{n}\overline{A_i};\overline{\bigcup_{i=1}^{\infty}A_i}=\bigcap_{i=1}^{\infty}\overline{A_i},\quad \overline{\bigcap_{i=1}^{\infty}A_i}=\bigcup_{i=1}^{\infty}\overline{A_i};$$

事件间的关系及运算与集合的关系及运算是一致的,如对照表(表 10-1-1)所示:

记 事 对 照 表　　　　表 10-1-1

记　　号	概　率　论	集　合　论
Ω	样本空间,必然事件	全集
$\varnothing$	不可能事件	空集
ω	基本事件	元素

续上表

记　号	概　率　论	集　合　论
A	事件	子集
$\overline{A}$	A 的对立事件	A 的余集
$A\subset B$	事件 A 发生导致 B 发生	A 是 B 的子集
$A=B$	事件 A 与事件 B 相等	A 与 B 的相等
$A\cup B$	事件 A 与事件 B 至少有一个发生	A 与 B 的和集
AB	事件 A 与事件 B 同时发生	A 与 B 的交集
$A-B$	事件 A 发生而事件 B 不发生	A 与 B 的差集
$AB=\varnothing$	事件 A 和事件 B 互不相容	A 与 B 没有相同的元素

例 1　在管理系学生中任选一名学生，令事件 A 表示选出的是男生，事件 B 表示选出的是三年级学生，事件 C 表示该学生是运动员。

(1)叙述事件 $AB\overline{C}$的意义；

(2)在什么条件下 $ABC=C$ 成立？

(3)什么条件下 $C\subset B$ 成立？

(4)什么条件下 $\overline{A}=B$ 成立？

解:(1)$AB\overline{C}$是指当选的学生是三年级男生，但不是运动员。

(2)只有在 $C\subset AB$，即 $C\subset A, C\subset B$ 同时成立的条件下才有 $ABC=C$ 成立，即只有在全部运动员都是男生，且全部运动员都是三年级学生的条件下才有 $ABC=C$。

(3)$C\subset B$ 表示全部运动员都是三年级学生，也就是说，若选出的学生是运动员，那么一定是三年级学生，即在除三年级学生之外其他年级没有运动员选出的条件下才有 $C\subset B$。

(4) $\overline{A}\subset B$ 表示选出的女生一定是三年级学生，且 $B\subset\overline{A}$ 表示选出的三年级学生一定是女生。换句话说，若选女生，只能在三年级学生中选取，同时若选三年级学生只有女生中选取。在这样的条件下，$B\subset\overline{A}$ 成立。

例 2　考察某一位同学在一次数学考试中的成绩，分别用 A、B、C、D、P、F 表示下列各事件(括号中表示成绩所处的范围)：

A——优秀([90,100])　　B——良好([80,90))

C——中等([70,80))　　D——及格([60,70))

P——通过([60,100])　　F——未通过([0,60))

考察各事件的关系

则 A、B、C、D、F 是两两不相容事件;P 与 F 是互为对立事件,即有 $\overline{P}=F$；A、B、C、D 均为 P 的子事件,且有 $P=A\cup B\cup C\cup D$。

例 3　甲,乙,丙三人各射一次靶,记 A—“甲中靶” B—“乙中靶” C—“丙中靶” 则可用上述三个事件的运算来分别表示下列各事件：

(1)“甲未中靶”：　$\overline{A}$

(2)“甲中靶而乙未中靶”：　$A\overline{B}$

(3)“三人中只有丙未中靶”：　$AB\overline{C}$

(4)“三人中恰好有一人中靶”：　$A\overline{B}\ \overline{C}\cup\overline{A}B\overline{C}\cup\overline{A}\ \overline{B}C$

(5)“ 三人中至少有一人中靶”：　$A\cup B\cup C$

(6)“三人中至少有一人未中靶”：　$\overline{A}\cup\overline{B}\cup\overline{C}$，或$\overline{ABC}$

(7)“三人中恰有两人中靶”：　$AB\overline{C}\cup A\overline{B}C\cup\overline{A}BC$

(8)“三人中至少两人中靶”：　$AB\cup AC\cup BC$

(9)“三人均未中靶”：　$\overline{A}\ \overline{B}\ \overline{C}$

(10)“三人中至多一人中靶”：　$A\overline{B}\ \overline{C}\cup\overline{A}B\overline{C}\cup\overline{A}\ \overline{B}C\cup\overline{A}\ \overline{B}\ \overline{C}$

(11)“三人中至多两人中靶”：　$\overline{ABC}$或$\overline{A}\cup\overline{B}\cup\overline{C}$

注　用其他事件的运算来表示一个事件，方法往往不惟一，如本例中的(6)和(11)实际上是同一事件，学生应学会用不同方法表达同一事件，特别在解决具体问题时，往往要根据需要选择一种恰当的表示方法。

习题 10.1

1. 设当事件 A 与 B 同时发生时 C 也发生，则（　　）。

A. $A\cup B$ 是 C 的子事件　　B. C 是 $A\cup B$ 的子事件

C. AB 是 C 的子事件　　D. C 是 AB 的子事件

2. 设事件 $A=\{$甲种产品畅销或乙种产品滞销$\}$，则 A 的对立事件为（　　）。

A. 甲种产品滞销，乙种产品畅销

B. 甲种产品滞销

C. 甲、乙两种产品均畅销

D. 甲种产品滞销或者乙种产品畅销

3. 设 A、B、C 为三个事件，A、B、C 至多有 2 个发生表示为__________；A、B、C 至少有 2 个发生表示为__________。

4. 将一枚硬币上抛两次，写出试验的样本空间，及下列事件包含的样本点。

A=“第一次出现正面”

B=“至少有一次出现正面”

C=“两次出现同一面”

5. 以下两式各说明 A、B 之间有什么关系？

(1)$A\cup B=A$

(2)$AB=A$

6. 事件 A 表示“五件产品中至少有一件废品”，事件 B 表示“五件产品都是合格品”，则 $A\cup B$、AB 各表示什么事件？A、B 之间有什么关系？

7. 随机抽检三件产品。设 A 表示“三件中至少有一件是废品”；B 表示“三件中至少有两件是废品”；C 表示“三件都是正品 ”；问$\overline{A}$、$\overline{B}$、$\overline{C}$、$A+B$、AC 各表示什么事件？

8. 对飞机进行两次射击，每次射一弹。设 A_1 表示“第一次射击击中飞机”；A_2 表示“第二次射击击中飞机”。

试用 A_1、A_2 及它们的对立事件，表示下列各事件：

B:“两弹都击中飞机”;

C:“两弹都没击中飞机”;

D:“恰有一弹击中飞机 ”;

E:“至少有一弹击中飞机”。

9. 从一批产品中每次取出一个产品进行检验,取后不放回(称为不放回抽样),用 A_i 表示事件“第 i 次取到合格品”($i=1,2,3$)。试用 A_1、A_2、A_3 表示下列事件:

(1)三次都取得合格品;

(2)三次中至少有一次取到合格品;

(3)三次中恰有两次取得合格品;

(4)三次中最多有一次取到合格品。

§10.2　概率的定义和性质、古典概型

引例 1

(1)观察上节引例,两个随机试验中,结果是否有一定的规律性?

(2)上抛硬币 100 次,观察到出现正面的次数是 51 次,则正面出现的频率是多少?

(3)一盒灯泡 100 个,分别记为 $a_1,a_2,\cdots,a_{100}$,要抽取一个灯泡检查它的寿命。任意取一个,则每个灯泡被取到的概率是多少?(古典概型)

※(4)从一批灯泡中任取一个做寿命试验,设灯泡寿命最高不超过 10000 小时,即灯泡的寿命可以是[1,10000]区间中的任何数值。假定灯泡寿命在[1,10000]中取到的可能性是相等的,求某个灯泡寿命大于 1000 小时的概率。(几何概型)

一、预备知识——排列组合

基本计数原理:

1. 加法原理

设完成一件事有 m 种方式,其中第一种方式有 n_1 种方法,第二种方式有 n_2 种方法,……,第 m 种方式有 n_m 种方法,无论通过哪种方法都可以完成这件事,则完成这件事的方法总数为 $n_1+n_2+\cdots+n_m$。

2. 乘法原理

设完成一件事有 m 个步骤,其中第一个步骤有 n_1 种方法,第二个步骤有 n_2 种方法,……,第 m 个步骤有 n_m 种方法;完成该件事必须通过每一步骤才算完成,则完成这件事的方法总数为 $n_1\times n_2\times\cdots\times n_m$。

3. 排列组合方法

排列公式:从 n 个不同的元素中取出 k 个元素排成一列的排法总数为

$$A_n^k=n\cdot(n-1)\cdots(n-k+1)$$

将 n 个不同的元素排成一列称为 n 个元素的全排列,排法总数为

$$A_n^n=A_n=n\cdot(n-1)\cdots3\cdot2\cdot1=n!$$

从 n 个不同元素中可重复选取 k 个元素进行可重复排列，则排法总数为 n^k。

组合公式：从 n 个不同的元素中取出 k 个元素组成一组的取法总数为

$$C_n^k=\frac{A_n^k}{A_k^k}=\frac{n\cdot(n-1)\cdots(n-k+1)}{k!}$$

二、频率及其性质

定义 1 若在相同条件下进行 n 次试验，其中事件 A 发生的次数为 $r_n(A)$，则称

$$f_n(A)=\frac{r_n(A)}{n}$$

为事件 A 发生的频率。

易见，频率具有如下基本性质：

(1) $0\leqslant f_n(A)\leqslant 1$；

(2) $f_n(S)=1$；

(3) 设 $A_1,A_2,\cdots,A_n$ 是两两互不相容的事件，则

$$f_n(A_1\cup A_2\cup\cdots\cup A_n)=f_n(A_1)+f_n(A_2)+\cdots+f_n(A_n)$$

引例 2 频率为 $f_n(A)=\frac{r_n(A)}{n}=\frac{51}{100}=0.51$，事件 A 发生的频率 $f_n(A)$ 表示 A 发生的频繁程度。频率大，事件 A 发生就频繁，在一次试验中，A 发生的可能性也就大。反之亦然。因而，直观的想法是用 $f_n(A)$ 表示 A 在一次试验中发生可能性的大小。但是，由于试验的随机性，即使同样是进行 n 次试验，$f_n(A)$ 的值也不一定相同。但大量实验证实，随着重复试验次数 n 的增加，频率 $f_n(A)$ 会逐渐稳定于某个常数附近，而偏离的可能性很小，即频率具有“稳定性”。

历史上有一些著名的试验，德·摩根(De Morgan)、蒲丰(Buffon)和皮尔逊(Pearson)曾进行过大量掷硬币试验，所得结果如表 10-2-1 所示。

掷硬币试验 表 10-2-1

试验者	掷硬币次数	出现正面次数	出现正面的频率
德·摩根	2048	1061	0.5181
蒲丰	4040	2048	0.5069
皮尔逊	12000	6019	0.5016
皮尔逊	24000	12012	0.5005

可见出现正面的频率总在 0.5 附近摆动，随着试验次数增加，它逐渐稳定于 0.5。这个数值就反映正面出现的可能性的大小。

每个事件都存在一个这样的常数与之对应，因而可将频率 $f_n(A)$ 在 n 无限增大时逐渐趋向稳定的这个常数定义为事件 A 发生的概率。这就是概率的统计定义。

定义 2 设事件 A 在 n 次重复试验中发生的次数为 k，当 n 很大时，频率 $\frac{k}{n}$ 在某一数值 p 的附近摆动，而随着试验次数 n 的增加，发生较大摆动的可能性越来越小，则称数 p 为事件 A 发生的概率，记为 $P(A)=p$。

要注意的是，上述定义并没有提供确切计算概率的方法，因为人们永远不可能依据它确切

地定出任何一个事件的概率。实际上，人们不可能对每一个事件都做大量的试验，况且人们不知道 n 取多大才行；如果 n 取得很大，不一定能保证每次试验的条件都完全相同。而且也没有理由认为，取试验次数为 $n+1$ 来计算频率，总会比取试验次数为 n 来计算频率将会更准确、更逼近所求的概率。

为了理论研究的需要，受到从频率的稳定性和频率的性质的启发，先给出概率的公理化定义。

例 1 圆周率 $\pi=3.1415926\cdots$ 是一个无限不循环小数，我国数学家祖冲之第一次把它计算到小数点后 7 位，这个记录保持了 1000 多年！以后有人不断把它算得更精确。1873 年，英国学者沈克士公布了一个 π 的数值，它的数目在小数点后一共有 707 位之多！但几十年后，曼彻斯特的费林生对它产生了怀疑。他统计了 π 的 608 位小数，得到的结果如表 10-2-2 所示：

数字出现次数表 表 10-2-2

数字	0	1	2	3	4	5	6	7	8	9
出现次数	60	62	67	68	64	56	62	44	58	67

他产生怀疑的理由是什么呢？

因为 π 是一个无限不循环小数，所以，理论上每个数字出现的次数应近似相等，或它们出现的频率应都接近于 0.1，但 7 出现的频率过小。这就是费林产生怀疑的理由。

例 2 检查某工厂一批产品的质量，从中分别抽取 10 件、20 件、50 件、100 件、150 件、200 件、300 件来检查，检查结果及次品频率如表 10-2-3 所示。

检查结果表 表 10-2-3

抽取产品总件数 n	10	20	50	100	150	200	300
次品数 μ	0	1	3	5	7	11	16
次品频率 μ/n	0	0.050	0.060	0.050	0.047	0.055	0.053

由表中看出，在抽出的 n 件产品中，次品数 μ 随着 n 的不同而取不同值，从而次品频率 $\frac{\mu}{n}$ 仅在 0.05 附近有微小变化。所以 0.05 是次品频率的稳定值。

例 3 从某鱼池中取 100 条鱼，做上记号后再放入该鱼池中。现从该池中任意捉 40 条鱼，发现其中两条有记号，问池内大约有多少条鱼？

解：设池内有 n 条鱼，则从池中捉到一条有记号鱼的概率为 $\frac{100}{n}$，它近似于捉到有记号鱼的频率 $\frac{2}{40}$，即 $\frac{100}{n}\approx\frac{2}{40}$，$n=2000$，故池内大约有 2000 条鱼。

三、概率的公理化定义

概率的频率解释为概率提供了经验基础，但是它并不能作为一个严格的数学定义。1933 年，苏联著名的数学家柯尔莫哥洛夫，在他的《概率论的基本概念》一书中给出了现在已被广泛接受的概率公理化体系，第一次将概率论建立在严密的逻辑基础上。

定义 3 设 E 是随机试验，S 是它的样本空间，对于 E 的每一个事件 A 赋予一个实数，记为 $P(A)$，若 $P(A)$ 满足下列三个条件：

(1)非负性:对每一个事件 A,有 $P(A)\geqslant 0$;

(2)完备性:$P(S)=1$;

(3)可列可加性:设 $A_1,A_2,\cdots$是两两互不相容的事件,则有

$$P(\bigcup_{i=1}^{\infty}A_i)=\sum_{i=1}^{\infty}P(A_i)$$

则称 $P(A)$为事件 A 的概率。

概率具有如下性质:

性质 1 $P(\varnothing)=0$。

证 令 $A_n=\varnothing\ (n=1,2,\cdots)$,则

$$\bigcup_{n=1}^{\infty}A_n=\varnothing,\text{且 } A_iA_j=\varnothing \qquad (i\neq j,i,j=1,2,\cdots)$$

由概率的可列可加性得

$$P(\varnothing)=P(\bigcup_{n=1}^{\infty}A_n)=\sum_{n=1}^{\infty}P(A_n)=\sum_{n=1}^{\infty}P(\varnothing)$$

而 $P(\varnothing)\geqslant 0$ 及上式知 $P(\varnothing)=0$。

这个性质说明:不可能事件的概率为 0。但逆命题不一定成立。

性质 2 (有限可加性) 若 $A_1,A_2,\cdots,A_n$为两两互不相容事件,则有

$$P(\bigcup_{k=1}^{n}A_k)=\sum_{k=1}^{n}P(A_k)$$

证 令 $A_{n+1}=A_{n+2}=\cdots=\varnothing$,则 $A_iA_j=\varnothing$。当 $i\neq j;i,j=1,2,\cdots$时,由可列可加性,得

$$P(\bigcup_{k=1}^{n}A_k)=P(\bigcup_{k=1}^{n}A_k)=\sum_{k=1}^{\infty}P(A_k)=\sum_{k=1}^{n}P(A_k)$$

性质 3 设 A、B 是两个事件,则有

$$P(B-A)=P(B)-P(AB)$$

若 $A\subset B$,则有

$$P(B-A)=P(B)-P(A);P(A)\leqslant P(B)$$

证 由 $A\subset B$,知 $B=A\cup(B-A)$且 $A\cap(B-A)=\varnothing$。

再由概率的有限可加性有

$$P(B)=P(A\cup(B-A))=P(A)+P(B-A)$$

即

$$P(B-A)=P(B)-P(A)$$

又由 $P(B-A)\geqslant 0$,得

$$P(A)\leqslant P(B)$$

性质 4 对任一事件 A,有 $P(A)\leqslant 1$。

证 因为 $A\subset\Omega$,由性质 3 得

$$P(A)\leqslant P(\Omega)=1$$

性质 5 对于任一事件 A,有

$$P(\bar{A})=1-P(A)$$

证 因为 $\bar{A}\cup A=\Omega,\bar{A}\cap A=\varnothing$,由有限可加性,得

$$1=P(\Omega)=P(\bar{A}\cup A)=P(\bar{A})+P(A)$$

即 $$P(\bar{A})=1-P(A)$$

性质 6(加法公式) 对于任意两个事件 A、B 有

$$P(A\cup B)=P(A)+P(B)-P(AB)$$

证 因为 $A\cup B=A\cup(B-AB)$ 且 $A\cap(B-AB)=\varnothing$,由性质 2 和性质 3 得

$$P(A\cup B)=P(A\cup(B-AB))=P(A)+P(B-AB)=P(A)+P(B)-P(AB)$$

性质 6 还可推广到三个事件的情形。例如,设 A_1、A_2、A_3 为任意三个事件,则有

$$P(A_1\cup A_2\cup A_3)=P(A_1)+P(A_2)+P(A_3)-P(A_1A_2)-P(A_1A_3)-P(A_2A_3)+P(A_1A_2A_3)$$

例 4 已知 $P(\bar{A})=0.5$, $P(A\bar{B})=0.2$, $P(B)=0.4$, 求:

(1)$P(AB)$ (2) $P(A-B)$ (3) $P(A\cup B)$ (4) $P(\overline{AB})$

解:(1)因为 $AB+\bar{A}B=B$, 且 AB 与 $\bar{A}B$ 是不相容的, 故有 $P(AB)+P(\bar{A}B)=P(B)$, 于是

$P(AB)=P(B)-P(\bar{A}B)=0.4-0.2=0.2$

(2)$P(A)=1-P(\bar{A})=1-0.5=0.5$, $P(A-B)=P(A)-P(AB)=0.5-0.2=0.3$

(3)$P(A\cup B)=p(A)+P(B)-P(AB)=0.5+0.4-0.2=0.7$

(4)$P(\bar{A}\ \bar{B})=P(\overline{A\cup B})=1-P(A\cup B)=1-0.7=0.3$

※**例 5** 观察某地区未来 5 天的天气情况, 记 A_i 为事件:“有 i 天不下雨”, 已知$P(A_i)=iP(A_0)$, $i=1,2,3,4,5$。求下列各事件的概率:

(1)5 天均下雨 (2) 至少一天不下雨 (2) 至多三天不下雨

解:显然 $A_0,A_1,\cdots,A_5$ 是两两不相容事件且$\bigcup\limits_{i=0}^{5}A_i=S$,故

$$1=P(S)+P(\bigcup_{i=0}^{5}A_i)=\sum_{i=0}^{5}P(A_i)=P(A_0)+\sum_{i=1}^{5}iP(A_0)=16P(A_0)$$

于是 $$P(A_0)=\frac{1}{16},\ P(A_i)=\frac{i}{16}\quad(i=1,2,3,4,5)$$

记(1)、(2)、(3)中三个事件分别为 A、B、C,则

(1)$P(A)=P(A_0)=\dfrac{1}{16}$

(2) $P(B)=P(\bigcup\limits_{i=1}^{5}A_i)=1-P(A_0)=\dfrac{15}{16}$

(3)$P(C)=P(\bigcup\limits_{i=0}^{3}A_i)=\sum\limits_{i=0}^{3}P(A_i)=\dfrac{7}{16}$

例 6 某城市中发行 2 种报纸 A、B。经调查, 在这 2 种报纸的订户中, 订阅 A 报的有 45%,订阅 B 报的有 35%, 同时订阅 2 种报纸 A、B 的有 10%。求只订一种报纸的概率 p_1 和至少定一种报纸的概率 p_2。

解:记事 $A=\{$订阅 A 报$\}$,$B=\{$订阅 B 报$\}$, 则

$$\{只订一种报\}=(A-B)\cup(B-A)=A\bar{B}\cup B\bar{A}$$

又这两件事是互不相容的, 由概率加法公式及性质 4, 有

$$p_1=P(A-AB)+P(B-AB)=P(A)-P(AB)+P(B)-P(AB)$$

$=0.45-0.1+0.35-0.1=0.6$

$$p_2=p(A+B)=p(A)+p(B)-p(AB)=0.45+0.35-0.1=0.7$$

四、古典概型

定义 4 若随机试验 E 满足以下条件:

(1)试验的样本空间 Ω 只有有限个样本点,即

$$\Omega=\{\omega_1,\omega_2,\cdots,\omega_n\}$$

(2)试验中每个基本事件的发生是等可能的,即

$$P(\{\omega_1\})=P(\{\omega_2\})=\cdots=P(\{\omega_n\})$$

则称此试验为古典概型,或称为等可能概型。

由定义可知$\{\omega_1\},\{\omega_2\},\cdots,\{\omega_n\}$是两两互不相容的,故有

$$1=P(\Omega)=P(\{\omega_1\}\cup\cdots\cup\{\omega_n\})=P(\{\omega_1\})+\cdots+P(\{\omega_n\})$$

又每个基本事件发生的可能性相同,即

$$P(\{\omega_1\})=P(\{\omega_2\})=\cdots=P(\{\omega_n\})$$

故
$$1=nP(\{\omega_i\})$$

从而
$$P(\{\omega_i\})=1/n \quad (i=1,2,\cdots,n)$$

设事件 A 包含 k 个基本事件

即
$$A=\{\omega_{i1}\}\cup\{\omega_{i2}\}\cup\cdots\cup\{\omega_{ik}\}$$

则有

$$\begin{aligned}P(A)&=P(\{\omega_{i1}\}\cup\{\omega_{i2}\}\cup\cdots\cup\{\omega_{ik}\})=P(\{\omega_{i1}\})+P(\{\omega_{i2}\})+\cdots+P(\{\omega_{ik}\})\\&=\underbrace{1/n+1/n+\cdots+1/n}_{k个}=k/n\end{aligned}$$

古典概型中事件 A 的概率计算公式为

$$P(A)=\frac{k}{n}=\frac{A\text{包含的样本点总数}}{\Omega\text{包含的样本点总数}} \tag{10-2-1}$$

称古典概型中事件 A 的概率为古典概率。一般地,可利用排列、组合及乘法原理、加法原理的知识计算 k 和 n,进而求得相应的概率。

例 7 将一枚硬币抛掷三次,求:

(1) 恰有一次出现正面的概率;

(2) 至少有一次出现正面的概率。

解:将一枚硬币抛掷三次的样本空间

$$\Omega=\{HHH,HHT,HTH,THH,HTT,THT,TTH,TTT\}$$

Ω 中包含有限个元素,且由对称性知每个基本事件发生的可能性相同。

(1) 设 A 表示“恰有一次出现正面”,

则
$$A=\{HTT,THT,TTH\}$$

故有
$$P(A)=3/8$$

(2) 设 B 表示“至少有一次出现正面”，

由 $\overline{B}=\{TTT\}$，得

$$P(B)=1-P(\overline{B})=1-1/8=7/8$$

当样本空间的元素较多时，我们一般不再将 Ω 中的元素一一列出，而只需分别求出 Ω 中与 A 中包含的元素的个数(即基本事件的个数)，再由式(10-2-1)求出 A 的概率。

例 8　一口袋装有 6 只球，其中 4 只白球，2 只红球。从袋中取球两次，每次随机地取一只。考虑两种取球方式：

(1) 第一次取一只球，观察其颜色后放回袋中，搅匀后再任取一球。这种取球方式叫作有放回抽取。

(2) 第一次取一球后不放回袋中，第二次从剩余的球中再取一球。这种取球方式叫作不放回抽取。

试分别就上面两种情形求：

(1) 取到的两只球都是白球的概率；

(2) 取到的两只球颜色相同的概率；

(3) 取到的两只球中至少有一只是白球的概率。

解：(1)有放回抽取的情形：

设 A 表示事件“取到的两只球都是白球”，B 表示事件“取到的两只球都是红球”，C 表示事件“取到的两只球中至少有一只是白球”。则 $A\cup B$ 表示事件“取到的两只球颜色相同”，而 $C=\overline{B}$。

在袋中依次取两只球，每一种取法为一个基本事件，显然此时样本空间中仅包含有限个元素，且由对称性知每个基本事件发生的可能性相同，因而可利用式(10-1-1)来计算事件的概率。

第一次从袋中取球有 6 只球可供抽取，第二次也有 6 只球可供抽取。由乘法原理知共有 6×6 种取法，即基本事件总数为 6×6。对于事件 A 而言，由于第一次有 4 只白球可供抽取，第二次也有 4 只白球可供抽取，由乘法原理知共有 4×4 种取法，即 A 中包含 4×4 个元素。同理，B 中包含 2×2 个元素，于是

$$P(A)=(4\times4)/(6\times6)=4/9$$

$$P(B)=(2\times2)/(6\times6)=1/9$$

由于 $AB=\varnothing$，故

$$P(A\cup B)=P(A)+P(B)=5/9$$
$$P(C)=P(\overline{B})=1-P(B)=8/9$$

(2)不放回抽取的情形：

第一次从 6 只球中抽取，第二次只能从剩下的 5 只球中抽取，故共有 6×5 种取法，即样本点总数为 6×5。对于事件 A 而言，第一次从 4 只白球中抽取，第二次从剩下的 3 只白球中抽取，故共有 4×3 种取法，即 A 中包含 4×3 个元素，同理 B 中包含 2×1 个元素，于是

$$P(A)=(4\times3)/(6\times5)=\frac{A_4^2}{A_6^2}=2/5$$

$$P(B)=(2\times1)/(6\times5)=\frac{A_2^2}{A_6^2}=1/15$$

由于 $AB=\varnothing$,故

$$P(A\cup B)=P(A)+P(B)=7/15$$
$$P(C)=1-P(B)=14/15$$

在不放回抽取中,一次取一个,一共取 m 次也可看作一次取出 m 个,故本例中也可用组合的方法,得

$$P(A)=\frac{C_4^2}{C_6^2}=2/5$$

$$P(B)=\frac{C_2^2}{C_6^2}=1/15$$

习题 10.2

1.设 $AB=\varnothing$,$P(A)=0.6$,$P(A+B)=0.8$,则$\overline{B}=$__________。

2.设 $P(A)=0.4$,$P(B)=0.3$,$P(A+B)=0.6$,则 $P(A-B)=$__________。

3.设 A、B 都出现的概率与 A、B 都不出现的概率相等,且 $P(A)=p$,则 $P(B)=$__________。

4.有 n 个人,每个人都以同样的概率 $1/N$ 被分配在 $N(n<N)$间房中的任一间中,求恰好有 n 个房间,其中各住一人的概率。

5.两人相约在某天下午 2:00～3:00 在预定地方见面,先到者要等候 20 分钟,过时则离去。如果每人在这指定的一小时内任一时刻到达是等可能的,求约会的两人能会到面的概率。

6.设 A、B 为两事件,$P(A)=0.5$,$P(B)=0.3$,$P(AB)=0.1$,求:

(1)A 发生但 B 不发生的概率;

(2)A 不发生但 B 发生的概率;

(3)至少有一个事件发生的概率;

(4)A、B 都不发生的概率;

(5)至少有一个事件不发生的概率。

§10.3 条件概率、全概率公式、贝叶斯公式

引例

(1)(产品合格率问题)某产品的设计长度为 10cm,规定误差不超过 0.5cm 为合格品,今测量了 260 件产品,长度如表 10-3-1 所示。

产品设计长度表 表 10-3-1

长度(cm)	9.5 以下	9.5～10.5	10.5 以上
件数	16	164	20

试计算这批产品的合格率。

(2)已知一批产品由甲乙两厂共同生产，甲厂生产500件，其中次品有30件，乙厂生产300件，其中次品15件。将所有产品放在一起，从中任取一件，是次品的概率为多少？这件次品来自甲厂的概率为多少？

(3)(生产责任追究问有题)某厂有四个车间生产同一种产品，其产量占总产量的比例分别为0.15,0.2,0.3和0.35,各车间的次品率分别为0.05,0.04,0.03和0.02。有一用户买了该厂产品，其中一件是次品，对该用户造成重大损失，用户按规定进行索赔。厂长要追究生产车间的责任，但该产品的生产标志已经脱落，问厂长该如何判断哪个生产车间的责任比较大？

一、条件概率的概念

在解决许多概率问题时，往往需要在有某些附加信息(条件)下求事件的概率。如在事件A发生的条件下，求事件B发生的条件概率，记作$P(B|A)$。

定义1 设A,B为两个事件，且$P(B)>0$，则称$P(AB)/P(B)$为事件B已发生的条件下事件A发生的条件概率，记为$P(A|B)$，即

$$P(A|B)=P(AB)/P(B)$$

易验证，$P(A|B)$符合概率定义的三条公理，即

(1)对于任一事件A，有$P(A|B)\geqslant 0$；

(2)$P(\Omega|B)=1$；

(3)$P(\bigcup_{i=1}^{\infty}A_i|B)=\sum_{i=1}^{\infty}P(A|B)$。

式中：$A_1,A_2,\cdots,A_n,\cdots$为两两互不相容事件。

这说明条件概率符合定义1中概率应满足的三个条件，故对概率已证明的结果都适用于条件概率。比如对于任意事件A，有

$$P(\overline{A}|B)=1-P(A|B)$$

注 (1)用维恩图表达条件概率。若事件A已发生，则为使B也发生，试验结果必须是既在A中又在B中的样本点，即此点必属于AB。因已知A已发生，故A成为计算条件概率$P(B|A)$新的样本空间。(条件概率又称为缩减样本空间的概率)

(2)计算条件概率有两种方法：

①在缩减的样本空间A中求事件B的概率，就得到$P(B|A)$；

②在样本空间S中，先求事件$P(AB)$和$P(A)$，再按定义计算$P(B|A)$。

例1 某电子元件厂有职工180人，男职工有100人，女职工有80人，男女职工中非熟练工人分别有20人与5人。现从该厂中任选一名职工，求：(1)该职工为非熟练工人的概率是多少？(2)若已知被选出的是女职工，她是非熟练工人的概率又是多少？

解：题(1)的求解我们已很熟悉，设A表示“任选一名职工为非熟练工人”的事件，则

$$P(A)=25/180=5/36$$

而题(2)的条件有所不同，它增加了一个附加的条件，已知被选出的是女职工，记“选出女职工”为事件B，则题(2)就是要求出“在已知B事件发生的条件下A事件发生的概率”，这就要用到条件概率公式，有

$$P(A|B)=P(AB)/P(B)=(5/180)/(80/180)=1/16$$

此题也可考虑用缩小样本空间的方法来做,既然已知选出的是女职工,那么男职工就可排除在考虑范围之外,因此"B 已发生条件下的事件 A"就相当于在全部女职工中任选一人,并选出了非熟练工人。从而 Ω_B 样本点总数不是原样本空间 Ω 的 180 人,而是全体女职工人数 80 人,而上述事件中包含的样本点总数就是女职工中的非熟练工人数 5 人,因此所求概率为

$$P(A|B)=5/80=1/16$$

例 2 某科动物出生之后活到 20 岁的概率为 0.7,活到 25 岁的概率为 0.56,求现年为 20 岁的动物活到 25 岁的概率。

解:设 A 表示"活到 20 岁以上"的事件,B 表示"活到 25 岁以上"的事件,则有

$$P(A)=0.7,P(B)=0.56$$

且 $B\subset A$,得

$$P(B|A)=P(AB)/P(A)=P(B)/P(A)=0.56/0.7=0.8$$

二、乘法公式

由条件概率定义 $P(B|A)=P(AB)/P(A)$,$P(A)>0$,两边同乘以 $P(A)$ 可得 $P(AB)=P(A)P(B|A)$,由此可得:

定理 1(乘法定理) 设 $P(A)>0$,则有

$$P(AB)=P(A)P(B|A)$$

易知,若 $P(B)>0$,则有

$$P(AB)=P(B)P(A|B)$$

乘法定理也可推广到三个事件的情况。

设 A、B、C 为三个事件,且 $P(AB)>0$,则有

$$P(ABC)=P(C|AB)P(AB)=P(C|AB)P(B|A)P(A)$$

例 3 一批彩电,共 100 台,其中有 10 台次品,采用不放回抽样依次抽取 3 次,每次抽一台,求第 3 次才抽到合格品的概率。

解:设 $A_i(i=1,2,3)$ 为第 i 次抽到合格品的事件,则有

$$P(\overline{A_1}\ \overline{A_2}A_3)=P(\overline{A})P(\overline{A_2}|\overline{A_1})P(A_3|\overline{A_1}\ \overline{A_2})=10/100\cdot 9/99\cdot 90/98\approx 0.0083$$

三、全概率公式

全概率公式是概率论中的一个基本公式。它使一个复杂事件的概率计算问题,可化为在不同情况或不同原因或不同途径下发生的简单事件的概率的求和问题。

定理 2(全概率公式) 设 B 为样本空间 Ω 中的任一事件,$A_1,A_2,\cdots,A_n$ 为 Ω 的一个划分,且 $P(A_i)>0\ (i=1,2,\cdots,n)$,则有

$$\begin{aligned}P(B)&=P(A_1)P(B|A_1)+P(A_2)P(B|A_2)+\cdots+P(A_n)P(B|A_n)\\&=\sum_{i=1}^{n}P(A_i)P(B|A_i)\end{aligned}$$

称上述公式为全概率公式。

全概率公式表明,在许多实际问题中事件 B 的概率不易直接求得,如果容易找到 Ω 的一

个划分 $A_1,\cdots,A_n$，且 $P(A_i)$ 和 $P(B|A_i)$ 为已知，或容易求得，那么就可以根据全概率公式求出 $P(B)$。

证 $P(B)=P(B\Omega)=P(B(A_1\cup A_2\cup\cdots\cup A_n))=P(BA_1\cup BA_2\cup\cdots\cup BA_n)$

$=P(BA_1)+P(BA_2)+\cdots+P(BA_n)$

$=P(A_1)P(B|A_1)+P(A_2)P(B|A_2)+\cdots+P(A_n)P(B|A_n)$

四、贝叶斯公式

定理 3（贝叶斯(Bayes)公式） 设样本空间为 Ω，B 为 Ω 中的事件，$A_1,A_2,\cdots,A_n$ 为 Ω 的一个划分，且 $P(B)>0$，$P(A_i)>0$，$i=1,2,\cdots,n$，则有

$$P(A_i|B)=\frac{P(B|A_i)P(A_i)}{\sum_{j=1}^{n}P(B|A_j)P(A_j)}\quad(i=1,2,\cdots,n)$$

称上式为贝叶斯(Bayes)公式，也称为逆概率公式。

证 由条件概率公式有

$$P(A_i|B)=\frac{P(A_iB)}{P(B)}=\frac{P(A_i)P(B|A_i)}{\sum_{j=1}^{n}P(B|A_j)P(A_j)}\quad(i=1,2,\cdots,n)$$

注 全概率公式可用于计算较复杂事件的概率，公式指出：在复杂情况下直接计算 $P(B)$ 不易时，可根据具体情况构造一组完备事件 $\{A_i\}$，使事件 B 发生的概率是各事件 $A_i(i=1,2,\cdots)$ 发生条件下引起事件 B 发生的概率的总和。

例 4 某商店收进甲厂生产的产品 30 箱，乙厂生产的同种产品 20 箱，甲厂每箱装 100 个，废品率为 0.06，乙厂每箱装 120 个，废品率为 0.05，求：

(1)任取一箱，从中任取一个为废品的概率；

(2)若将所有产品开箱混放，求任取一个为废品的概率。

解：记事件 A、B 分别为甲、乙两厂的产品，C 为废品，则

(1) $P(A)=\frac{30}{50}=\frac{3}{5}$，$P(B)=\frac{20}{50}=\frac{2}{5}$，$P(C|A)=0.06$，$P(C|B)=0.05$

由全概率公式，得

$$P(C)=P(A)P(C|A)+P(B)P(C|B)=0.056$$

(2) $P(A)=\frac{30\times100}{30\times100+20\times120}=\frac{5}{9}$，$P(B)=\frac{20\times120}{30\times100+20\times120}=\frac{4}{9}$

$$P(C|A)=0.06,P(C|B)=0.05$$

由全概率公式，得

$$P(C)=P(A)P(C|A)+P(B)P(C|B)\approx0.056$$

例 5 一袋中装有 10 个球，其中 3 个黑球、7 个白球，从中先后随意各取一球(不放回)，求第二次取到的是黑球的概率。

解：这一概率在前面古典概型中已计算过，这里用一种新的方法来计算。将事件“第二次取到的是黑球”根据第一次取球的情况分解成两个互不相容的部分，分别计算其概率，再求和。记 A,B 为事件“第一、二次取到的是黑球”，则有

$$P(B)=P(AB)+P(\overline{A}B)=P(A)P(B|A)+P(\overline{A})P(B|\overline{A})$$

由题设易知 $P(A)=\frac{3}{10},P(\overline{A})=\frac{7}{10},P(B|A)=\frac{2}{9},P(B|\overline{A})=\frac{3}{9}$

于是
$$P(B)=\frac{3}{10}\times\frac{2}{9}+\frac{7}{10}\times\frac{3}{9}=\frac{3}{10}$$

例 6 人们为了解一只股票未来一定时期内价格的变化，往往会去分析影响股票价格的基本因素，比如利率的变化。现假设人们经分析估计利率下调的概率为 60%，利率不变的概率为 40%。根据经验人们估计，在利率下调的情况下，该支股票价格上涨的概率为 80%，而在利率不变的情况下，其价格上涨的概率为 40%，求该只股票将上涨的概率。

解:记 A 为事件“利率下调”，那么 $\overline{A}$ 即为“利率不变”，记 B 为事件“股票价格上涨”。依题设知 $P(A)=60\%,P(\overline{A})=40\%,P(B|A)=80\%,P(B|\overline{A})=40\%$，于是

$P(B)=P(AB)+P(\overline{A}B)=P(A)P(B|A)+P(\overline{A})P(B|\overline{A})=60\%\times80\%+40\%\times40\%=64\%$

例 7 有三个罐子，1 号装有 2 红 1 黑共 3 个球，2 号装有 3 红 1 黑共 4 个球，3 号装有 2 红 2 黑共 4 个球，如图 10-3-1 所示。某人从中随机取一罐，再从中任意取出一球，

(1)求取得红球的概率。

(2)若取出的一球是红球，试求该红球是从第一个罐中取出的概率。

图 10-3-1

解:(1) 记 $B_i=\{$球取自 i 号罐$\}(i=1, 2, 3)$；$A=\{$取得红球$\}$。
因为 A 发生总是伴随着 B_1,B_2,B_3 之一同时发生，B_1,B_2,B_3 是样本空间的一个划分。

由全概率公式得
$$P(A)=\sum_{i=1}^{3}P(B_i)P(A|B_i)$$

依题意：$P(A|B_1)=2/3$，　$P(A|B_2)=3/4$，　$P(A|B_3)=1/2$
$$P(B_1)=P(B_2)=P(B_3)=1/3$$
代入数据计算得：$P(A)\approx 0.639$。

(2)要求 $P(B_1|A)$，由贝叶斯公式知
$$P(B_1|A)=\frac{P(A|B_1)P(B_1)}{P(A|B_1)P(B_1)+P(A|B_2)P(B_2)+P(A|B_3)P(B_3)}$$
$$=\frac{P(A|B_1)P(B_1)}{P(A)}\approx0.348$$

例 8 对以往数据分析结果表明，当机器调整得良好时，产品的合格率为 98%，而当机器发生某种故障时，其合格率为 55%。每天早上机器开动时，机器调整良好的概率为 95%。试求已知某日早上第一件产品是合格时，机器调整得良好的概率是多少？

解:设 A 为事件“产品合格”，B 为事件“机器调整良好”。

$P(A|B)=0.98,P(A|\overline{B})=0.55,P(B)=0.95,P(\overline{B})=0.05$

所求的概率为 $P(B|A)=\dfrac{P(A|B)P(B)}{P(A|B)P(B)+P(A|\overline{B})P(\overline{B})}=0.97$

这就是说，当生产出第一件产品是合格时，此时机器调整良好的概率为 0.97。这里，概率 0.95 是由以往的数据分析得到的，叫作先验概率。

而在得到信息(即生产的第一件产品是合格品)之后再重新加以修正的概率(即 0.97)叫作后验概率。根据后验概率进行判断，对于追究责任和索取赔偿具有一定的理论基础。

习题 10.3

1. 某地某天下雪的概率为 0.3，下雨的概率为 0.5，既下雪又下雨的概率为 0.1，求：

(1)在下雨条件下下雪的概率为；

(2)在下雪条件下下雨的概率。

2. 已知 5%的男人和 0.25%的女人是色盲，现随机地挑选一人，此人恰为色盲，求此人是男人的概率(假设男人和女人各占人数的一半)。

3. 设某工厂有甲、乙、丙 3 个车间生产同一种产品，产量依次占全厂的 45%、35%、20%，且各车间的次品率分别为 4%、2%、5%，现在从一批产品中检查出 1 个次品，问该次品是由哪个车间生产的可能性最大？

4. 由以往的临床记录，某种诊断癌症的试验具有如下效果：被诊断者有癌症，试验反应为阳性的概率为 0.95；被诊断者没有癌症，试验反应为阴性的概率为 0.95。现对自然人群进行普查，设被试验的人群中患有癌症的概率为 0.005，求：已知试验反应为阳性，该被诊断者确有癌症的概率。

5. 某保险公司把被保险人分为三类："谨慎的""一般的""冒失的"。统计资料表明，上述三种人在一年内发生事故的概率依次为 0.05、0.15 和 0.30。如果"谨慎的"被保险人点 20%，"一般的"占 50%，"冒失的"占 30%，现知某被保险人在一年内出了事故，则他是"谨慎的"的概率是多少？

§10.4 事件的独立性、伯努利概型

引例

(1)(猜扑克骗局)街上偶见有人摆个地摊，扣放 10 张扑克牌和 10 张 10 元的钞票。摊主讲：一元钱赌一次。方法是：你指出这 10 张牌每张是几(已知十张牌分别是 A，2，3，4，5，6，7，8，9，10)，指对一张得 4 角，对二张得 8 角，三张得 1 元 2 角，四张得 2 元，五张得 10 元，六张得 20 元，七张得 30 元，八张得 40 元，九张得 60 元，十张得 100 元。条件只有一个：赌者一次全部指出你的猜测，然后翻开牌，逐一核实，不能猜一张翻一张。很多参与者都有这样的想法：其一，拿出一元钱不算什么；其二，猜对三张就不吃亏；其三，万一全猜中岂不白得 100 元吗？

需要提出几个问题：

①一般情况下猜中 $m(m\leqslant 10)$张牌的可能性有多大？

②估计一下每一把摊主能赚多少钱？

③有没有一个好的策略,能够白赌不输?

(2)某公司有工作人员100名,其中35岁以下的青年人40名,该公司每天在所有工作人员中随机选出一人为当天的值班员,而不论其是否在前一天刚好值过班。求:

①已知第一天选出是青年人,试求第二天选出青年人的概率;

②已知第一天选出不是青年人,试求第二天选出青年人的概率;

③第二天选出青年人的概率。

一、事件的独立性

定义1 若事件A_1、A_2满足

$$P(A_1A_2)=P(A_1)P(A_2)$$

则称事件A_1、A_2是相互独立的。

注 当$P(A)>0,P(B)>0$时,A、B相互独立与A、B互不相容不能同时成立。但$\varnothing$与S既相互独立又互不相容(自证)。

定理1 若事件A与B相互独立,则下列各对事件也相互独立:

$$A\text{与}\overline{B}\qquad \overline{A}\text{与}B\qquad \overline{A}\text{与}\overline{B}$$

证 因为$A=A\Omega=A(B\cup\overline{B})=AB\cup A\overline{B}$,显然$(AB)(A\overline{B})=\varnothing$,故

$$P(A)=P(AB\cup A\overline{B})=P(AB)+P(A\overline{B})=P(A)P(B)+P(A\overline{B})$$

于是 $$P(A\overline{B})=P(A)-P(A)P(B)=P(A)[1-P(B)]=P(A)P(\overline{B})$$

即A与$\overline{B}$相互独立。由此可推出,$\overline{A}$与$\overline{B}$相互独立,再由$\overline{\overline{B}}=B$,又推出$\overline{A}$与$B$相互独立。

定理2 若事件A,B相互独立,且$0<P(A)<1$,则

$$P(B|A)=P(B|\overline{A})=P(B)$$

在实际应用中,还经常遇到多个事件之间的相互独立问题,例如:对三个事件的独立性可作如下定义。

定义2 设A_1,A_2,A_3是三个事件,如果满足等式:

(1)$P(A_1A_2)=P(A_1)P(A_2)$

(2)$P(A_1A_3)=P(A_1)P(A_3)$

(3)$P(A_2A_3)=P(A_2)P(A_3)$

(4)$P(A_1A_2A_3)=P(A_1)P(A_2)P(A_3)$

则称A_1、A_2、A_3为相互独立的事件。

这里要注意,若事件A_1、A_2、A_3仅满足定义中前三个等式,则称A_1、A_2、A_3是两两独立的。由此可知,A_1、A_2、A_3相互独立,则A_1、A_2、A_3是两两独立的。但反过来,则不一定成立。

定义3(试验的相互独立型) 若在同样条件下,将试验E重复进行n次,若各次试验的结果互不影响,即每次试验结果出现的概率都不依赖与其他各次的试验结果,则称这n次试验是相互独立的。

比如:在同一条件下抛一枚硬币n次,每一次结果都不会影响其他各次的结果。此即为n次重复且相互独立的试验。

相互独立性的性质如下：

性质1　若事件 $A_1,A_2,\cdots,A_n(n\geqslant 2)$ 相互独立，则其中任意 $k(1<k\leqslant n)$ 个事件也相互独立；

性质2　若 n 个事件 $A_1,A_2,\cdots,A_n(n\geqslant 2)$ 相互独立，则将 $A_1,A_2,\cdots,A_n$ 中任意 $m(1\leqslant m\leqslant n)$ 个事件换成它们的对立事件，所得的 n 个事件仍相互独立。

对 $n=2$ 时，定理2已作证明，一般情况可利用数学归纳法证之，此处略。

性质3　设 $A_1,A_2,\cdots,A_n$ 是 $n(n\geqslant 2)$ 个随机事件，则

$$A_1,A_2,\cdots,A_n \text{ 相互独立 } \underset{\not\leftarrow}{\rightarrow} A_1,A_2,\cdots,A_n \text{ 两两独立。}$$

即相互独立性是比两两独立性更强的性质。

例1　设一个盒中装有四张卡片，四张卡片上依次标有下列各组字母：

$$XXY,XYX,YXX,YYY$$

从盒中任取一张卡片，用 A_i 表示"取到的卡片第 i 位上的字母为 X"$(i=1,2,3)$的事件。求证：A_1、A_2、A_3 两两独立，但 A_1、A_2、A_3 并不相互独立。

证　易求出

$$P(A_1)=1/2,P(A_2)=1/2,P(A_3)=1/2$$

$$P(A_1A_2)=1/4,P(A_1A_3)=1/4,P(A_2A_3)=1/4$$

故 A_1、A_2、A_3 是两两独立的。

但 $P(A_1A_2A_3)=0$，而 $P(A_1)P(A_2)P(A_3)=1/8$，故

$$P(A_1A_2A_3)\neq P(A_1)P(A_2)P(A_3)$$

因此，A_1、A_2、A_3 不是相互独立的。

例2　设高射炮每次击中飞机的概率为0.2，问至少需要多少门这种高射炮同时独立发射(每门射一次)才能使击中飞机的概率达到95%以上。

解：设需要 n 门高射炮，A 表示飞机被击中，A_i 表示第 i 门高射炮击中飞机$(i=1,2,\cdots,n)$。则

$$P(A)=P(A_1\cup A_2\cup\cdots\cup A_n)=1-P(\overline{A_1\cup A_2\cup\cdots\cup A_n})=1-P(\overline{A_1})P(\overline{A_2})\cdots P(\overline{A_1})$$
$$=1-(1-0.2)^n$$

令 $1-(1-0.2)^n\geqslant 0.95$，得 $0.8^n\leqslant 0.05$，即得

$$n\geqslant 14$$

即至少需要14门高射炮才能有95%以上的把握击中飞机。

二、伯努利概型

设随机试验只有两种可能的结果：事件 A 发生(记为 A)或事件 A 不发生(记为 $\overline{A}$)，则称这样的试验为伯努利(Bernoulli)试验。设

$$P(A)=p,P(\overline{A})=1-p(0<p<1)$$

将伯努利试验独立地重复进行 n 次，称这一串重复的独立试验为 n 重伯努利试验，或简称为伯努利概型。

注　n 重伯努利试验是一种很重要的数学模型，在实际问题中具有广泛的应用。其特点

是:事件 A 在每次试验中发生的概率均为 p,且不受其他各次试验中 A 是否发生的影响。

定理 3(伯努利定理) 设在一次试验中,事件 A 发生的概率为 $p(0<p<1)$,则在 n 重贝努里试验中,事件 A 恰好发生 k 次的概率为

$$P\{X=k\}=C_n^k p^k (1-p)^{n-k} \quad (k=0,1,\cdots,n)$$

推论 设在一次试验中,事件 A 发生的概率为 $p(0<p<1)$, 则在 n 重贝努里试验中, 事件 A 在第 k 次试验中的才首次发生的概率为

$$p(1-p)^{k-1} \quad (k=0,1,\cdots,n)$$

注意到"事件 A 第 k 次试验才首次发生"等价于在前 k 次试验组成的 k 重伯努利试验中"事件 A 在前 $k-1$ 次试验中均不发生而第 k 次试验中事件 A 发生",由伯努利定理即推得。

例 3 设某个车间里共有 5 台车床,每台车床使用电力是间歇性的,平均起来每小时约有 6min 使用电力。假设车工们工作是相互独立的,求在同一时刻:

(1) 恰有两台车床被使用的概率;

(2) 至少有三台车床被使用的概率;

(3) 至多有三台车床被使用的概率;

(4) 至少有一台车床被使用的概率。

解:A 表示"使用电力",即车床被使用,有

$$P(A)=p=6/60=0.1$$
$$P(\overline{A})=1-p=0.9$$

(1)$p_1=P_5(2)=C_5^2(0.1)^2(0.9)^2=0.0729$

(2)$p_2=P_5(3)+P_5(4)+P_5(5)=C_5^3(0.1)^3(0.9)^2+C_5^4(0.1)^4(0.9)+(0.1)^5$
$=0.00856$

(3)$p_3=1-P_5(4)-P_5(5)=1-C_5^4(0.1)^4(0.9)-(0.1)^5=0.99954$

(4)$p_4=1-P_5(0)=1-(0.9)^5=0.40951$

例 4 一张英语试卷,有 10 道选择填空题,每题有 4 个选择答案,且其中只有一个是正确答案。某同学投机取巧,随意填空,试问他至少填对 6 道的概率是多大?

解:设 B="他至少填对 6 道"。每答一道题有两个可能的结果:A="答对"及 $\overline{A}$="答错",$P(A)=1/4$,故作 10 道题就是 10 重贝努里试验,$n=10$,所求概率为

$$P(B)=\sum_{k=6}^{10}P_{10}(k)=\sum_{k=6}^{10}C_{10}^k\left(\frac{1}{4}\right)^k\left(1-\frac{1}{4}\right)^{10-k}$$

$$=C_{10}^6\left(\frac{1}{4}\right)^6\left(\frac{3}{4}\right)^4+C_{10}^7\left(\frac{1}{4}\right)^7\left(\frac{3}{4}\right)^3+C_{10}^8\left(\frac{1}{4}\right)^8\left(\frac{3}{4}\right)^2+C_{10}^9\left(\frac{1}{4}\right)^9\left(\frac{3}{4}\right)+\left(\frac{1}{4}\right)^{10}$$

$$=0.01973$$

习题 10.4

1. 从一副不含大小王的扑克牌中任取一张,记 A={抽到 K},B={抽到的牌是黑色的},问事件 A、B 是否独立?

2.加工某一零件共需经过四道工序，设第一、二、三、四道工序的次品率分别是 2%，3%，5%，3%，假定各道工序是互不影响的，求加工出来的零件的次品率。

3.甲，乙两人进行乒乓球比赛，每局甲胜的概率为 p，$p\geqslant 1/2$。问对甲而言，采用三局二胜制有利，还是采用五局三胜制有利，设各局胜负相互独立。

4.某种小数移栽后的成活率为 90%，一居民小区移栽了 20 棵，求能成活 18 的概率。

5.三人独立地破译一个密码，他们能破译的概率分别为 1/5、1/3、1/4，求将此密码破译出的概率？

6. 一个袋中装有 10 个球，其中 3 个黑球，7 个白球，每次从中随意取出一球，取后放回。

(1) 如果共取 10 次，求 10 次中能取到黑球的概率及 10 次中恰好取到 3 次黑球的概率。

(2) 如果未取到黑球就一直取下去，直到取到黑球为止，求恰好要取 3 次的概率及至少要取 3 次的概率。

7.某工人一天出废品的概率为 0.2，求在 4 天中：

(1) 都不出废品的概率；

(2) 至少有一天出废品的概率；

(3) 仅有一天出废品的概率；

(4) 最多有一天出废品的概率；

(5) 第一天出废品，其余各天不出废品的概率。

第 10 章 自测题

1.设 A、B、C 为三个事件，

(1)A 发生，B、C 都不发生表示为(　　)。

A. $A\overline{B}\ \overline{C}$　　B. $AB\overline{C}$　　C. $\overline{A}\ \overline{B}\ \overline{C}$　　D. $\overline{A}+\overline{B}+\overline{C}$

(2)A 与 B 发生，C 不发生表示为(　　)。

A. $A\overline{B}\ \overline{C}$　　B. $AB\overline{C}$　　C. $\overline{A}\ \overline{B}\ \overline{C}$　　D. $\overline{A}+\overline{B}+\overline{C}$

(3)A，B，C 都不发生表示为(　　)。

A. $A\overline{B}\ \overline{C}$　　B. $AB\overline{C}$　　C. $\overline{A}\ \overline{B}\ \overline{C}$　　D. $\overline{A}+\overline{B}+\overline{C}$

(4)A、B、C 不都发生表示为(　　)。

A. $A\overline{B}\ \overline{C}$　　B. $AB\overline{C}$　　C. $\overline{A}\ \overline{B}\ \overline{C}$　　D. $\overline{A}+\overline{B}+\overline{C}$

2.设 A、B 为随机事件，且 $P(A)=0.7$，$P(A-B)=0.3$，则 $P(\overline{AB})=$__________。

3.设 A、B、C 为三事件，且 $P(A)=P(B)=1/4$，$P(C)=1/3$ 且 $P(AB)=P(BC)=0$，$P(AC)=1/12$，则 $P(A+B+C)=$__________，$P(\overline{ABC})=$__________。

4.有甲、乙两批种子，发芽率分别为 0.8 和 0.7，在两批种子中各随机取一粒，则两粒都发芽的概率为(　　)，恰有一粒发芽的概率为(　　)。

A. 0.56　　B. 0.38　　C. 0.24　　D. 0.14

5.一个袋内装有大小相同的 7 个球，其中 4 个是白球，3 个是黑球。从中一次抽取 3 个，计算至少有 2 个是白球的概率。

6.掷一枚均匀硬币直到出现 3 次正面才停止，求：

(1)正好在第六次停止的概率;

(2)正好在第六次停止的情况下,第五次也出现正面的概率。

7.甲乙两个篮球运动员,投篮命中率分别为0.7和0.6,每人各投了3次,求两人进球数相等的概率。

8.从5双不同的鞋子中任取4只,求这4只鞋子中至少有两只鞋子配成一双的概率。

9.两人约定上午9点到10点在公园会面,求一人要等另一人0.5小时以上的概率。

10.甲、乙、丙3人独立地向同一飞机射击,设击中的概率分别为0.4、0.5、0.7,若只有一人击中飞机,则飞机被击落的概率为0.2,若有两人击中,则飞机被击落的概率为0.6,若3人都击中,则飞机一定被击落。求飞机被击落的概率。

第 11 章 随机变量及其概率分布

随着学习的深入，对于随机事件及其概率问题的处理方法，单纯的数值计算已经不能满足研究的需要，因此，如何采用定量的方法，以充分发挥数学手段的特长来研究随机现象就是我们面临的一个新问题。由此引进随机变量，它即可以把随机试验的结果进行数量化的描述，又可以借助微积分这一工具全面而深刻地揭示随机现象的内在规律性，从而把随机事件及其概率的研究引向深入。

§11.1 离散型随机变量——二项分布、泊松分布

引例

(1)在抛掷一枚硬币进行打赌时，若规定出现正面时抛掷者赢 1 元钱，出现反面时输 1 元钱，则其样本空间为

$$S=\{正面,反面\}$$

记赢钱数为 X，则 X 可取的值为

$$X=\begin{cases}1, & \omega=正面\\ -1, & \omega=反面\end{cases}$$

X 能否看作一个函数？如果能，自变量是什么？此函数的取值有何特征？

(2)在测试灯泡寿命的试验中，每一个灯泡的实际使用寿命可能是 $[0,+\infty)$ 中任何一个实数，若用 X 表示灯泡的寿命(小时)，则 X 可以看作是定义在样本空间 $S=\{t\mid t\geqslant 0\}$ 上的函数，即 $X=X(t)=t$。

此函数自变量是什么？此函数的取值有何特征？

一、随机变量的概念

定义 1 设随机试验的样本空间为 Ω，如果对 Ω 中每一个元素(样本点)e，都有一个实数 $X(e)$ 与之对应，这样就得到一个定义在 Ω 上的实值单值函数 $X=X(e)$，称为**随机变量**(Random variable)。一般以大写字母如 $X,Y,Z,W,\cdots$ 表示随机变量，而以小写字母如 $x,y,z,w,\cdots$ 表示实数。

比如掷骰子的试验中，可以用 X 取值表示试验结果，$\{X=1\}$ 表示“出现 1 点”的随机事件，$\{X<3\}$ 表示“出现 3 点以下的随机事件”。

如果随机试验的结果不是数值，将试验结果根据研究需要赋以一定的数值。比如上抛硬币的试验，$\{正面\}=\{X=1\}$，$\{反面\}=\{X=0\}$。

随机变量的取值随试验结果而定,在试验之前不能预知它取什么值,只有在试验之后才知道它的确切值;而试验的各个结果出现有一定的概率,故随机变量取值有一定的概率。这些性质显示了随机变量与普通函数之间有着本质的差异。再者,普通函数是定义在实数集或实数集的一个子集上的,而随机变量是定义在样本空间上的(样本空间的元素不一定是实数),这也是二者的差别。

随机变量是随机事件的一种表示方法。根据随机变量的不同取值可以表示同一随机试验中不同的随机事件。比起用字母表示随机事件,随机变量更简洁明了。同时,随机变量的引入为用数理方法研究随机现象奠定了基础。

随机变量是样本点的函数,随机变量的不同取值代表不同的随机事件。

二、离散型随机变量及其概率分布

如果随机变量所能取的值可以一一列举(有限个或无限可列个),则称为**离散型随机变量。**

定义 2 设离散型随机变量 X 的所有可能取值为 $x_i(i=1,2,\cdots)$，称

$$P\{X=x_i\}=p_i \quad (i=1,2,\cdots)$$

为 X 的概率分布或分布律，也称概率函数。

常用表格形式(如表 11-1-1)来表示 X 的概率分布：

概 率 分 布 表 11-1-1

X	x_1	x_2	$\cdots$	x_n	$\cdots$
p_i	p_1	p_2	$\cdots$	p_n	$\cdots$

由概率的性质容易推得,任一离散型随机变量的分布律$\{p_k\}$,都具有下述两个基本性质

(1)$p_k\geqslant 0, k=1,2,\cdots$

(2)$\sum\limits_{k=1}^{\infty} p_k=1$

定义 3 设 X 是随机变量,x 为任意实数,函数

$$F(x)=P\{X\leqslant x\}$$

称为 X 的分布函数(Distribution function)。

对于任意实数 x_1、$x_2(x_1<x_2)$,有

$$\begin{aligned}P\{x_1<X\leqslant x_2\}&=P\{X\leqslant x_2\}-P\{X\leqslant x_1\}\\&=F(x_2)-F(x_1)\end{aligned} \qquad (11\text{-}1\text{-}1)$$

因此,若已知 X 的分布函数,我们就能知道 X 落在任一区间$(x_1,x_2]$上的概率。在这个意义上说,分布函数完整地描述了随机变量的统计规律性。

如果将 X 看成是数轴上的随机点的坐标,那么,分布函数 $F(x)$在 x 处的函数值就表示 X 落在区间$(-\infty,x]$上的概率。

分布函数具有如下基本性质:

(1)$F(x)$为单调不减的函数。

事实上,由式(11-1-1),对于任意实数 x_1、$x_2(x_1<x_2)$,有

$$F(x_2)-F(x_1)=P\{x_1<X\leqslant x_2\}\geqslant 0$$

(2)$0\leqslant F(x)\leqslant 1$,且 $\lim\limits_{x\to+\infty}F(x)=1$,常记为 $F(+\infty)=1$。

$$\lim_{x\to-\infty}F(x)=0,\text{常记为 } F(-\infty)=0$$

下面从几何上说明这两个式子。

当区间端点 x 沿数轴无限向左移动($x\to-\infty$)时,则"X 落在 x 左边"这一事件趋于不可能事件,故其概率 $P\{X\leqslant x\}=F(x)$趋于 0;又若 x 无限向右移动($x\to+\infty$)时,事件"X 落在 x 左边"趋于必然事件,从而其概率 $P\{X\leqslant x\}=F(x)$趋于 1。

(3)$F(x+0)=F(x)$,即 $F(x)$为**右连续**。

由分布函数定义可知：　$p\{x_1<X<x_2\}=\sum p(x_i),x_i\in(x_1,x_2)$

例 1　设一汽车在开往目的地的道路上需通过 4 盏信号灯,每盏灯以 0.6 的概率允许汽车通过,以 0.4 的概率禁止汽车通过(设各盏信号灯的工作相互独立)。以 X 表示汽车首次停下时已经通过的信号灯盏数,求 X 的分布律。

解:以 p 表示每盏灯禁止汽车通过的概率,显然 X 的可能取值为 0,1,2,3,4,易知 X 的分布律如表 11-1-2 所示。

X 的分布律　　表 11-1-2

X	0	1	2	3	4
p_k	P	$(1-p)p$	$(1-p)^2p$	$p(1-p)^3p$	$(1-p)^4$

将 $p=0.4,1-p=0.6$ 代入表 11-1-2,所得结果如表 11-1-3 所示。

X 的概率分布　　表 11-1-3

X	0	1	2	3	4
p_k	0.4	0.24	0.144	0.0864	0.1296

例 2　某篮球运动员投中篮圈的概率是 0.9,求他两次独立投篮投中次数 X 的概率分布。

解:X 可取 0, 1, 2 为值,

$$P\{X=0\}=(0.1)(0.1)=0.01,P\{X=1\}=2(0.9)(0.1)=0.18;$$

$$P\{X=2\}=(0.9)(0.9)=0.81,\text{且 } P\{X=0\}+P\{X=1\}+P\{X=2\}=1。$$

于是,X 的概率分布表示如表 11-1-4 所示。

X 的概率分布　　表 11-1-4

X	0	1	2
P_i	0.01	0.18	0.81

三、常用分布

1. 两点分布

若随机变量 X 只可能取 x_1 与 x_2 两值,它的分布律是

$$P\{X=x_1\}=1-p\quad(0<p<1)$$

$$P\{X=x_2\}=p$$

则称 X 服从参数为 p 的**两点分布**。

特别地,当 $x_1=0,x_2=1$ 时两点分布也叫(0－1)分布,记作 $\widetilde{X}$(0－1)分布。写成分布律表形式见表 11-1-5。

两点分布表　　表 11-1-5

X	0	1
p_k	$1-p$	p

对于一个随机试验,若它的样本空间只包含两个元素,即 $\Omega=\{e_1,e_2\}$,从而总能在 Ω 上定义一个服从(0－1)分布的随机变量

$$X=X(e)=\begin{cases}0, & 当\ e=e_1\\1, & 当\ e=e_2\end{cases}$$

用它来描述这个试验结果。因此,两点分布可以作为描述试验只包含两个基本事件的数学模型。如,在打靶中"命中"与"不中"的概率分布;产品抽验中"合格品"与"不合格品"的概率分布等等。总之,一个随机试验如果我们只关心某事件 A 出现与否,则可用一个服从(0－1)分布的随机变量来描述。(**0－1 分布是两点分布的特例**。)

例 3　200 件产品中,有 196 件是正品,4 件是次品,今从中随机地抽取一件,若规定

$$X=\begin{cases}1, & 取到正品\\0, & 取到次品\end{cases}$$

则

$$P\{X=1\}=\frac{196}{200}=0.98$$

$$P\{X=0\}=\frac{4}{200}=0.02$$

于是,X 服从参数为 0.98 的两点分布。

2. 二项分布

若随机变量 X 的分布律为

$$P\{X=k\}=C_n^k p^k(1-p)^{n-k}\quad(k=0,1,\cdots,n)$$

则称 X 服从参数为 n、p 的二项分布(Binomial distribution),记作 $X\sim b(n,p)$。

回忆 n 重贝努里试验中事件 A 出现 k 次的概率计算公式

$$P_n(k)=C_n^k p^k(1-p)^{n-k}\quad(k=0,1,\cdots,n)$$

可知,若 $X\sim b(n,p)$,X 就可以用来表示 n 重贝努里试验中事件 A 出现的次数。因此,二项分布可以作为描述 n 重贝努里试验中事件 A 出现次数的数学模型。比如,射手射击 n 次中,"中的"次数的概率分布;随机抛掷硬币 n 次,落地时出现"正面"次数的概率分布;从一批足够多的产品中任意抽取 n 件,其中"废品"件数的概率分布等。

(0－1)分布就是二项分布在 $n=1$ 时的特殊情形,故(0－1)分布的分布律也可写成

$$P\{X=k\}=p^k q^{1-k}\quad(k=0,1)(q=1-p)$$

例 4　某大学的校乒乓球队与数学系乒乓球队举行对抗赛。校队的实力较系队为强,当一个校队运动员与一个系队运动员比赛时,校队运动员获胜的概率为 0.6。现在校、系双方商量对抗赛的方式,提了三种方案:(1)双方各出 3 人;(2)双方各出 5 人;(3)双方各出 7 人。三种方案中均以比赛中得胜人数多的一方为胜利。问:哪一种方案对系队有利?

解:设系队得胜人数为 X,则在上述三种方案中,系队胜利的概率为

(1)$P\{X\geqslant 2\}=\sum\limits_{k=2}^{3}C_3^k\ (0.4)^k\ (0.6)^{3-k}\approx 0.352$

(2)$P\{X\geqslant 3\}=\sum\limits_{k=3}^{5}C_5^k\ (0.4)^k\ (0.6)^{5-k}\approx 0.317$

(3)$P\{X\geqslant 4\}=\sum\limits_{k=4}^{7}C_7^k\ (0.4)^k\ (0.6)^{7-k}\approx 0.290$

这一结果直觉上是容易理解的,因为参赛人数越少,系队侥幸获胜的可能性也就越大。

例 5　某一大批产品的合格品率为 98%,现随机地从这批产品中抽样 20 次,每次抽一个产品,问抽得的 20 个产品中恰好有 k 个($k=1,2,\cdots,20$)为合格品的概率是多少?

解:这是不放回抽样。由于这批产品的总数很大,而抽出的产品的数量相对于产品总数来说又很小,那么取出少许几件可以认为并不影响剩下部分的合格品率,因而可以当作放回抽样来处理,这样做会有一些误差,但误差不大。如果将抽检一个产品看其是否为合格品看成一次试验,显然,抽检 20 个产品就相当于做 20 次贝努里试验,以 X 记 20 个产品中合格品的个数,那么 $X\sim b(20,0.98)$,即

$$P\{X=k\}=C_{20}^k(0.98)^k\ (0.02)^{20-k}\quad (k=1,2,\cdots,20)$$

若在上例中将参数 20 改为 200 或更大,显然此时直接计算该概率就显得相当麻烦。为此我们给出一个当 n 很大而 p(或 $1-p$)很小时的近似计算公式。

定理 1(泊松(Poisson)定理)　设 $np_n=\lambda$($\lambda>0$ 是一常数,n 是任意正整数),则对任意一固定的非负整数 k,有

$$\lim_{n\to\infty}C_n^k p_n{}^k\ (1-p_n)^{n-k}=\frac{\lambda^k e^{-\lambda}}{k!}$$

证　由 $p_n=\boldsymbol{\lambda}/n$,有

$$C_n^k p_n{}^k\ (1-p_n)^{n-k}=\frac{n(n-1)\cdots(n-k+1)}{k!}\left(\frac{\lambda}{n}\right)^k\left(1-\frac{\lambda}{n}\right)^{n-k}$$
$$=\frac{\lambda^k}{k!}\left[1\cdot\left(1-\frac{1}{n}\right)\left(1-\frac{2}{n}\right)\cdots\left(1-\frac{k-1}{n}\right)\right]\cdot\left(1-\frac{\lambda}{n}\right)^n\left(1-\frac{\lambda}{n}\right)^{-k}$$

对任意固定的 k,当 $n\to\infty$ 时,

$$\left[1\cdot\left(1-\frac{1}{n}\right)\left(1-\frac{2}{n}\right)\cdots\left(1-\frac{k-1}{n}\right)\right]\to 1$$

$$\left(1-\frac{\lambda}{n}\right)^n\to e^{-\lambda},\left(1-\frac{\lambda}{n}\right)^{-k}\to 1$$

故

$$\lim_{n\to\infty}C_n^k p_n{}^k\ (1-p_n)^{n-k}=\frac{\lambda^k e^{-\lambda}}{k!}$$

由于 $\lambda=np_n$ 是常数,所以当 n 很大时 p_n 必定很小,因此,上述定理表明当 n 很大 p 很小时,有以下近似公式

$$C_n^k p^k\ (1-p)^{n-k}\approx\frac{\lambda^k e^{-\lambda}}{k!}\tag{11-1-2}$$

其中 $\boldsymbol{\lambda}=np$。

从表 11-1-6 中可以直观地看出式(11-1-2)两端的近似程度。

近 似 程 度 表 表 11-1-6

k	按二项分布公式直接计算				按泊松近似公式(2.6)计算
	$n=10$ $p=0.1$	$n=20$ $p=0.05$	$n=40$ $p=0.025$	$n=100$ $p=0.01$	$\lambda=1(=np)$
0	0.349	0.358	0.363	0.366	0.368
1	0.385	0.377	0.372	0.370	0.368
2	0.194	0.189	0.186	0.185	0.184
3	0.057	0.060	0.060	0.061	0.061
4	0.011	0.013	0.014	0.015	0.015
…	…	…	…	…	…

由表可以看出,两者的结果是很接近的。在实际计算中,当 $n\geqslant 20, p\leqslant 0.05$ 时近似效果颇佳,而当 $n\geqslant 100, np\leqslant 10$ 时效果更好。$\dfrac{\lambda^k e^{-\lambda}}{k!}$ 的值有表可查(见本书附录 I)。

二项分布的泊松近似,常常被应用于研究稀有事件(即每次试验中事件 A 出现的概率 p 很小),当贝努里试验的次数 n 很大时,事件 A 发生的次数的分布。

例 6 某十字路口有大量汽车通过,假设每辆汽车在这里发生交通事故的概率为 0.001,如果每天有 5000 辆汽车通过这个十字路口,求发生交通事故的汽车数不少于 2 的概率。

解:设 X 表示发生交通事故的汽车数,则 $X\sim b(n,p)$,此处 $n=5000, p=0.001$,令 $\lambda=np=5$,

$$
\begin{aligned}
P\{X\geqslant 2\} &= 1-P\{X<2\}=1-\sum_{k=0}^{1}P\{X=k\} \\
&= 1-(0.999)^{5000}-5(0.999)^{4999} \\
&\approx 1-\frac{5^0 e^{-5}}{0!}-\frac{5e^{-5}}{1!}=1-0.00674-0.03369=0.95957
\end{aligned}
$$

例 7 某人进行射击,设每次射击的命中率为 0.02,独立射击 400 次,试求至少击中两次的概率。

解:将一次射击看成是一次试验。设击中次数为 X,则 $X\sim b(400,0.02)$,即 X 的分布律为

$$
P\{X=k\}=C_{400}^{k}(0.02)^k(0.98)^{400-k} \quad (k=0,1,\cdots,400)
$$

故所求概率为

$$
\begin{aligned}
P\{X\geqslant 2\} &= 1-P\{X=0\}-P\{X=1\} \\
&= 1-(0.98)^{400}-400(0.02)(0.98)^{399} \\
&= 0.9972
\end{aligned}
$$

这个概率很接近 1,下面从两方面来讨论这一结果的实际意义。(1)虽然每次射击的命中率很小(为 0.02),但如果射击 400 次,则击中目标至少两次是几乎可以肯定的。这一事实说明,一个事件尽管在一次试验中发生的概率很小,但只要试验次数很多,而且试验是独立地进行的,那么这一事件的发生几乎是肯定的。这也告诉人们决不能轻视小概率事件。(2)如果在 400 次射击中,击中目标的次数竟不到两次,由于 $P\{X<2\}\approx 0.003$ 很小,根据实际推断原理,会怀疑“每次射击的命中率为 0.02”这一假设,即认为该射手射击的命中率达不到 0.02。

3.泊松分布

若随机变量 X 的分布律为

$$P\{X=k\}=\frac{\lambda^k e^{-\lambda}}{k!} \quad (k=0,1,2,\cdots) \tag{11-1-3}$$

其中 $\lambda>0$ 是常数,则称 X 服从参数为 λ 的泊松分布(Poisson distribution),记为 $X\sim P(\lambda)$。

易知式(11-1-3)满足离散型随机变量分布律的性质,事实上,$P\{X=k\}\geqslant 0$ 显然;再由

$$\sum_{k=0}^{\infty}\frac{\lambda^k e^{-\lambda}}{k!}=e^{-\lambda}\cdot e^{\lambda}=1$$

可知

$$\sum_{k=0}^{\infty}P\{X=k\}=1$$

由泊松定理可知,泊松分布可以作为描述大量试验中稀有事件出现的次数 $k=0,1,\cdots$ 的概率分布情况的一个数学模型。比如:大量产品中抽样检查时得到的不合格品数;一个集团中生日是元旦的人数;一页中印刷错误出现的数目;数字通信中传输数字时发生误码的个数等,都近似服从泊松分布。除此之外,理论与实践都说明,一般说来它也可作为下列随机变量的概率分布的数学模型:在任给一段固定的时间间隔内,(1)由某块放射性物质放射出的 α 质点,到达某个计数器的质点数;(2)某地区发生交通事故的次数;(3)来到某公共设施要求给予服务的顾客数(这里的公共设施的意义可以是极为广泛的,诸如售货员、机场跑道、电话交换台、医院等,在机场跑道的例子中,顾客可以相应地想象为飞机)。泊松分布是概率论中一种很重要的分布。

例 8 由某商店过去的销售记录知道,某种商品每月的销售数可以用参数 $\lambda=5$ 的泊松分布来描述。为了以 95%以上的把握保证不脱销,问商店在月底至少应进某种商品多少件?

解:设该商店每月销售这种商品数为 X,月底进货为 a 件,则当 $X\leqslant a$ 时不脱销,故有

$$P\{X\leqslant a\}\geqslant 0.95$$

由于 $X\sim P(5)$,上式即为

$$\sum_{k=0}^{a}\frac{e^{-5}5^k}{k!}\geqslant 0.95$$

查表可知

$$\sum_{k=0}^{9}\frac{e^{-5}5^k}{k!}\approx 0.9319<0.95,\ \sum_{k=0}^{10}\frac{e^{-5}10^k}{k!}\approx 0.9682>0.95$$

于是,这家商店只要在月底进货这种商品 10 件(假定上个月没有存货),就可以 95%以上的把握保证这种商品在下个月不会脱销。

例 9 设有 80 台同类型设备,各台工作是相互独立的,发生故障的概率都是 0.01,且一台设备的故障能由一个人处理。考虑两种配备维修工人的方法,其一是由 4 人维护,每人负责 20 台;其二是由 3 人共同维护 80 台。试比较这两种方法在设备发生故障时不能及时维修的概率的大小。

解:按第一种方法。以 X 记"第 1 人维护的 20 台中同一时刻发生故障的台数",以 A_i $(i=1,2,3,4)$ 表示"第 i 人维护的 20 台中发生故障不能及时维修",则知 80 台中发生故障不能及时维修的概率为

$$P(A_1\cup A_2\cup A_3\cup A_4)\geqslant P(A_1)=P\{X\geqslant 2\}$$

而 $X\sim b(20,0.01)$,故有

$$P\{X\geqslant 2\}=1-\sum_{k=0}^{1}P\{X=k\}=1-\sum_{k=0}^{1}\binom{20}{k}(0.01)^k(0.99)^{20-k}=0.0169$$

即
$$P(A_1\cup A_2\cup A_3\cup A_4)\geqslant 0.0169$$

按第二种方法。以 Y 记 80 台中同一时刻发生故障的台数。此时 $Y\sim b(80,0.01)$，故 80 台中发生故障而不能及时维修的概率为

$$P\{Y\geqslant 4\}=1-\sum_{k=0}^{3}\binom{80}{k}(0.01)^k(0.99)^{80-k}=0.0087$$

结果表明，在后一种情况尽管任务重了(每人平均维护约 27 台)，但工作效率不仅没有降低，反而提高了。

四、离散型随机变量函数的分布

设离散型随机变量 X 的概率分布为

$$P\{X=x_i\}=p_i\quad(i=1,2,\cdots)$$

易见，X 的函数 $Y=g(X)$ 显然还是离散型随机变量。

如何由 X 的概率分布出发导出 Y 的概率分布？其一般方法是：先根据自变量 X 的可能取值确定因变量 Y 的所有可能取值，然后对 Y 的每一个可能取值 $y_i(i=1,2,\cdots)$，确定相应的 $C_i=\{x_j\mid g(x_j)=y_i\}$，于是

$$\{Y=y_i\}=\{g(x_i)=y_i\}=\{X\in C_i\}$$
$$P\{Y=y_i\}=P\{X\in C_i\}=\sum_{x_j\in C_i}P\{X=x_j\}$$

从而求得 Y 的概率分布。

例 10 设随机变量 X 具有如表 11-1-7 所示的分布律，试求 $Y=(X-1)^2$ 的分布律。

X 的分布律 表 11-1-7

X	-1	0	1	2
p_i	0.2	0.3	0.1	0.4

解：Y 所有可能的取值为 0,1,4，由

$$P\{Y=0\}=P\{(X-1)^2=0\}=P\{X=1\}=0.1$$
$$P\{Y=1\}=P\{X=0\}+P\{X=2\}=0.7$$
$$P\{Y=4\}=P\{X=-1\}=0.2$$

得 Y 的分布律见表 11-1-8。

Y 的分布律 表 11-1-8

Y	0	1	4
P_i	0.1	0.7	0.2

习题 11.1

1. 分别用字母和随机变量两种方法设定下列随机试验中的基本事件。

(1)在抛硬币的试验中，观察朝上一面是正面还是反面？

(2)在掷骰子的试验中,观察朝上一面的点数是多少?

(3)有 3 个工厂共同生产一批零件,从中任取一件,观察这个零件来自哪个工厂?

(4)在一次试验中,可能的结果有两种:某个结果 A 发生或者不发生。观察在一次试验中结果 A 是否发生?

2.一袋中有 5 只乒乓球,编号为 1,2,3,4,5,在其中同时取出 3 只,以 X 表示取出 3 只球中的最大号码。写出随机变量 X 的分布律。

3.已知 100 个产品中有 5 个次品,现从中有放回地取 3 次,每次任取 1 个,求在所取的 3 个中恰有 2 个次品的概率。

4.某人进行射击,设每次射击的命中率为 0.02,独立射击 400 次,试求至少击中两次的概率。

5. 某一城市每天发生火灾的次数 X 服从参数 $\lambda=0.8$ 的泊松分布,求该城市一天内发生 3 次或 3 次以上火灾的概率。

6.某公司生产的一种产品 300 件。根据历史生产记录知废品率为 0.01。问现在这 300 件产品经检验废品数大于 5 的概率是多少?

7.某教科书印刷了 2000 册,因装订等原因造成错误的概率是 0.001,试求在这 2000 册书中恰好有 5 册错误的概率。

§11.2 连续性随机变量——常用分布

引例

一个半径为 2m 的圆盘靶,设击中靶上任一同心圆盘上的点的概率与该圆盘的面积成正比,并设射击都能中靶,以 X 表示弹着点与圆心的距离,试求随机变量 X 的分布函数。

解:(1)若 $x<0$,因为事件 $\{X\leqslant x\}$ 是不可能事件,所以

$$F(x)=P\{X\leqslant x\}=0$$

(2)若 $0\leqslant x\leqslant 2$,由题意 $P\{0\leqslant X\leqslant x\}=kx^2$,$k$ 是常数,为了确定 k 的值,取 $x=2$,有 $P\{0\leqslant X\leqslant 2\}=2^2k$,但事件 $\{0\leqslant X\leqslant 2\}$ 是必然事件,故 $P\{0\leqslant X\leqslant 2\}=1$,即 $2^2k=1$,所以 $k=1/4$,即

$$P\{0\leqslant X\leqslant x\}=x^2/4$$

于是

$$F(x)=P\{X\leqslant x\}=P\{X<0\}+P\{0\leqslant X\leqslant x\}=x^2/4$$

(3)若 $x\geqslant 2$,由于 $\{X\leqslant 2\}$ 是必然事件,于是

$$F(x)=P\{X\leqslant x\}=1$$

综上所述

$$F(x)=\begin{cases}0, & x<0\\ \dfrac{1}{4}x^2, & 0\leqslant x<2\\ 1, & x\geqslant 2\end{cases}$$

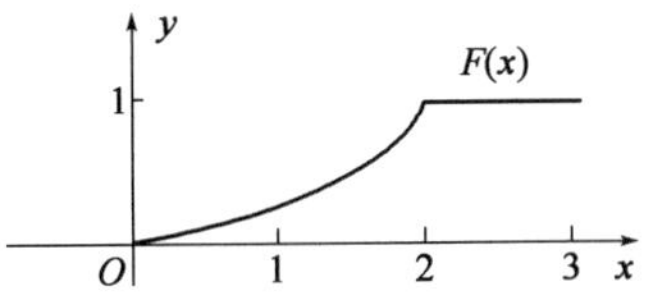

图 11-2-1

它的图形是一条连续曲线如图 11-2-1 所示。

另外,容易看到本例中 X 的分布函数 $F(x)$ 还可写成如下形式:

$$F(x)=\int_{-\infty}^{x} f(t)\,\mathrm{d}t$$

其中

$$f(t)=\begin{cases}\frac{1}{2}t, & 0<t<2\\ 0, & 其他\end{cases}$$

这就是说 $F(x)$ 恰好是非负函数 $f(t)$ 在区间 $(-\infty,x]$ 上的积分,这种随机变量 X 我们称为连续型随机变量。一般地有如下定义。

一、连续型随机变量的概念

定义 1 若对随机变量 X 的分布函数 $F(x)$,存在非负函数 $f(x)$,使对于任意实数 x 有

$$F(x)=\int_{-\infty}^{x} f(t)\,\mathrm{d}x \tag{11-2-1}$$

则称 X 为连续型随机变量,其中 $f(x)$ 称为 X 的概率密度函数,简称概率密度或密度函数(Density function)。

由式(11-2-1)知道连续型随机变量 X 的分布函数 $F(x)$ 是连续函数。

由分布函数的性质 $F(-\infty)=0$,$F(+\infty)=1$ 及 $F(x)$ 单调不减,知 $F(x)$ 是一条位于直线 $y=0$ 与 $y=1$ 之间的单调不减的连续(但不一定光滑)曲线。

由定义 1 知道,$f(x)$ 具有以下性质:

(1) $f(x)\geqslant 0$;

(2) $\int_{-\infty}^{+\infty} f(x)\,\mathrm{d}x=1$;

(3) $P\{x_1<X\leqslant x_2\}=F(x_2)-F(x_1)=\int_{x_1}^{x_2} f(x)\,\mathrm{d}x\ (x_1\leqslant x_2)$;

(4) 若 $f(x)$ 在 x 点处连续,则有 $F'(x)=f(x)$。

由性质(2)知道,介于曲线 $y=f(x)$ 与 $y=0$ 之间的面积为 1。由(3)知道,X 落在区间 $(x_1,x_2]$ 的概率 $P\{x_1<X\leqslant x_2\}$ 等于区间 $(x_1,x_2]$ 上曲线 $y=f(x)$ 之下的曲边梯形面积。

由(4)知道,$f(x)$ 的连续点 x 处有

$$f(x)=\lim_{\Delta x\to 0^+}\frac{F(x+\Delta x)-F(x)}{\Delta x}=\lim_{\Delta x\to 0^+}\frac{P\{x<X\leqslant x+\Delta x\}}{\Delta x}$$

这种形式恰与物理学中线密度定义相类似,这也正是为什么称 $f(x)$ 为概率密度的原因。同样我们也指出,反过来,任一满足以上性质(1)、性质(2)的函数 $f(x)$,一定可以作为某个连续型随机变量的密度函数。

前面曾指出对连续型随机变量 X 而言它取任一特定值 a 的概率为零,由此很容易推导出

$$P\{a\leqslant X<b\}=P\{a<X\leqslant b\}=P\{a\leqslant X\leqslant b\}=P\{a<X<b\}$$

即在计算连续型随机变量落在某区间上的概率时,可不必区分该区间端点的情况。此外还要说明的是,事件 $\{X=a\}$“几乎不可能发生”,但并不保证绝不会发生,它是“零概率事件”而不是不可能事件。

例 1　设连续型随机变量 X 的分布函数为

$$F(x)=\begin{cases}0, & x<0\\ Ax^2, & 0\leqslant x<1\\ 1, & x\geqslant 1\end{cases}$$

试求：

(1)系数 A；

(2)X 落在区间(0.3,0.7)内的概率；

(3)X 的密度函数。

解：(1)由于 X 为连续型随机变量，故 $F(x)$是连续函数，因此有

$$1=F(1)=\lim_{x\to 1-0}F(x)=\lim_{x\to 1-0}Ax^2=A$$

即 $A=1$，于是有

$$F(x)=\begin{cases}0, & x<0\\ x^2, & 0\leqslant x<1\\ 1, & x\geqslant 1\end{cases}$$

(2) $P\{0.3<X<0.7\}=F(0.7),F(0.3)=(0.7)^2,(0.3)^2=0.4$；

(3)X 的密度函数为

$$f(x)=F'(x)=\begin{cases}2x, & 0\leqslant x<1\\ 0, & 其他\end{cases}$$

由定义 1 知，改变密度函数 $f(x)$在个别点的函数值，不影响分布函数 $F(x)$的取值，因此，并不在乎改变密度函数在个别点上的值[比如在 $x=0$ 或 $x=1$ 上 $f(x)$的值]。

例 2　设随机变量 X 具有密度函数

$$f(x)=\begin{cases}kx, & 0\leqslant x<3\\ 2-\dfrac{x}{2}, & 3\leqslant x\leqslant 4\\ 0, & 其他\end{cases}$$

(1)确定常数 k；

(2)求 X 的分布函数 $F(x)$；

(3) 求 $P\{1<X\leqslant \dfrac{7}{2}\}$。

解：(1)由 $\int_{-\infty}^{\infty}f(x)\mathrm{d}x=1$，得

$$\int_0^3 kx\,\mathrm{d}x+\int_3^4\left(2-\frac{x}{2}\right)\mathrm{d}x=1$$

解得 $k=1/6$，故 X 的密度函数为

$$f(x)=\begin{cases}\dfrac{x}{6}, & 0\leqslant x<3\\ 2-\dfrac{x}{2}, & 3\leqslant x\leqslant 4\\ 0, & \text{其他}\end{cases}$$

(2)当 $x<0$ 时,$F(x)=P\{X\leqslant x\}=\int_{-\infty}^{x}f(t)\mathrm{d}t=0$;

当 $0\leqslant x<3$ 时,$F(x)=P\{X\leqslant x\}=\int_{-\infty}^{x}f(t)\mathrm{d}t=\int_{-\infty}^{0}f(t)\mathrm{d}t+\int_{0}^{x}f(t)\mathrm{d}t=\int_{0}^{x}\frac{t}{6}\mathrm{d}t=\frac{x^2}{12}$

当 $3\leqslant x<4$ 时,$F(x)=P\{X\leqslant x\}=\int_{-\infty}^{x}f(t)\mathrm{d}t=\int_{-\infty}^{0}f(t)\mathrm{d}t+\int_{0}^{3}f(t)\mathrm{d}t+\int_{3}^{x}f(t)\mathrm{d}t$

$$=\int_{0}^{3}\frac{t}{6}\mathrm{d}t+\int_{3}^{x}\left(2-\frac{t}{2}\right)\mathrm{d}t=-\frac{x^2}{4}+2x-3$$

当 $x\geqslant 4$ 时,$F(x)=P\{X\leqslant x\}=\int_{-\infty}^{x}f(t)\mathrm{d}t=\int_{-\infty}^{0}f(t)\mathrm{d}t+\int_{0}^{3}f(t)\mathrm{d}t+\int_{3}^{4}f(t)\mathrm{d}t+\int_{4}^{x}f(t)\mathrm{d}t$

$$=\int_{0}^{3}\frac{t}{6}\mathrm{d}t+\int_{3}^{4}(2-\frac{t}{2})\mathrm{d}t=1$$

即

$$F(x)=\begin{cases}0, & x<0\\ \dfrac{x^2}{12}, & 0\leqslant x<3\\ -\dfrac{x^2}{4}+2x-3, & 3\leqslant x<4\\ 1, & x\geqslant 4\end{cases}$$

(3)$P\{1<X\leqslant 7/2\}=F(7/2)-F(1)=41/48$。

二、三种常见的连续型随机变量的分布

1. 均匀分布

若连续型随机变量 X 具有概率密度

$$f(x)=\begin{cases}\dfrac{1}{b-a}, & a<x<b\\ 0, & \text{其他}\end{cases}\tag{11-2-2}$$

则称 X 在区间(a,b)上服从均匀分布(Uniform distribution),记为 $X\sim U(a,b)$。易知 $f(x)\geqslant 0$ 且 $\int_{-\infty}^{\infty}f(x)\mathrm{d}x=\int_{a}^{b}\frac{1}{b-a}\mathrm{d}x=1$。

若 $a\leqslant c<d\leqslant b$,则

$$P\{c<X<d\}=\int_{c}^{d}\frac{1}{b-a}\mathrm{d}x=\frac{d-c}{b-a}$$

均匀分布的分布函数为

$$F(x)=\begin{cases}0, & x<a\\ \dfrac{x-a}{b-a}, & a\leqslant x<b\\ 1, & x\geqslant b\end{cases} \tag{11-2-3}$$

密度函数 $f(x)$ 和分布函数 $F(x)$ 的图形分别如图 11-2-2 和图 11-2-3 所示。

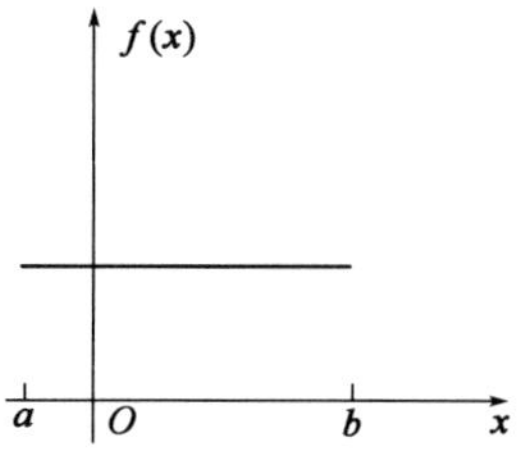

图　11-2-2

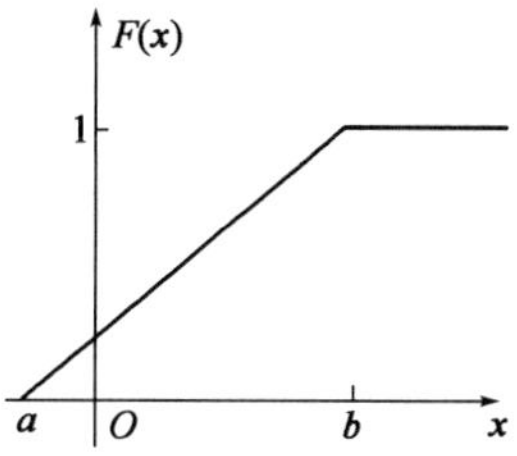

图　11-2-3

在数值计算中，由于四舍五入，小数点后第一位小数所引起的误差 X，一般可以看作是一个服从在$[-0.5,0.5]$上的均匀分布的随机变量；又如在(a,b)中随机掷质点，则该质点的坐标 X 一般也可看作是一个服从在(a,b)上的均匀分布的随机变量。

例 3　某公共汽车站从上午 7 时开始，每 15min 来一辆车，如某乘客到达此站的时间是 7 时到 7 时 30 分之间的均匀分布的随机变量，试求他等车少于 5min 的概率。

解：设乘客于 7 时过 X 分钟到达车站，由于 X 在$[0,30]$上服从均匀分布，即有

$$f(x)=\begin{cases}\dfrac{1}{30}, & 0\leqslant x\leqslant 30\\ 0, & \text{其他}\end{cases}$$

显然，只有乘客在 7:10 到 7:15 之间或 7:25 到 7:30 之间到达车站时，他（或她）等车的时间才小于 5min，因此所求概率为

$$P\{10<X\leqslant 15\}+P\{25<X\leqslant 30\}=\int_{10}^{15}\frac{1}{30}\mathrm{d}x+\int_{25}^{30}\frac{1}{30}\mathrm{d}x=1/3$$

2. 指数分布

若随机变量 X 的密度函数为

$$f(x)=\begin{cases}\lambda e^{-\lambda x}, & x>0\\ 0, & x\leqslant 0\end{cases} \tag{11-2-4}$$

其中 $\lambda>0$ 为常数，则称 X 服从参数为 λ 的指数分布（Exponentially distribution），记作 $X\sim E(\lambda)$。

显然 $f(x)\geqslant 0$，且

$$\int_{-\infty}^{\infty}f(x)\mathrm{d}x=\int_{0}^{\infty}\lambda e^{-\lambda x}\mathrm{d}x=1$$

容易得到 X 的分布函数为

$$F(x)=\begin{cases}1-e^{-\lambda x}, & x>0\\ 0, & x\leqslant 0\end{cases}$$

指数分布最常见的一个场合是寿命分布。指数分布具有“无记忆性”，即对于任意 s、$t>0$，有

$$P\{X>s+t\mid X>s\}=P\{X>t\} \tag{11-2-5}$$

如果用 X 表示某一元件的寿命，那么上式表明，在已知元件已使用了 s 小时的条件下，它还能再使用至少 t 小时的概率，与从开始使用时算起它至少能使用 t 小时的概率相等。这就是说元件对它已使用过 s 小时没有记忆。当然，指数分布描述的是无老化时的寿命分布，但“无老化”是不可能的，因而只是一种近似。对一些寿命长的元件，在初期阶段老化现象很小，在这一阶段，指数分布比较确切地描述了其寿命分布情况。

3. 正态分布

若连续型随机变量 X 的概率密度为

$$f(x)=\frac{1}{\sqrt{2\pi}\sigma}e^{-\frac{(x-\mu)^2}{2\sigma^2}}\quad(\infty<x<+\infty) \tag{11-2-6}$$

其中 μ、$\sigma(\sigma>0)$ 为常数，则称 X 服从参数为 μ,σ 的正态分布(Normal distribution)，记为 $X\sim N(\mu,\sigma^2)$。显然 $f(x)\geqslant 0$，下面来证明 $\int_{-\infty}^{\infty}f(x)\mathrm{d}x=1$。令 $\frac{x-u}{\sigma}=t$，得到

$$\int_{-\infty}^{\infty}\frac{1}{\sqrt{2\pi}\sigma}e^{-\frac{(x-\mu)^2}{2\sigma^2}}\mathrm{d}x=\frac{1}{\sqrt{2\pi}}\int_{-\infty}^{\infty}e^{-\frac{t^2}{2}}\mathrm{d}t$$

记 $I=\int_{-\infty}^{\infty}e^{-\frac{t^2}{2}}\mathrm{d}t$，则有 $I^2=\int_{-\infty}^{\infty}\int_{-\infty}^{\infty}e^{-\frac{t^2+s^2}{2}}\mathrm{d}t\mathrm{d}s$。

正态分布是概率论和数理统计中最重要的分布之一。在实际问题中大量的随机变量服从或近似服从正态分布。只要某一个随机变量受到许多相互独立随机因素的影响，而每个个别因素的影响都不能起决定性作用，那么就可以断定随机变量服从或近似服从正态分布。例如，因人的身高、体重受到种族、饮食习惯、地域、运动等等因素影响，但这些因素又不能对身高、体重起决定性作用，所以我们可以认为身高、体重服从或近似服从正态分布。

$f(x)$的图形如图 11-2-4 所示，它具有如下性质：

(1)曲线关于 $x=\mu$ 对称；

(2)曲线在 $x=\mu$ 处取到最大值，x 离 μ 越远，$f(x)$值越小。这表明对于同样长度的区间，当区间离 μ 越远，X 落在这个区间上的概率越小；

(3)曲线在 $\mu\pm\sigma$ 处有拐点；

(4)曲线以 x 轴为渐近线；

(5)若固定 μ，当 σ 越小时图形越尖(图 11-2-5)，因而 X 落在 μ 附近的概率越大；若固定 σ、μ 值改变，则图形沿 x 轴平移，而不改变其形状。故称 σ 为精度参数，μ 为位置参数。

由式(11-2-6)得 X 的分布函数

$$F(x)=\frac{1}{\sqrt{2\pi}\sigma}\int_{-\infty}^{x}e^{-\frac{(t-\mu)^2}{2\sigma^2}}\mathrm{d}t \tag{11-2-7}$$

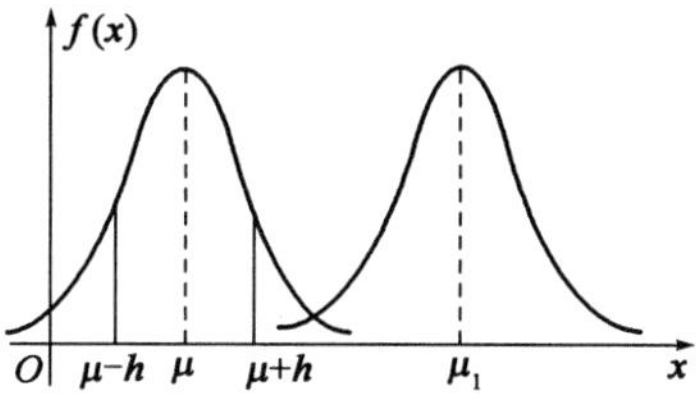

图 11-2-4

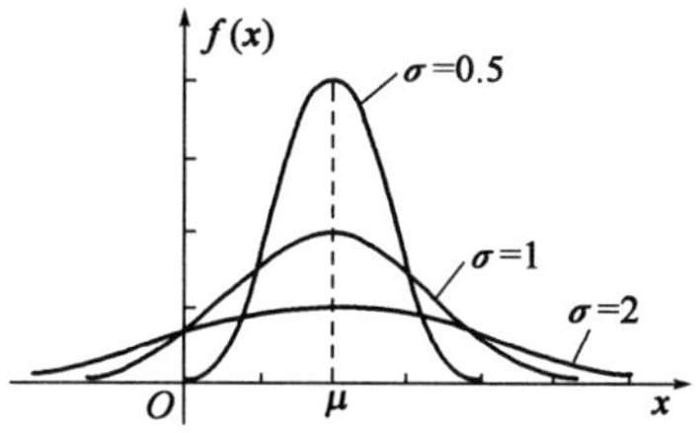

图 11-2-5

特别地，当 $\mu=0,\sigma=1^2$ 时，称 X 服从标准正态分布 $N(0,1)$，其概率密度和分布函数分别用 $\varphi(x),\Phi(x)$)表示，即有

$$\varphi(x)=\frac{1}{\sqrt{2\pi}}e^{-\frac{x^2}{2}} \tag{11-2-8}$$

$$\Phi(x)=\frac{1}{\sqrt{2\pi}}\int_{-\infty}^{x}e^{-\frac{t^2}{2}}\mathrm{d}t \tag{11-2-9}$$

易知，$\Phi(-x)=1-\Phi(x)$ 。

一般地，若 $X\sim N(\mu,\sigma^2)$，则有 $\frac{X-\mu}{\sigma}\sim N(0,1)$。

事实上，$Z=\frac{X-\mu}{\sigma}$ 的分布函数为

$$P\{Z\leqslant x\}=P\{\frac{X-\mu}{\sigma}\leqslant x\}=P\{X\leqslant \mu+\sigma x\}$$
$$=\int_{-\infty}^{\mu+\sigma x}\frac{1}{\sqrt{2\pi}\sigma}e^{-\frac{(t-\mu)^2}{2\sigma^2}}\mathrm{d}t$$

令 $\frac{t-\mu}{\sigma}=s$，得

$$P\{Z\leqslant x\}=\frac{1}{\sqrt{2\pi}}\int_{-\infty}^{x}e^{-\frac{s^2}{2}}\mathrm{d}s=\Phi(x)$$

由此知 $Z=\frac{X-\mu}{\sigma}\sim N(0,1)$。

因此，若 $X\sim N(\mu,\sigma^2)$，则可利用标准正态分布函数 $\Phi(x)$，通过查表求得 X 落在任一区间 $(x_1,x_2]$ 内的概率，即

$$P\{x_1<X\leqslant x_2\}=P\left\{\frac{x_1-\mu}{\sigma}<\frac{X-\mu}{\sigma}\leqslant\frac{x_2-\mu}{\sigma}\right\}$$
$$=P\left\{\frac{X-\mu}{\sigma}\leqslant\frac{x_2-\mu}{\sigma}\right\}-P\left\{\frac{X-\mu}{\sigma}\leqslant\frac{x_1-\mu}{\sigma}\right\}$$
$$=\Phi\left(\frac{x_2-\mu}{\sigma}\right)-\Phi\left(\frac{x_1-\mu}{\sigma}\right)$$

例如，设 $X\sim N(1.5,4)$，可得

$$P\{1\leqslant X\leqslant 2\}=P\left\{\frac{-1-1.5}{2}\leqslant\frac{X-1.5}{2}\leqslant\frac{2-1.5}{2}\right\}$$
$$=\Phi(0.25)-\Phi(-1.25)$$
$$=\Phi(0.25)-[1-\Phi(1.25)]$$

$$=0.5987-1+0.8944=0.4931$$

设 $X\sim N(\mu,\sigma^2)$，由 $\Phi(x)$ 函数表可得

$$P\{\mu-\sigma<X<\mu+\sigma\}=\Phi(1)-\Phi(-1)=2\Phi(1)-1=0.6826$$

$$P\{\mu-2\sigma<X<\mu+2\sigma\}=\Phi(2)-\Phi(-2)=0.9544$$

$$P\{\mu-3\sigma<X<\mu+3\sigma\}=\Phi(3)-\Phi(-3)=0.9974$$

可以看出，尽管正态变量的取值范围是$(-\infty,\infty)$，但它的值落在$(-3,+3)$内几乎是肯定的，因此在实际问题中，基本上可以认为有$|X-\mu|<3\sigma$。这就是人们所说的“3σ 原则”。

例 4 公共汽车车门的高度是按成年男子与车门顶碰头的机会在 1%以下来设计的。设男子身高 X 服从$\mu=170$(cm)，$\sigma=6$(cm)的正态分布，即 $X\sim N(170,6^2)$，问车门高度应如何确定？

解：设车门高度为 h(cm)，按设计要求 $P\{X\geqslant h\}\leqslant 0.01$ 或 $P\{X<h\}\geqslant 0.99$，因为 $X\sim N(170,6^2)$，故

$$P\{X<h\}=P\left\{\frac{X-170}{6}<\frac{h-170}{6}\right\}=\Phi\left(\frac{h-170}{6}\right)\geqslant 0.99$$

查表得 $$F(2.33)=0.9901>0.99$$

故取 $\frac{h-170}{6}=2.33$，即 $h=184$。设计车门高度为 184(cm)时，可使成年男子与车门碰头的机会不超过 1%。

习题 11.2

1. 设某种仪器内装有 3 只同样的电子管，电子管使用寿命 X 的密度函数为

$$f(x)=\begin{cases}\frac{100}{x^2}, & x\geqslant 100\\ 0, & x<100\end{cases}$$

求：(1)在开始 150h 内没有电子管损坏的概率；

(2)在(1)中这段时间内有一只电子管损坏的概率。

2. 设随机变量 X 在$[2,5]$上服从均匀分布，现对 X 进行 3 次独立观察，求至少有两次的观测值大于 3 的概率。

3. 某人乘汽车去火车站，有两条路可走，第一条路程较短但交通拥挤，所需时间 X 服从 $N(40,10^2)$；第二条路较长，但阻塞少，所需时间服从 $N(50,4^2)$。

(1)若动身时离火车开车只有 1 小时，问应走哪条路能乘上火车的把握大些？

(2)若离火车开车只有 45min，问应走哪条路能乘上火车的把握大些？

4. 由某机器生产的螺栓长度 $X\sim N(10.05,0.06^2)$，规定长度在 10.05cm±0.12cm 内为合格品，求一螺栓为不合格品的概率。

5. 设 X 服从 $N(3,2^2)$：

(1)求 $p\{2<X\leqslant 5\}$，$p\{-4<X\leqslant 10\}$，$p\{|x|>2\}$，$p\{X>3\}$；

(2)确定 c，使 $p\{X>c\}=p\{X\leqslant c\}$。

§11.3 二维离散型随机变量

引例

盒子里装有3只黑球、2只红球、2只白球，在其中任取4只球，取到红白球的状态如何？

分析：这里既要考虑红球的个数，还要考虑白球的个数，显然不能用一个随机变量表示。

一、二维离散型随机变量

定义1 设随机试验的样本空间为 $S=\{e\}$，$e\in S$ 为样本点，而

$$X=X(e),Y=Y(e)$$

是定义在 S 上的两个随机变量，称 (X,Y) 为定义在 S 上的**二维随机变量或二维随机向量。**

定义2 若二维随机变量 (X,Y) 只取有限个或可数个值，则称 (X,Y) 为**二维离散型随机变量。**

结论：(X,Y) 为二维离散型随机变量当且仅当 X、Y 均为离散型随机变量。

若二维离散型随机变量 (X,Y) 所有可能的取值为 (x_i,y_j) $i,j=1,2,\cdots$，则称

$$P\{X=x_i,Y=y_j\}=p_{ij}\quad (i,j=1,2,\cdots)$$

为二维离散型随机变量 (X,Y) 的**概率分布(分布律)**，或 X 与 Y 的联合**概率分布(分布律)**。

与一维情形类似，有时也将联合概率分布用表格形式来表示，并称为**联合概率分布表。**

注 对离散型随机变量而言，联合概率分布不仅比联合分布函数更加直观，而且能够更加方便地确定 (X,Y) 取值于任何区域 D 上的概率，即

$$P\{(X,Y)\in D\}=\sum_{(x_i,y_j)\in D}p_{ij}$$

例1 设二维离散型随机变量(X,Y)的分布律如表11-3-1所示。

概率分布 表11-3-1

Y \ X	1	2	3
1	0.1	0.3	0
2	0	0	0.2
3	0.1	0.1	0
4	0	0.2	0

求 $P\{X>1,Y\geqslant 3\}$ 及 $P\{X=1\}$。

解：$P\{X>1,Y\geqslant 3\}=P\{X=2,Y=3\}+P\{X=2,Y=4\}+P\{X=3,Y=3\}+P\{X=3,Y=4\}=0.3$

$P\{X=1\}=P\{X=1,Y=1\}+P\{X=1,Y=2\}+P\{X=1,Y=3\}+P\{X=1,Y=4\}=0.2$

例2 设随机变量 X 在1,2,3,4四个整数中等可能地取值，另一个随机变量 Y 在 $1\sim X$ 中等可能地取一整数值，试求(X,Y)的分布律。

解：由乘法公式容易求得(X,Y)的分布律，易知$\{X=i,Y=j\}$的取值情况是：$i=1,2,3,4$，j 取不大于 i 的正整数，且

$$P\{X=i,Y=j\}=P\{Y=j|X=i\}P\{X=i\}=\frac{1}{i}\cdot\frac{1}{4}\ (i=1,2,3,4,j\leqslant i)$$

于是(X,Y)的分布律如表 11-3-2 所示。

概 率 分 布　　表 11-3-2

Y \ X	1	2	3	4
1	1/4	1/8	1/12	1/16
2	0	1/8	1/12	1/16
3	0	0	1/12	1/16
4	0	0	0	1/16

例 3　设二维随机变量的联合概率分布如表 11-3-3 所示。

概 率 分 布　　表 11-3-3

X \ Y	−2	0	1
−1	0.3	0.1	0.1
1	0.05	0.2	0
2	0.2	0	0.05

求 $P\{X\leqslant 1,Y\geqslant 0\}$ 及 $F(0,0)$。

解：$P\{X\leqslant 1,Y\geqslant 0\}=P\{X=-1,Y=0\}+P\{X=-1,Y=1\}+P\{X=1,Y=0\}+P\{X=1,Y=1\}=0.1+0.1+0.2+0=0.4$

$$F(0,0)=P\{X=-1,Y=-2\}+P\{X=-1,Y=0\}=0.3+0.1=0.4$$

二、二维离散型随机变量的边缘分布

设(X,Y)是二维离散型随机变量，其分布律为：

$$P\{X=x_i,Y=y_j\}=p_{ij}\quad(i,j=1,2,\cdots)$$

于是，有边缘分布函数

$$F_X(x)=F(x,+\infty)=\sum_{x_i\leqslant x}\sum_j p_{ij}$$

由此可知，X 的分布律为

$$P\{X=x_i\}=\sum_j p_{ij}\quad(i=1,2,\cdots)$$

称其为(X,Y)关于 X 的边缘分布律。同理，称(X,Y)关于 Y 的边缘分布律为

$$P\{Y=y_j\}=\sum_i p_{ij}\quad(j=1,2,\cdots)$$

例 4　把一枚均匀硬币抛掷 3 次，设 X 为三次抛掷中正面出现的次数，而 Y 为正面出现次数与反面出现次数之差的绝对值，求 (X,Y) 的概率分布及 (X,Y) 关于 X,Y 的边缘分布。

解：由于 (X,Y) 可取值$(0,3)$，$(1,1)$，$(2,1)$，$(3,3)$，有

$$P\{X=0,Y=3\}=(1/2)^3=1/8$$

$$P\{X=1,Y=1\}=3\,(1/2)^3=3/8$$
$$P\{X=2,Y=1\}=3/8$$
$$P\{X=3,Y=3\}=1/8$$

故 (X,Y) 的概率分布如表 11-3-4 所示。从概率分布表不难求得 (X,Y) 关于 X、Y 的边缘分布。

$$P\{X=0\}=1/8,\ P\{X=1\}=3/8$$
$$P\{X=2\}=3/8,\ P\{X=3\}=1/8$$

从而 $$P\{Y=1\}=3/8+3/8=6/8$$
$$P\{Y=3\}=1/8+1/8=2/8$$

概 率 分 布 表 11-3-4

X \ Y	1	3	$P\{X=x_i\}$
0	0	1/8	1/8
1	3/8	0	3/8
2	3/8	0	3/8
3	0	1/8	1/8

例 5 设袋中有 4 个白球及 5 个红球，现从其中随机地抽取两次，每次取一个，定义随机变量 X,Y 如下：

$$X=\begin{cases}0 & \text{第一次摸出白球}\\1 & \text{第一次摸出红球}\end{cases}\qquad Y=\begin{cases}0 & \text{第二次摸出白球}\\1 & \text{第二次摸出红球}\end{cases}$$

写出下列两种试验的随机变量(X,Y)的联合分布与边缘分布：

(1) 有放回摸球；(2) 无放回摸球。

解：(1)采取有放回摸球时，(X,Y)的联合分布与边缘分布由表 11-3-5 给出。

联合分布及边缘分布 表 11-3-5

X \ Y	0	1	$P\{X=x_i\}$
0	$4/9\times4/9$	$4/9\times5/9$	4/9
1	$5/9\times4/9$	$5/9\times5/9$	5/9
$P\{Y=y_j\}$	4/9	5/9	

(2) 采取无放回摸球时，(X,Y)的联合分布与边缘分布由表 11-3-6 给出。

联合分布及边缘分布 表 11-3-6

X \ Y	0	1	$P\{X=x_i\}$
0	$4/9\times3/8$	$4/9\times5/8$	4/9
1	$5/9\times4/8$	$5/9\times4/8$	5/9
$P\{Y=y_j\}$	4/9	5/9	

三、二维离散型随机变量的条件分布和独立性

1. 二维离散型随机变量的条件分布

定义 3 设 (X,Y) 是二维离散型随机变量，其概率分布为

$$P\{X=x_i,Y=y_j\}=p_{ij}\quad(i,j=1,2,\cdots)$$

则由条件概率公式，当 $P\{Y=y_j\}>0$，有

$$P\{X=x_i\mid Y=y_j\}=\frac{P\{X=x_i,Y=y_j\}}{P\{Y=y_j\}}=\frac{p_{ij}}{p_{\cdot j}}\quad(i=1,2,\cdots)$$

称其为在 $Y=y_j$ 条件下随机变量 X 的**条件概率分布**。

例 6 设 X 与 Y 的联合概率分布如表 11-3-7 所示。

联 合 分 布 表 11-3-7

Y / X	−1	0	1
0	0.1	0.2	0
1	0.3	0.05	0.1
2	0.15	0	0.1

求 $Y=0$ 时，X 的条件概率分布。

解： $P\{Y=0\}=0.2+0.05+0=0.25$

在 $Y=0$ 时，X 的条件概率分布为

$$P\{X=0\mid Y=0\}=\frac{P\{X=0,Y=0\}}{P\{Y=0\}}=\frac{0.2}{0.25}=0.8$$

$$P\{X=1\mid Y=0\}=\frac{P\{X=1,Y=0\}}{P\{Y=0\}}=\frac{0.05}{0.25}=0.2$$

$$P\{X=2\mid Y=0\}=\frac{P\{X=2,Y=0\}}{P\{Y=0\}}=\frac{0}{0.25}=0$$

由于 $P\{X=0\}=0.1+0.2+0=0.3$，故在 $X=0$ 时，Y 的条件概率分布可类似地求得

$$P\{Y=-1\mid X=0\}=\frac{0.1}{0.3}=\frac{1}{3}$$

$$P\{Y=0\mid X=0\}=\frac{0.2}{0.3}=\frac{2}{3}$$

$$P\{Y=2\mid X=0\}=0$$

2. 二维离散型随机变量的独立性

定义 4 设离散型随机变量 ξ 的可能取值为 $a_i(i=1,2,\cdots)$，η 的可能取值为 $b_j(j=1,2,\cdots)$，如果对任意的 a_i、b_j，有

$$p\{\xi=a_i,\ \eta=b_j\}=p\{\xi=a_i\}\cdot p\{\eta=b_j\}\qquad(11\text{-}3\text{-}1)$$

成立，则称离散型随机变量 ξ 和 η 相互独立。

例 7 设 (ξ,η) 的联合分布如表 11-3-8 所示，试问 ξ 和 η 是否相互独立？

联 合 分 布 表 11-3-8

ξ \ η	-1	0	2
$\frac{1}{2}$	$\frac{2}{20}$	$\frac{1}{20}$	$\frac{2}{20}$
1	$\frac{2}{20}$	$\frac{1}{20}$	$\frac{2}{20}$
2	$\frac{4}{20}$	$\frac{2}{20}$	$\frac{4}{20}$

解:先求出关于 ξ 和 η 的边缘分布,如表 11-3-9 所示。

边 缘 分 布 表 11-3-9

ξ \ η	-1	0	2	$p_{i\cdot}$
$\frac{1}{2}$	$\frac{2}{20}$	$\frac{1}{20}$	$\frac{2}{20}$	$\frac{1}{4}$
1	$\frac{2}{20}$	$\frac{1}{20}$	$\frac{2}{20}$	$\frac{1}{4}$
2	$\frac{4}{20}$	$\frac{2}{20}$	$\frac{4}{20}$	$\frac{2}{4}$
$p_{\cdot j}$	$\frac{2}{5}$	$\frac{1}{5}$	$\frac{2}{5}$	

根据表 11-3-9,通过直接验算,恒有

$$p_{ij} = p_{i\cdot}\, p_{\cdot j} \quad (i,j = 1,2,3)$$

所以,ξ 和 η 相互独立。

例 8 随机变量 ξ 和 η 相互独立,其分布如表 11-3-10 和表 11-3-11 所示,试求 (ξ,η) 的联合分布。

ξ 分 布 表 11-3-10

ξ	0	1	2
$p_{i\cdot}$	$\frac{1}{4}$	$\frac{2}{4}$	$\frac{1}{4}$

η 分 布 表 11-3-11

η	-1	0	1	2
$p_{\cdot j}$	$\frac{2}{5}$	$\frac{1}{5}$	$\frac{1}{5}$	$\frac{1}{5}$

解:由题意知

$$p_{ij} = p_{i\cdot}p_{\cdot j} \quad (i = 1,2,3; j = 1,2,3,4)$$

通过计算可得联合分布如表 11-3-12 所示。

联合分布 表 11-3-12

ξ \ η	-1	0	1	2
0	$\frac{2}{20}$	$\frac{1}{20}$	$\frac{1}{20}$	$\frac{1}{20}$
1	$\frac{4}{20}$	$\frac{2}{20}$	$\frac{2}{20}$	$\frac{2}{20}$
2	$\frac{2}{20}$	$\frac{1}{20}$	$\frac{1}{20}$	$\frac{1}{20}$

习题 11.3

1. 将两封信随意地投入 3 个邮筒，设 X、Y 分别表示投入第 1，2 号邮筒中信的数量，求 X 和 Y 的联合概率分布及边缘概率分布。

2. 袋中有 5 个号码 1,2,3,4,5,从中任取 3 个,记这 3 个号码中最小的号码为 X,最大的号码为 Y:

(1)求 X 与 Y 的联合概率分布;

(2)X 与 Y 是否相互独立?

3. 设 (X,Y) 的分布律如表 11-3-13 所示。

分 布 律 表 11-3-13

X \ Y	1	2	3
1	1/6	1/9	1/18
2	1/3	α	β

问 α,β 为何值时，X、Y 相互独立?

4. 设二维随机变量(X、Y)的联合分布律如表 11-3-14:

联合分布律 表 11-3-14

X \ Y	2	5	8
0.4	0.15	0.30	0.35
0.8	0.05	0.12	0.03

(1)求关于 X 和关于 Y 的边缘分布;

(2)X 与 Y 是否相互独立?

§11.4 随机变量的应用

应用举例

例 1(是否有心灵感应) 在心灵感应试验中,两个试验者甲和乙分别坐在两个房间里,裁判给试验者甲 4 红 4 黑 8 张扑克,每发一张另一位试验者乙要说出是什么颜色的扑克,乙知道一共发了 4 红 4 黑 8 张扑克牌。问:(1)如果在一次试验中,乙说对了至少 6 张牌,他是否有心灵感应?(2)如果做了 10 次试验,至少有 6 次乙说对了 6 张或 6 张以上,他是否有心灵感应?

解:(1)如果两人没有心灵感应,则试验者乙至少能猜对 6 张的概率为

$$\frac{C_4^3C_4^3+C_4^4C_4^4}{C_8^4}=\frac{17}{70}=0.2429$$

这个概率不算小,虽然乙猜对啦,不能说明有心灵感应。

(2)如果把这个试验独立做 10 次,以 X 表示乙猜对 6 张或 6 张以上的次数,在两人没有心灵感应的情况下,随机变量 $X\sim B(10,0.2429)$,故

$$P(X\geqslant5)=\sum_{k=5}^{10}C_{10}^{K}0.2429^k\times0.7571^{10-k}\approx0.067=6.7\%$$

$$P(X\geqslant6)=\sum_{k=6}^{10}C_{10}^{K}0.2429^k\times0.7571^{10-k}\approx0.017=1.7\%$$

因此在 10 次试验中,及时有 5 次猜对 6 张或 8 张,也不能说他们有心灵感应,因为 0.067 不能算是小概率事件。如果 6 次猜对 6 张或 8 张,这个事件的概率仅为 0.017,应该是小概率事件。“概率很小的事件在一次试验中实际上是不可能发生的”,则可以说他们有心灵感应。

例 2(如何有效安排人力) 某研究中心有同类型仪器 300 台,各仪器工作相互独立,而且发生故障的概率均为 0.01,通常一台仪器的故障由一人即可排除。试问:

(1)为保证当仪器发生故障时,不能及时排除的概率小于 0.01,至少要配多少个维修工人?

(2)若一人保修 20 台仪器,仪器发生故障时不能及时排除的概率是多少?

(3)若由 3 人共同负责维修 80 台仪器,仪器发生故障时不能及时排除的概率是多少?

解:机器发生故障的次数(台数)服从二项分布,当 n 较大,p 较小时服从泊松分布。

(1)X 表示 300 台仪器中发生故障的台数,则 $X\sim B(300,0.01)$,设 a 为需要配备的维修工人数,因为一台故障仪器由一人维修,“不能及时排除”意味着 $X>a$,所以要求 a,使得 $P\{X>a\}\leqslant0.01$

$$P\{X>a\}=1-P\{X\leqslant a\}=1-\sum_{k=0}^{a}C_{300}^{k}\,0.01^k\,0.99^{300-k}$$

由于 $n=300$ 较大,$p=0.01$ 又较小,根据泊松定理,可用 $\lambda=np=3$ 的泊松分布近似计算

$$P\{X>a\}=1-[P(X=0)+P(X=1)+\cdots+P(X=a)]=1-\sum_{k=0}^{a}\frac{3^k}{k!}e^{-3}\leqslant0.01$$

查表可得 $P\{X\geqslant9\}<0.01$,所以只需配备 8 名工人。

(2)设 X 表示 20 台仪器中发生故障的台数,则 $X\sim B(20,0.01)$,若在同一时刻发生故障的仪器数 $X\geqslant2$,则一个工人不能及时维修。因此所求概率为

$$P\{X \geqslant 2\} = 1 - P\{X = 0\} - P\{X = 1\} = 1 - 0.99^{20} - 20 \times 0.01 \times 0.99^{19} = 0.0169$$

若一人包修 20 台仪器,仪器发生故障时不能及时排除的概率为 0.0169。

(3)设 X 表示 80 台仪器中发生故障的台数,则 $X \sim B(80, 0.01)$,若在同一时刻发生故障的仪器数 $X \geqslant 4$,则由三个工人同时负责包修时不能及时维修。由于 $n=80$ 较大,$p=0.01$ 又较小,根据泊松定理,可用 $\lambda = np = 0.8$ 的泊松分布近似计算,则

$$P\{X \geqslant 4\} = 1 - P\{X \leqslant 3\} \approx 1 - \sum_{k=0}^{3} \frac{0.8^k}{k!} e^{-0.8} = 1 - 0.9909 = 0.0091 < 0.0169$$

此方案优于(2)。

例 3(超产奖的产量) 益趣玩具厂装配车间准备实行计件超产奖,为此需要对超产额作出规定。根据以往的统计资料可知,各个工人每月装配的产品件数服从正态分布 $X \sim N(4000, 200^2)$。车间主任希望 10%的工人获得超产奖,那么定额标准应该是多少件?

解:设 a 为定额标准,那么 $P\{X \geqslant a\} = 0.1$,则

$$P\{X < a\} = 1 - P\{X \geqslant a\} = 0.9$$

$$P\{X < a\} = P\left\{\frac{X - 4000}{200} < \frac{a - 4000}{200}\right\} = \Phi\left(\frac{a - 4000}{200}\right) = 0.9$$

查表得 $\frac{a - 4000}{200} = 1.28$,所以 $a=4256$。即工人每月必须装配 4256 件以上才能获得超产奖。

例 4(人寿保险问题) (1)假设有 2500 个同一年龄段同一阶层的人参加某保险公司的人寿保险。根据以前的统计资料,在一年里每个人死亡的概率是 0.0001。每个参加保险的人一年付给保险公司 120 元保费,而在死亡时其家属从保险公司领取 20000 元。求下列事件的概率:A=“保险公司亏本”,B=“保险公司一年获利不少于 10 万元”。

解:在一年里人的意外死亡服从二项分布。

设一年中死亡人数 $X \sim B(2500, 0.0001)$。

假设 2500 人中有 k 人死亡,则保险公司亏本当且仅当 $20000k > 2500 \times 120$,即 $k > 15$。由二项分布可知一年中有 k 人死亡的概率为

$$P\{X = k\} = C_{2500}^{k} (0.0001)^k (0.9999)^{2500-k} \quad (k = 0, 1, 2, \cdots, 2500)$$

所以保险公司亏本的概率为

$$P(A) = P\{X > 15\} = \sum_{k=16}^{2500} C_{2500}^{k} (0.0001)^k (0.9999)^{2500-k} \approx 0.000001$$

由此可见保险公司亏本几乎是不可能的。

又因保险公司一年获利不少于 10 万元等价于 $2500 \times 12 - 20000X > 100000$ 即 $X \leqslant 10$。所以保险公司一年获利不少于 10 万元的概率为

$$P(B) = P\{X \leqslant 10\} = \sum_{k=0}^{10} C_{2500}^{k} (0.0001)^k (0.9999)^{2500-k} \approx 1$$

或者 $X = X_1 + X_2 + \cdots + X_{2500}$,利用正态分布和中心极限定理,则

$$\mu = E(X) = np = 2500 \times 0.0001 = 0.25,$$

$$\sigma = \sqrt{D(X)} = \sqrt{np(1-p)} = \sqrt{0.25 \times 0.9999} \approx 0.5$$

$$\frac{X - \mu}{\sigma} = \frac{10 - 0.25}{0.5} \sim N(0, 1)$$

从而
$$P(B)=P\{X\leqslant 10\}\approx\Phi\left(\frac{10-0.25}{0.5}\right)=\Phi(19.5)=1$$
可见保险公司一年获利 10 万几乎是必然的。

(2)对 2500 个参保对象每人每年至少收多少保费能使公司以不小于 0.99 的概率每年获利不少于 10 万元?

解:设 x 为每人每年所交保费，$2500x-20000X\geqslant 100000$，那么 $X\leqslant\frac{x}{8}-5$

因此
$$P\left\{X\leqslant\frac{x}{8}-5\right\}=\Phi\left(\frac{\frac{x}{8}-5-0.25}{0.5}\right)>0.99$$

那么$\dfrac{\frac{x}{8}-5-0.25}{0.5}\geqslant 2.33$，$x\geqslant 51.32$(元)。

即 2500 个人每人交给保险公司 51.32 元保费，保险公司将以不小于 0.99 的概率获利不少于 10 万元。

(3)在死亡率和赔偿率不变的情况下，每人每年交给保险公司 20 元保费，保险公司至少要吸引多少参保者才能以不小于 0.99 的概率不亏本?

解:设 n 为参保人数，X 为参保死亡人数，那么
$$X\sim N(\mu,\sigma^2)=N(np,np(1-p))=N(0.0001n,0.0001\times 0.9999n)$$
则不亏本的条件为:$20n-20000X\geqslant 0$，即 $X\leqslant\frac{n}{1000}$，

那么
$$P\left\{X\leqslant\frac{n}{1000}\right\}=\Phi\left(\frac{\frac{n}{1000}-0.0001n}{\sqrt{0.0001\times 0.999n}}\right)\geqslant 0.99$$

所以
$$\frac{\frac{n}{1000}-0.0001n}{\sqrt{0.0001\times 0.9999n}}\geqslant 2.33$$

解得 $n\geqslant 671$。所以保险公司只要吸引 671 人参加保险就能以不小于 0.99 的概率不亏本。

(由此可见，降低保险费或提高赔偿金，都是吸引保户的有效措施，一般来说降低保费不如提高赔偿金的效果显著。)

例 5(公共汽车的车门高度) 据说公共汽车车门的高度是根据成年男子与车门碰头的机会在 0.01 以下的标准设计的。根据统计资料，成年男子的身高服从正态分布 $X\sim N(168,7^2)$，那么车门的高度应该是多少厘米?

解:设当车门的高度为 a，则应确定 a 使其满足 $P\{X\geqslant a\}\leqslant 0.01$。

由于 $X\sim N(168,7^2)$，则 $\frac{X-168}{7}\sim N(0,1)$，于是
$$P\{X\geqslant a\}=1-P\{X<a\}=1-P\left\{\frac{X-168}{7}<\frac{a-168}{7}\right\}=1-\Phi\left(\frac{a-168}{7}\right)\leqslant 0.01$$

从而 $\Phi\left(\frac{a-168}{7}\right)\geqslant 0.99$，因此有$\frac{a-168}{7}\geqslant 2.33$，故 $a\geqslant 168+7\times 2.33=184.31$。

第 12 章　随机变量的数字特征

分布函数能够完整地描述随机变量的统计特性。但在一些实际问题中，不需要全面考虑随机变量的变化情况，只需知道随机变量的某些特征，因而并不需要求出它的分布函数。例如，在评定某一地区的粮食产量水平时，在许多场合只要知道该地区的平均产量即可；又如在研究水稻品种优劣时，时常是关心稻穗的平均稻谷粒数；再如检查一批棉花的质量时，既需要注意纤维的平均长度，又需要注意纤维长度与平均长度的偏离程度。因此，某些与随机变量有关的数值，能够描述随机变量的重要特征。本章就介绍这些数字特征。

§12.1　随机变量的数学期望

引例

甲、乙两人打靶，所得分数分别记为 X_1、X_2，它们的分布律分别为

X_1	0	1	2
p_i	0	0.2	0.8

，

X_2	0	1	2
p_i	0.6	0.3	0.1

试评定他们的成绩的好坏。

解：分别计算其数学期望，有 $E(X_1)=0\times 0+1\times 0.2+2\times 0.8=1.8$（分）。这意味着，如果甲进行很多次的射击，那么，所得分数的算术平均就接近 1.8，而乙所得分数的数学期望为 $E(X_2)=0\times 0.6+1\times 0.3+2\times 0.1=0.5$（分）。很明显，乙的成绩远不如甲的成绩。

一、离散型随机变量的数学期望

平均值是日常生活中最常用的一个数字特征，它对评判事物、作出决策等具有重要作用。

定义 1　设 X 是离散型随机变量的概率分布为

$$P\{X=x_i\}=p_i\quad(i=1,2,\cdots)$$

如果 $\sum_{i=1}^{\infty}x_ip_i$ 绝对收敛，则定义 X 的数学期望（又称均值）为 $E(X)=\sum_{i=1}^{\infty}x_ip_i$。

例 1　某商店在年末大甩卖中进行有奖销售，摇奖时从摇箱摇出的球的可能颜色为：红、黄、蓝、白、黑五种，其对应的奖金额分别为：10000 元、1000 元、100 元、10 元、1 元。假定摇箱内装有很多球，其中红、黄、蓝、白、黑的比例分别为：0.01%，0.15%，1.34%，10%，88.5%，求每次摇奖摇出的奖金额 X 的数学期望。

解每次摇奖摇出的奖金额 X 是一个随机变量，易知它的分布律如表 12-1-1 所示。

分 布 律 表 12-1-1

X	10000	1000	100	10	1
p_k	0.0001	0.0015	0.0134	0.1	0.885

因此，$E(X)=10000\times0.0001+1000\times0.0015+100\times0.0134+10\times0.1+1\times0.885=5.725$。

由此可见，平均起来每次摇奖的奖金额不足 6 元。这个值对商店作计划预算时是很重要的。

例 2 按规定，某车站每天 8 点至 9 点，9 点至 10 点都有一辆客车到站，但到站的时刻是随机的，且两者到站的时间相互独立。其分布律如表 12-1-2 所示。

分 布 律 表 12-1-2

到站时刻	8:10,9:10	8:30,9:30	8:50,9:50
概率	1/6	3/6	2/6

一旅客 8 点 20 分到车站，求他候车时间的数学期望。

解：设旅客候车时间为 X 分钟，易知 X 的分布律如表 12-1-3 所示。

分 布 律 表 12-1-3

X	10	30	50	70	90
p_k	3/6	2/6	1/36	3/36	2/36

表中 p_k 的求法如下，例如

$$P\{X=70\}=P(AB)=P(A)P(B)=1/6\times3/6=3/36$$

其中 A 为事件“第一班车在 8:10 到站”，B 为事件“第二班车在 9:30 到站”，于是候车时间的数学期望为

$$E(X)=10\times3/6+30\times2/6+50\times1/36+70\times3/36+90\times2/36=27.22(\text{min})$$

二、连续型随机变量的数学期望

定义 2 设 X 是连续型随机变量，其密度函数为 $f(x)$，如果

$$\int_{-\infty}^{\infty}xf(x)\mathrm{d}x$$

绝对收敛，则 X 的数学期望为 $E(X)=\int_{-\infty}^{\infty}xf(x)\mathrm{d}x$。

例 3 已知随机变量 X 的分布函数 $F(x)=\begin{cases}0, & x\leqslant0\\ x/4, & 0<x\leqslant4\\ 1, & x>4\end{cases}$，求 $E(X)$。

解 随机变量 X 的分布密度为 $f(x)=F'(x)=\begin{cases}1/4, & 0<x\leqslant4\\ 0, & \text{其他}\end{cases}$，

故
$$E(X)=\int_{-\infty}^{+\infty}xf(x)\mathrm{d}x=\int_{0}^{4}x\cdot\frac{1}{4}\mathrm{d}x=\left.\frac{x^2}{8}\right|_0^4=2$$

例 4 设随机变量 X 的概率密度函数为

$$f(x)=\frac{1}{2}e^{-|x|} \quad (-\infty<x<+\infty)$$

求 $E(x)$。

解 $E(X)=\int_{-\infty}^{+\infty}\frac{1}{2}xe^{-|x|}\mathrm{d}x=\int_{-\infty}^{0}\frac{1}{2}xe^{x}\mathrm{d}x+\int_{0}^{+\infty}\frac{1}{2}xe^{-x}\mathrm{d}x$,使用分布积分法,得到

$$E(X)=0$$

三、离散型随机变量函数的数学期望

设 X 是一随机变量,$g(x)$为一实函数,则 $Y=g(X)$也是一随机变量,理论上,虽然可通过 X 的分布求出 $g(X)$的分布,再按定义求出 $g(X)$的数学期望 $E[g(X)]$。但这种求法一般比较复杂。下面不加证明地引入有关计算随机变量函数的数学期望的定理。

定理 1 设 X 是一个随机变量,$Y=g(X)$,且 $E(Y)$存在,则

(1) 若 X 为离散型随机变量,其概率分布为

$$P\{X=x_i\}=p_i \quad (i=1,2,\cdots)$$

则 Y 的数学期望为

$$E(Y)=E[g(X)]=\sum_{i=1}^{\infty}g(x_i)p_i$$

(2) 若 X 为连续型随机变量,其概率密度为 $f(x)$,则 Y 的数学期望为

$$E(Y)=E[g(X)]=\int_{-\infty}^{\infty}g(x)f(x)\mathrm{d}x$$

注 (1)定理的重要性在于:求 $E[g(X)]$时,不必知道 $g(X)$的分布,只需知道 X 的分布即可。这给求随机变量函数的数学期望带来很大方便;

(2)上述定理可推广到二维以上的情形,即有

定理 2 设(X,Y)是二维随机向量,$Z=g(X,Y)$,且 $E(Z)$存在,则

(1)若(X,Y)为离散型随机向量,其概率分布为

$$P\{X=x_i,Y=y_j\}=p_{ij} \quad (i,j=1,2,\cdots)$$

则 Z 的数学期望为

$$E(Z)=E[g(X,Y)]=\sum_{j=1}^{\infty}\sum_{i=1}^{\infty}g(x_i,y_j)p_{ij}$$

(2) 若(X,Y)为连续型随机向量,其概率密度为 $f(x,y)$则 Z 的数学期望为

$$E(Z)=E[g(X,Y)]=\int_{-\infty}^{\infty}\int_{-\infty}^{\infty}g(x,y)f(x,y)\mathrm{d}x$$

例 5 设(X,Y)的联合概率分布如表 12-1-4 所示。

概 率 分 布

表 12-1-4

X \ Y	0	1	2	3
1	0	3/8	3/8	0
3	1/8	0	0	1/8

试求 $E(X)$、$E(Y)$、$E(X\cdot Y)$。

解:要求 $E(X)$ 和 $E(Y)$,需先求出 X 和 Y 的边缘分布。关于 X 和 Y 的边缘分布如表 12-1-5 和表 12-1-6 所示。

边 缘 分 布 表 12-1-5

X	1	3
p	3/4	1/4

边 缘 分 布 表 12-1-6

Y	0	1	2	3
p	1/8	3/8	3/8	1/8

则有 $E(X)=1\times\frac{3}{4}+3\times\frac{1}{4}=\frac{3}{2}$,$E(Y)=0\times\frac{1}{8}+1\times\frac{3}{8}+2\times\frac{3}{8}+3\times\frac{1}{8}=\frac{3}{2}$

$$E(X\cdot Y)=(1\times0)\times0+(1\times1)\times\frac{3}{8}+(1\times2)\times\frac{3}{8}+(1\times3)\times0+(3\times0)\times\frac{1}{8}+(3\times1)\times0+(3\times2)\times0+(3\times3)\times\frac{1}{8}=9/4$$

四、数学期望的性质

性质 1 设 C 是常数,则 $E(C)=C$;

性质 2 若 k 是常数,则 $E(kX)=kE(X)$;

性质 3 $E(X_1+X_2)=E(X_1)+E(X_2)$;

性质 4 设 X、Y 独立,则 $E(XY)=E(X)E(Y)$。

注 (1) 由 $E(XY)=E(X)E(Y)$ 不一定能推出 X,Y 独立,例如,在例 5 中,已计算得

$$E(XY)=E(X)E(Y)=\frac{9}{4}$$

但 $P\{X=1,Y=0\}=0$,$P\{X=1=\frac{3}{4}\}$,$P\{Y=0\}=\frac{1}{8}$,显然

$$P\{X=1,Y=0\}\neq P\{X=1\}\cdot P\{Y=0\}$$

故 X 与 Y 不独立。

(2)这个性质可推广到有限个随机变量之和的情形。

例 6 设对某一目标进行射击,命中 n 次才能彻底摧毁该目标,假定各次射击是独立的,并且每次射击命中的概率为 p,试求彻底摧毁这一目标平均消耗的炮弹数。

解:设 X 为 n 次击中目标所消耗的炮弹数,X_k 表示第 $k-1$ 次击中后至 k 次击中目标之间所消耗的炮弹数,这样,X_k 可取值 1,2,3,…,其分布律见表 12-1-7。

分 布 律 表 12-1-7

X_k	1	2	3	…	m	…
$P(X_k=m)$	p	pq	pq^2	…	pq^{m-1}	…

其中 $q=1-p$,X_1 为第一次击中目标所消耗的炮弹数,则 n 次击中目标所消耗的炮弹数

为

$$X=X_1+X_2+\cdots+X_n$$

由性质 3 可得

$$E(X)=E(X_1)+E(X_2)+\cdots+E(X_n)=nE(X_1)$$

又
$$E(X_1)=\sum_{k=1}^{\infty}kpq^{k-1}=\frac{1}{p}$$

故
$$E(X)=\frac{n}{p}$$

例 7 设 $E(X)$,$E(X^2)$均存在,证明 $E[X-E(X)]^2=E(X^2)-[E(X)]^2$。

证 因为$[X-E(X)]^2=X^2-2X\cdot E(X)+[E(X)]^2$,于是

$$E[X-E(X)]^2=E\{X^2-2X\cdot E(X)+[E(X)]^2\}=E(X^2)-2E(X)\cdot E(X)+[E(X)]^2$$

例 8 (二项分布的数学期望)若 $X\sim b(n,p)$,求 $E(X)$。

解:因 $X\sim b(n,p)$,则 X 表示 n 重伯努利试验中的“成功”次数。

若设 $X_i=\begin{cases}1,\text{如第 } i \text{ 次试验成功}\\0,\text{如第 } i \text{ 次试验失败}\end{cases}$ $(i=1,2,\cdots,n)$,则

$$X=X_1+X_2+\cdots+X_n$$

因为 $P\{X_i=1\}=p$,$P\{X_i=0\}=1-p$,$E(X_i)=1\cdot p+0\cdot(1-p)=p$

所以 $E(X)=\sum_{i=1}^{n}E(X_i)=np$

由此可见,服从参数为 n 和 p 的二项分布的随机变量 X 的数学期望是 np。

五、常用分布的期望

(1)两点分布 $E(X)=p$

(2)二项分布 $E(X)=np$

(3)泊松分布 $E(X)=\lambda$

(4)均匀分布 $E(X)=\frac{a+b}{2}$

(5)指数分布 $E(X)=\frac{1}{\lambda}$

(6)正态分布 $E(X)=\mu$

习题 12.1

1. 设 X 的分布律如表 12-1-8 所示。

分 布 律 表 12-1-8

X	-1	0	1	2	5/2
p_i	1/5	1/10	1/10	1/10	3/10

试求：(1) $2X$ 的分布律；(2) X^2 的分布律，(3)$E(X+3)$。

2.已知 X 的分布律如表 12-1-9 所示。

分　布　律　　　　表 12-1-9

X	-2	-1	0	1	2	3
p_i	$2a$	1/10	$3a$	a	a	$2a$

试求：(1)a 值；(2)$Y=X^2-1$ 的分布律；(3)$E(X^2-1)$。

§12.2 方　　差

引例

数学期望描述了随机变量取值的“平均”。有时仅知道这个平均值还不够。例如，有 A、B 两名射手，他们每次射击命中的环数分别为 X、Y，已知 X、Y 的分布律如表 12-2-1 和表 12-2-2 所示。

分　布　律　　　　表 12-2-1

X	8	9	10
$p(X=k)$	0.2	0.6	0.2

分　布　律　　　　表 12-2-2

Y	8	9	10
$p(Y=k)$	0.1	0.8	0.1

由于 $E(X)=E(Y)=9$(环)，可见从均值的角度是分不出谁的射击技术更高，故还需考虑其他的因素。通常的想法是：在射击的平均环数相等的条件下进一步衡量谁的射击技术更稳定些。也就是看谁命中的环数比较集中于平均值的附近，通常人们会采用命中的环数 X 与它的平均值 $E(X)$之间的离差 $|X-E(X)|$ 的均值 $E[|X-E(X)|]$来度量，$E[|X-E(X)|]$越小，表明 X 的值越集中于 $E(X)$的附近，即技术稳定；$E[|X-E(X)|]$越大，表明 X 的值越分散，技术越不稳定。但由于 $E[|X-E(X)|]$带有绝对值，运算不便，故通常采用 X 与 $E(X)$的离差 $|X-E(X)|$的平方平均值 $E[X-E(X)]^2$ 来度量随机变量 X 取值的分散程度。此例中，由于

$$E[X-E(X)]^2=0.2\times(8-9)^2+0.6\times(9-9)^2+0.2\times(10-9)^2=0.4$$

$$E[Y-E(Y)]^2=0.1\times(8-9)^2+0.8\times(9-9)^2+0.1\times(10-9)^2=0.2$$

由此可见 B 的技术更稳定些。

随机变量的数学期望是对随机变量**取值水平**的综合评价，而随机变量**取值的稳定性**是判断随机现象性质的另一个十分重要的指标。

一、方差的定义

定义 1　设 X 是一个随机变量，若 $E[X-E(X)]^2$ 存在，则称它为 X 的方差，记为

$$D(X)=E[X-E(X)]^2$$

方差的算术平方根$\sqrt{D(X)}$称为**标准差**或**均方差**，它与 X 具有相同的度量单位，在实际应用中经常使用。

方差刻画了随机变量 X 的取值与数学期望的偏离程度,它的大小可以衡量随机变量取值的稳定性。

从方差的定义易见：

(1)若 X 的取值比较集中,则方差较小；

(2)若 X 的取值比较分散,则方差较大；

(3)若方差 $D(X)=0$，则随机变量 X 以概率 1 取常数值,此时 X 也就不是随机变量了。

例 1 设有甲,乙两种棉花,从中各抽取等量的样品进行检验,结果如表 12-2-3 和表 12-2-4 所示。

检 验 结 果 表 12-2-3

X	28	29	30	31	32
p	0.1	0.15	0.5	0.15	0.1

检 验 结 果 表 12-2-4

Y	28	29	30	31	32
p	0.13	0.17	0.4	0.17	0.13

其中 X、Y 分别表示甲,乙两种棉花的纤维的长度(单位:mm),求 $D(X)$与 $D(Y)$,且评定它们的质量。

解:由于

$$E(X)=28\times0.1+29\times0.15+30\times0.5+31\times0.15+32\times0.1=30$$

$$E(Y)=28\times0.13+29\times0.17+30\times0.4+31\times0.17+32\times0.13=30$$

故得

$$\begin{aligned}D(X)=&(28-30)^2\times0.1+(29-30)^2\times0.15+(30-30)^2\times0.5+\\&(31-30)^2\times0.15+(32-30)^2\times0.1\\=&4\times0.1+1\times0.15+0\times0.5+1\times0.15+4\times0.1=1.1\end{aligned}$$

$$\begin{aligned}D(Y)=&(28-30)^2\times0.13+(29-30)^2\times0.17+(30-30)^2\times0.4+(31-30)^2\times0.17+\\&(32-30)^2\times0.13\\=&4\times0.13+1\times0.17+0\times0.4+1\times0.17+4\times0.13=1.38\end{aligned}$$

因为 $D(X)<D(Y)$,所以甲种棉花纤维长度的方差小些,说明其纤维比较均匀,故甲种棉花质量较好。

$$D(X)=\sum_{k=1}^{\infty}[x_k-E(X)]^2p_k$$

二、方差的计算

若 X 是离散型随机变量,且其概率分布为

$$P\{X=x_i\}=p_i\quad(i=1,2,\cdots)$$

则

$$D(X)=\sum_{i=1}^{\infty}[x_i-E(X)]^2p_i$$

若 X 是**连续型**随机变量，且其概率密度为 $f(x)$，则

$$D(X)=\int_{-\infty}^{\infty}[x_i-E(X)]^2 f(x)\mathrm{d}x$$

利用数学期望的性质，易得计算方差的一个**简化公式**：

$$D(X)=E(X^2)-[E(X)]^2$$

例 2 设随机变量 X 具有数学期望 $E(X)=\mu$，方差 $D(X)=\sigma^2\neq 0$。记 $X^*=\dfrac{X-\mu}{\sigma}$，则

$$E(X^*)=\frac{1}{\sigma}E(X-\mu)=\frac{1}{\sigma}[E(X)-\mu]=0$$

$$D(X^*)=E(X^{*2})-[E(X^*)]^2=E[(\frac{X-\mu}{\sigma})^2]=\frac{1}{\sigma^2}E[(X-\mu)^2]=\frac{\sigma^2}{\sigma^2}=1$$

即 $X^*=\dfrac{X-\mu}{\sigma}$ 的数学期望为 0，方差为 1。X^* 称为 X 的标准化变量。

例 3 设随机变量 X 具有(0－1)分布，其分布律为

$$P\{X=0\}=1-p,P\{X=1\}=p$$

求 $E(X)$、$D(X)$。

解：$E(X)=0\cdot(1-p)+1\cdot p=p$，$E(X^2)=0^2\cdot(1-p)+1^2\cdot p=p$，

故 $\quad D(X)=E(X^2)-[E(X)]^2=p-p^2=p(1-p)$

例 4 设 $X\sim P(\lambda)$，求 $E(X)$、$D(X)$

解：X 的分布律为 $P\{X=k\}=\dfrac{\lambda^k e^{-\lambda}}{k!}\quad(k=0,1,2,\cdots,\lambda>0)$

则 $\quad E(X)=\sum\limits_{k=0}^{\infty}\dfrac{\lambda^k e^{-\lambda}}{k!}=\lambda e^{-\lambda}\sum\limits_{k=0}^{\infty}\dfrac{\lambda^{k-1}}{(k-1)!}=\lambda e^{-\lambda}\cdot e^{\lambda}=\lambda$

而

$$E(X^2)=E[X(X-1)+X]=E[X(X-1)]+E(X)=\sum_{k=0}^{\infty}k(k-1)\frac{\lambda^k e^{-\lambda}}{k!}+\lambda$$

$$=\lambda^2 e^{-\lambda}\sum_{k=2}^{\infty}\frac{\lambda^{k-2}}{(k-2)!}+\lambda=\lambda^2 e^{-\lambda}e^{\lambda}+\lambda=\lambda^2+\lambda$$

故方差 $\quad D(X)=E(X^2)-[E(X)]^2=\lambda$

由此可知，泊松分布的数学期望与方差相等，都等于参数 λ。因为泊松分布只含有一个参数 λ，只要知道它的数学期望或方差就能完全确定它的分布了。

例 5 设 $X\sim U(a,b)$，求 $E(X)$，$D(X)$。

解：X 的概率密度为 $f(x)=\begin{cases}\dfrac{1}{b-a}, & a<x<b\\ 0, & 其他\end{cases}$，而 $E(X)=\int_{-\infty}^{+\infty}xf(x)\mathrm{d}x=\int_a^b\dfrac{x}{b-a}\mathrm{d}x=\dfrac{a+b}{2}$，故所求方差为

$$D(X)=E(X^2)-[E(X)]^2=\int_a^b x^2\frac{1}{b-a}\mathrm{d}x-\left(\frac{c+b}{2}\right)^2=\frac{(b-a)^2}{12}$$

例 6 设随机变量 X 服从指数分布，其概率密度为

$$f(x)=\begin{cases}\dfrac{1}{\theta}e^{-x/\theta}, & x>0\\ 0, & x\leqslant 0\end{cases}$$

其中 $\theta>0$，求 $E(X)$、$D(X)$。

解: $E(X)=\int_{-\infty}^{+\infty}xf(x)\mathrm{d}x=\int_{0}^{+\infty}x\dfrac{1}{\theta}e^{-x/\theta}\mathrm{d}x=-xe^{-x/\theta}\Big|_0^{+\infty}+\int_0^{+\infty}e^{-x/\theta}\mathrm{d}x=\theta$

$$E(X^2)=\int_{-\infty}^{+\infty}x^2f(x)\mathrm{d}x=\int_{0}^{+\infty}x^2\frac{1}{\theta}e^{-x/\theta}\mathrm{d}x=-x^2e^{-x/\theta}\Big|_0^{+\infty}+\int_0^{+\infty}2xe^{-x/\theta}\mathrm{d}x=2\theta^2$$

于是
$$D(X)=E(X^2)-[E(X)]^2=2\theta^2-\theta^2=\theta^2$$
即有
$$E(X)=\theta,D(X)=\theta^2$$

三、方差的性质

设随机变量 X 与 Y 的方差存在，则

性质 1 设 c 为常数，则 $D(c)=0$；

性质 2 设 c 为常数，则 $D(cX)=c^2D(X)$；

性质 3 $D(X\pm Y)=D(X)+D(Y)\pm 2E[(X-E(X))(Y-E(Y))]$；

性质 4 若 X,Y 相互独立，则 $D(X\pm Y)=D(X)+D(Y)$；

※**性质 5** 对任意的常数 $c\neq E(X)$，有 $D(X)<E[(X-c)^2]$。

证 仅证性质 4 和性质 5。

$$\begin{aligned}D(X\pm Y)&=E[(X\pm Y)-E(X\pm Y)]^2=E[(X-E(X))\pm(Y-E(Y))]^2\\&=E[X-E(X)]^2\pm 2E[(X-E(X))(Y-E(Y))]+E[Y-E(Y)]^2\\&=D(X)+D(Y)\pm 2E[(X-E(X))(Y-E(Y))]\end{aligned}$$

当 X 与 Y 相互独立时，$X-E(X)$ 与 $Y-E(Y)$ 也相互独立，由数学期望的性质有

$$E[(X-E(X))(Y-E(Y))]=E(X-E(X))E(Y-E(Y))=0$$

因此有 $D(X\pm Y)=D(X)+D(Y)$。

性质 4 可以推广到任意有限多个相互独立的随机变量之和的情况。

对任意常数 c，有

$$\begin{aligned}E[(X-c)^2]&=E[(X-E(X)+E(X)-c)^2]\\&=E[(X-E(X))^2]+2(E(X)-c)\cdot E[X-E(X)]+(E(X)-c)^2\\&=D(X)+(E(X)-c)^2\end{aligned}$$

故对任意常数 $c\neq EX$，有

$$DX<E[(X-c)^2]$$

例 7 设随机变量 X 的数学期望为 $E(X)$，方差 $D(X)=\sigma^2(\sigma>0)$，令 $Y=\dfrac{X-E(X)}{\sigma}$，求 $E(Y)$、$D(Y)$。

解: $E(Y)=E\left[\dfrac{X-E(X)}{\sigma}\right]=\dfrac{1}{\sigma}E[X-E(X)]=\dfrac{1}{\sigma}[E(X)-E(X)]=0$

$$D(Y)=D\left[\frac{X-E(X)}{\sigma}\right]=\frac{1}{\sigma^2}D[X-E(X)]=\frac{1}{\sigma^2}D(X)=\frac{\sigma^2}{\sigma^2}=1$$

常称 Y 为 X 的标准化随机变量。

例 8 设 $X_1,X_2,\cdots,X_n$ 相互独立，且服从同一(0—1)分布，分布律为

$$P\{X_i=0\}=1-p$$

$$P\{X_i=1\}=p \quad (i=1,2,\cdots,n)$$

证明 $X=X_1+X_2+\cdots+X_n$ 服从参数为 n,p 的二项分布，并求 $E(X)$ 和 $D(X)$。

解：X 所有可能取值为 $0,1,\cdots,n$，由独立性知 X 以特定的方式(例如前 k 个取 1，后 $n-k$ 个取 0)取 $k(0\leqslant k\leqslant n)$ 的概率为 $p^k(1-p)^{n-k}$，而 X 取 k 的两两互不相容的方式共有 C_n^k 种，故

$$P\{X=k\}=C_n^k p^k(1-p)^{n-k} \quad (k=0,1,2,\cdots,n)$$

即 X 服从参数为 n,p 的二项分布。

由于
$$E(X_i)=0\times(1-p)+1\times p=p$$

$$D(X_i)=(0-p)^2\times(1-p)+(1-p)^2\times p=p(1-p) \quad (i=1,2,\cdots,n)$$

故有

$$E(X)=E(\sum_{i=1}^{n}X_i)=\sum_{i=1}^{n}E(X_i)=np$$

由于 $X_1,X_2,\cdots,X_n$ 相互独立，得

$$D(X)=D(\sum_{i=1}^{n}X_i)=\sum_{i=1}^{n}D(X_i)=np(1-p)$$

四、离散型随机变量函数的方差

定义 2 如果存在一个函数 $g(X)$，使得随机变量 X、Y 满足：

$$Y=g(X)$$

则称**随机变量 Y 是随机变量 X 的函数。**

对于随机变量函数 $Y=g(X)$，若已知随机变量 X 的分布律或方差：

(1)可以由 X 的分布律求得 Y 的分布律，再求 Y 的方差；

(2)可由方差的性质和已知 X 方差求得 Y 的方差。

例 9 设随机变量 X 具有如表 12-2-5 所示的分布律，试求 $Y=(X-1)^2$ 的分布律，并求 Y 的期望和方差。

分 布 律 表 12-2-5

X	-1	0	1	2
p_i	0.2	0.3	0.1	0.4

解：Y 所有可能的取值为 0,1,4，由

$$P\{Y=0\}=P\{(X-1)^2=0\}=P\{X=1\}=0.1$$

$$P\{Y=1\}=P\{X=0\}+P\{X=2\}=0.7$$

$$P\{Y=4\}=P\{X=-1\}=0.2$$

即得 Y 的分布律如表 12-2-6 所示。

分　布　律　　表 12-2-6

Y	0	1	4
P_i	0.1	0.7	0.2

$E(Y)=0\times0.1+1\times0.7+4\times0.2=1.5$

$D(Y)=(0-1.5)^2\times0.1+(1-1.5)^2\times0.7+(4-1.5)^2\times0.2=1.65$

例 10　设随机变量 X 的分布律如表 12-2-7 所示。

分　布　律　　表 12-2-7

X	-1	0	2	3
p	1/8	1/4	3/8	1/4

求 $E(-2x+1)$、$D(-2x+1)$。

解:根据条件,得表 12-2-8。

分　布　律　　表 12-2-8

p	1/8	1/4	3/8	1/4
X	-1	0	2	3
$-2X+1$	3	1	-3	-5

解:$E(X)=(-1)\times\frac{1}{8}+0\times\frac{1}{4}+2\times\frac{3}{8}+3\times\frac{1}{4}=\frac{11}{8}$

$E(-2X+1)=3\times\frac{1}{8}+1\times\frac{1}{4}+(-3)\times\frac{3}{8}+(-5)\times\frac{1}{4}=-\frac{7}{4}$

或　$E(-2X+1)=E(-2X)+E(1)=-2E(X)+1=-\frac{7}{4}$

$D(X)=E(X^2)-E^2(X)=1\times\frac{1}{8}+0\times\frac{1}{4}+4\times\frac{3}{8}+9\times\frac{1}{4}-\left(\frac{11}{8}\right)^2=\frac{127}{64}$

$$D(-2X+1)=4D(X)=\frac{127}{16}$$

五、常用分布的方差

(1)两点分布　　$D(X)=p(1-p)$

(2)二项分布　　$D(X)=D(\sum_{i=1}^{n}X_i)=\sum_{i=1}^{n}D(X_i)=np(1-p)$

(3) 泊松分布　　$D(X)=E(X^2)-[E(X)]^2=\lambda^2+\lambda-\lambda^2=\lambda$

(4)均匀分布　　$D(X)=E(X^2)-[E(X)]^2=\int_a^b x^2\frac{1}{b-a}\mathrm{d}x-\left(\frac{c+b}{2}\right)^2=\frac{(b-a)^2}{12}$

(5)指数分布　　$D(X)=E(X^2)-[E(X)]^2=2\theta^2-\theta^2=\theta^2$

(6)正态分布　　$D(X)=\sigma^2$。

习题 12.2

设随机变量 X 的概率分布律如表 12-2-9 所示。

分　布　律　　表 12-2-9

X	-1	0	$1/2$	1	2
p_i	$1/3$	$1/6$	$1/6$	$1/12$	$1/4$

试求 $Y=-X+1$ 及 $Z=X^2$ 的期望与方差。

§12.3　协方差与相关系数

对于二维随机变量(X,Y)，数学期望 $E(X)$，$E(Y)$只反映了 X 和 Y 各自的平均值，而 $D(X)$、$D(Y)$反映的是 X 和 Y 各自偏离平均值的程度，它们并没有反映 X 与 Y 之间的关系。在实际问题中，每对随机变量往往相互影响、相互联系。例如，人的年龄与身高；某种产品的产量与价格等。随机变量的这种相互联系称为相关关系，它们也是一类重要的数字特征。

定义 1　设(X,Y)为二维随机变量，称

$$E\{[X-E(X)][Y-E(Y)]\}$$

为随机变量 X、Y 的协方差(Covariance)，记为 $\mathrm{cov}(X,Y)$，即

$$\mathrm{cov}(X,Y)=E\{[X-E(X)][Y-E(Y)]\}$$

而$\dfrac{\mathrm{cov}(X,Y)}{\sqrt{D(X)}\sqrt{D(Y)}}$称为随机变量 X,Y 的相关系数(Correlation coefficient)或标准协方差(Standard covariance)，记为 ρ_{XY}，即

$$\rho_{XY}=\frac{\mathrm{cov}(X,Y)}{\sqrt{D(X)}\sqrt{D(Y)}}$$

特别地，

$$\mathrm{cov}(X,X)=E\{[X-E(X)][X-E(X)]\}=D(X)$$
$$\mathrm{cov}(Y,Y)=E\{[Y-E(Y)][Y-E(Y)]\}=D(Y)$$

故方差 $D(X)$、$D(Y)$是协方差的特例。

由上述定义及方差的性质可得

$$D(X\pm Y)=D(X)+D(Y)\pm 2\mathrm{cov}(X,Y)$$

由协方差的定义及数学期望的性质可得下列实用计算公式

$$\mathrm{cov}(X,Y)=E(XY)-E(X)E(Y)$$

若(X,Y)为二维离散型随机变量，其联合分布律为 $P\{X=x_i,Y=y_j\}=p_{ij}\quad(i,j=1,2,\cdots)$，则有

$$\mathrm{cov}(X,Y)=\sum_i\sum_j[x_i-E(X)][y_i-E(Y)]p_{ij}$$

例 1　设(X,Y)的分布律如表 12-3-1 所示。

分　布　律　　　　表 12-3-1

$Y \backslash X$	0	1
0	$1-p$	0
1	0	p

且 $0<p<1$，求 $\text{cov}(X,Y)$ 和 ρ_{XY}。

解：易知 X 的分布律为

$$P\{X=1\}=p, P\{X=0\}=1-p$$

故
$$E(X)=p, D(X)=p(1-p)$$

同理 $E(Y)=p, D(Y)=p(1-p)$，因此

$$\text{cov}(X,Y)=E(XY)-E(X)\cdot E(Y)=p-p^2=p(1-p)$$

因而
$$\rho_{XY}=\frac{\text{cov}(X,Y)}{\sqrt{DX}\cdot\sqrt{DY}}=\frac{p(1-p)}{\sqrt{p(1-p)}\cdot\sqrt{p(1-p)}}=1$$

协方差具有下列性质：

性质 1　若 X 与 Y 相互独立，则 $\text{cov}(X,Y)=0$；

性质 2　$\text{cov}(X,Y)=\text{cov}(Y,X)$；

性质 3　$\text{cov}(aX,bY)=ab\text{cov}(X,Y)$；

性质 4　$\text{cov}(X_1+X_2,Y)=\text{cov}(X_1,Y)+\text{cov}(X_2,Y)$。

证　仅证性质 4，其余留给读者。

$$\begin{aligned}\text{cov}(X_1+X_2,Y)&=E[(X_1+X_2)Y]-E(X_1+X_2)E(Y)\\&=E(X_1Y)+E(X_2Y)-E(X_1)E(Y)-E(X_2)E(Y)\\&=[E(X_1Y)-E(X_1)E(Y)]+[E(X_2Y)-E(X_2)E(Y)]\\&=\text{cov}(X_1,Y)+\text{cov}(X_2,Y)\end{aligned}$$

下面给出相关系数 ρ_{XY} 的几条重要性质，并说明 ρ_{XY} 的含义。

定理 1　设 $D(X)>0, D(Y)>0$，ρ_{XY} 为 (X,Y) 的相关系数，则

(1)如果 X、Y 相互独立，则 $\rho_{XY}=0$；

(2)$|\rho_{XY}|\leqslant 1$；

(3)$|\rho_{XY}|=1$ 的充要条件是存在常数 a、b 使 $P\{Y=aX+b\}=1(a\neq 0)$。

证　由协方差的性质 1 及相关系数的定义可知(1)成立。

对于(2)，对任意实数 t，有

$$\begin{aligned}D(Y-tX)&=E[(Y-tX)-E(Y-tX)]^2\\&=E[(Y-E(Y))-t(X-E(X))]^2\\&=E[Y-E(Y)]^2-2tE[Y-E(Y)][X-E(X)]+t^2E[X-E(X)]^2\\&=t^2D(X)-2t\text{cov}(X,Y)+D(Y)\\&=D(X)\left[t-\frac{\text{cov}(X,Y)}{D(X)}\right]^2+D(Y)-\frac{[\text{cov}(X,Y)]^2}{D(X)}\end{aligned}$$

令 $t=\dfrac{\text{cov}(X,Y)}{D(X)}=b$，于是

$$D(Y-bX)=D(Y)-\frac{[\operatorname{cov}(X,Y)]^2}{D(X)}=D(Y)\left[1-\frac{[\operatorname{cov}(X,Y)]^2}{D(X)D(Y)}\right]=D(Y)(1-\rho_{XY}{}^2)$$

由于方差不能为负，所以 $1-\rho_{XY}{}^2\geqslant 0$，从而

$$|\rho_{XY}|\leqslant 1$$

由于(3)的证明较复杂，从略。

当 $\rho_{XY}=0$ 时，称 X 与 Y 不相关，由性质1可知，当 X 与 Y 相互独立时，$\rho_{XY}=0$，即 X 与 Y 不相关。反之不一定成立，即 X 与 Y 不相关，X 与 Y 却不一定相互独立。

例2　设 X 服从 $[0,2\pi]$ 上均匀分布，$Y=\cos X$，$Z=\cos(X+a)$，这里 a 是常数。求 ρ_{YZ}。

解：$E(Y)=\int_0^{2\pi}\cos x\cdot\frac{1}{2\pi}\mathrm{d}x=0$，$E(Z)=\frac{1}{2\pi}\int_0^{2\pi}\cos(x+a)\mathrm{d}x=0$

$$D(Y)=E\{[Y-E(Y)]^2\}=\frac{1}{2\pi}\int_0^{2\pi}\cos^2 x\mathrm{d}x=\frac{1}{2}$$

$$D(Z)=E\{[Z-E(Z)]^2\}=\frac{1}{2\pi}\int_0^{2\pi}\cos^2(x+a)\mathrm{d}x=\frac{1}{2}$$

$$\operatorname{cov}(Y,Z)=E\{[Y-E(Y)][Z-E(Z)]\}=\frac{1}{2\pi}\int_0^{2\pi}\cos x\cdot\cos(x+a)\mathrm{d}x=\frac{1}{2}\cos a$$

因此

$$\rho_{YZ}=\frac{\operatorname{cov}(Y,Z)}{\sqrt{D(Y)}\cdot\sqrt{D(Z)}}=\frac{\frac{1}{2}\cos a}{\sqrt{\frac{1}{2}}\cdot\sqrt{\frac{1}{2}}}=\cos a$$

(1)当 $a=0$ 时，$\rho_{YZ}=1$，$Y=Z$，存在线性关系；

(2)当 $a=\pi$ 时，$\rho_{YZ}=-1$，$Y=-Z$，存在线性关系；

(3)当 $a=\frac{\pi}{2}$ 或 $\frac{3\pi}{2}$ 时，$\rho_{YZ}=0$，这时 Y 与 Z 不相关，但这时却有 $Y^2+Z^2=1$，因此，Y 与 Z 不独立。

这个例子说明：当两个随机变量不相关时，它们并不一定相互独立，它们之间还可能存在其他的函数关系。

定理2　表明，相关系数 ρ_{XY} 描述了随机变量 X、Y 的线性相关程度，$|\rho_{XY}|$ 越接近1，则 X 与 Y 之间越接近线性关系。当 $|\rho_{XY}|=1$ 时，X 与 Y 之间依概率1线性相关。不过，下例表明当 (X,Y) 是二维正态随机变量时，X 和 Y 不相关与 X 和 Y 相互独立是等价的。

※例3　设 (X,Y) 服从二维正态分布，它的概率密度为

$$f(x,y)=\frac{1}{2\pi\sigma_1\sigma_2\sqrt{1-\rho^2}}$$

$$\exp\left\{-\frac{1}{2(1-\rho^2)}\left[\frac{(x-\mu_1)^2}{\sigma_1{}^2}-2\rho\frac{(x-\mu_1)(y-\mu_2)}{\sigma_1\sigma_2}+\frac{(y-\mu_2)^2}{\sigma_2{}^2}\right]\right\}$$

求 $\operatorname{cov}(X,Y)$ 和 ρ_{XY}。

解：可以计算得 (X,Y) 的边缘概率密度为

$$f_X(X)=\frac{1}{\sqrt{2\pi}\sigma_1}e^{-\frac{(x-\mu_1)^2}{2\sigma_1{}^2}}\quad(-\infty<x<+\infty)$$

$$f_Y(Y)=\frac{1}{\sqrt{2\pi}\sigma_2}e^{-\frac{(x-\mu_2)^2}{2\sigma_2{}^2}}\quad(-\infty<y<+\infty)$$

故 $E(X)=\mu_1, E(Y)=\mu_2$，$D(X)={\sigma_1}^2, D(Y)={\sigma_2}^2$。

而 $\operatorname{cov}(X,Y)=\int_{-\infty}^{+\infty}\int_{-\infty}^{+\infty}(x-\mu_1)(y-\mu_2)f(x,y)\mathrm{d}x\mathrm{d}y=\frac{1}{2\pi\sigma_1\sigma_2\sqrt{1-\rho^2}}$

$$\int_{-\infty}^{+\infty}\int_{-\infty}^{+\infty}(x-\mu_1)(y-\mu_2)e^{-\frac{(x-\mu_1)^2}{2{\sigma_1}^2}}e^{-\frac{1}{2(1-\rho^2)}\left[\frac{y-\mu_2}{\sigma_2}-\rho\frac{x-\mu_1}{\sigma_1}\right]^2}\mathrm{d}x\mathrm{d}y$$

令 $t=\frac{1}{\sqrt{1-\rho^2}}\left(\frac{y-\mu_2}{\sigma_2}-\rho\frac{x-\mu_1}{\sigma_1}\right), u=\frac{x-\mu_1}{\sigma_1}$，则

$$\begin{aligned}\operatorname{cov}(X,Y)&=\frac{1}{2\pi}\int_{-\infty}^{+\infty}\int_{-\infty}^{+\infty}(\sigma_1\sigma_2\sqrt{1-\rho^2}\,tu+\rho\sigma_1\sigma_2u^2)e^{-\frac{u^2}{2}-\frac{t^2}{2}}\mathrm{d}t\mathrm{d}u\\&=\frac{\sigma_1\sigma_2\rho}{2\pi}\left(\int_{-\infty}^{+\infty}u^2e^{-\frac{u^2}{2}}\mathrm{d}u\right)\left(\int_{-\infty}^{+\infty}e^{-\frac{t^2}{2}}\mathrm{d}t\right)\\&\quad+\frac{\sigma_1\sigma_2\sqrt{1-\rho^2}}{2\pi}\left(\int_{-\infty}^{+\infty}ue^{-\frac{u^2}{2}}\mathrm{d}u\right)\left(\int_{-\infty}^{+\infty}te^{-\frac{t^2}{2}}\mathrm{d}t\right)\\&=\frac{\rho\sigma_1\sigma_2}{2\pi}\sqrt{2\pi}\cdot\sqrt{2\pi}=\rho\sigma_1\sigma_2\end{aligned}$$

于是
$$\rho_{XY}=\frac{\operatorname{cov}(X,Y)}{\sqrt{D(X)}\sqrt{D(Y)}}=\rho$$

上式表明，二维正态随机变量(X,Y)的概率密度中的参数 ρ 就是 X 和 Y 的相关系数，从而二维正态随机变量的分布完全可由 X,Y 的各自的数学期望、方差以及它们的相关系数所确定。

若(X,Y)服从二维正态分布，那么 X 和 Y 相互独立的充要条件是 $\rho=0$，即 X 与 Y 不相关。因此，对于二维正态随机变量(X,Y)来说，X 和 Y 不相关与 X 和 Y 相互独立是等价的。

习题 12.3

1. 设随机变量 X,Y，已知 $D(X)=2, D(Y)=3, \operatorname{cov}(X,Y)=-1$，求 $\operatorname{cov}(3X-2Y+1, X+4Y-3)$。

2. 二维离散型随机变量 ξ 与 η 的联合分布律如表 12-3-2 所示。

联合分布律　　表 12-3-2

ξ \ η	0	1
0	0.1	0.1
1	0.8	0

求 $\operatorname{cov}(\xi\eta)$、$\rho_{\xi\eta}$。

§12.4　随机变量数字特征的应用

应用举例

例 1(专家的决策)　某企业聘请了 7 名专家对一经济项目的可行性进行决策，已知每位

专家给出正确建议的百分比是 0.8，企业个别征求专家意见并按多数专家意见作出决策，求作出正确决策的概率。

解：各专家的意见是相互独立的。

设 X 表示“7 位专家中提供正确意见的人数”，则 X 服从参数为 $n=7, p=0.8$ 的二项分布，即 $X \sim B(7,0.8)$，“企业个别征求专家意见并按多数专家意见作出决策”就是说“至少有 4 个(或 4 个以上)专家提供正确意见”，所以作出正确决策的概率是

$$P=P\{X\geqslant 4\}=\sum_{m=4}^{7} C_7^m \times 0.8^m \times 0.2^{7-m} \approx 0.967$$

例 2(两种方案的优劣) 设有 100 台同类型设备，各台工作相互独立，发生故障的概率都是 0.01，且某台设备发生故障时，以为维修师傅即可排除。今考虑两种配备维修工人方案：其一是由 5 人维修，每人承包 20 台；其二是由 4 人共同维护 100 台。试比较两种方案的优劣。

解：方案一，设 A_i 表示“第 i 人维护的 20 台设备中发生故障而不能及时维修”，X 表示“第一个人维护的 20 台中在同一时刻故障的台数”，则 $X \sim B(20,0.01)$，X 近似服从 $\lambda=20\times 0.01=0.2$ 的泊松分布(即单位时间内设备发生故障的平均发生率为 0.2)。则 100 台中发生故障而不能及时维修的概率为

$$P(A_1+A_2+A_3+A_4+A_5)$$

由于每个人维护的设备中有两台或以上的设备发生故障就不能及时维修，

所以 $$P(A_1)=P\{X\geqslant 2\}=\sum_{k=2}^{20} C_{20}^k \times 0.99^{20-k} \times 0.01^k \approx \sum_{k=2}^{20} \frac{(0.2)^k}{k!} e^{-0.2} \approx 0.0175$$

从而 $$P(A_1+A_2+A_3+A_4+A_5) \geqslant 0.0175$$

方案二，设 Y 表示“100 台中同一时刻发生故障的台数”，则 $Y \sim B(100,0.01)$，Y 近似服从参数为 $\lambda=100\times 0.01=1$ 的泊松分布。所以 100 台中发生故障而不能及时维修的概率为

$$P\{Y\geqslant 5\}=\approx \sum_{k=5}^{100} \frac{1}{k!} e^{-0.2} \approx 0.0037$$

显然，第二种优于第一种。

例 3(求职面试决策) 某人在求职过程中已得到了三个公司发给的面试通知，为简单记，假设每个公司都有三个不同的空缺职位：一般的、好的、极好的。其年薪分别为 2.5 万元、3 万元、4 万元。估计能得到这个职位的概率分别为 0.4，0.3，0.2，且有 0.1 的概率得不到任何职位。由于每家公司都要求该求职者在面试结束时表态接收或拒绝所提供的职位，那么他应遵循什么策略来应答呢？

解：风险型决策，希望收益最大原则；动态决策的你想递推法。

当用期望值准则对第一次面试做决策时就碰到了问题。如尽管第一次面试结果虽落聘，但还有可能在以后的面试中获得职位，因为这个落聘结果是带有不确定性的，这几乎是复杂决策问题的共同特征：在将来的决策作出之前，当前决策的结果是不可预估的。一种可避免这种问题出现的方法，就是先分析未来的决策。这种解决问题的方法被称为**逆推法**，也称为**动态决策**的**逆向递推法**。

可用数据及其概率 表 12-4-1

可用数据	概率
一般的:2.5 万元	0.4
好的:3 万元	0.3
极好的:4 万元	0.2
没工作:0	0.1

根据公司提供的职位及概率(表 12-4-1),先考虑尚未接受职位而进行最后一次(现在是第三次)面试,则可以确定公司提供工资的是:$2.5\times0.4+3\times0.3+4\times0.2+0\times0.1=2.7$(万元)。

知道了第三次面试的期望值,有助于确定第二次面试应采取的行动。通常,求职者肯定会接受“极好的”职位,即使落聘肯定会进行第三次面试。但若提供的是“一般的”工作,那么求职者就必须在接受这一工作(收益 2.5 万元)和不接受这一工作而去碰第三次面试的运气(期望收益 2.7 万元)两者间作出选择,由于后者的期望收益大于前者的期望收益,应考虑进行第三次面试。另外,若第二家公司能提供一个“好的”职位,那么其收益 3 万元大于进行第三次面试的期望收益 2.7 万元,应该接受第二家公司所给的职位而放弃第三次面试。

综述第二次面试的决策应是:接受“好的”或“极好的”,拒绝“一般的”职位。在这样的决策下,第二次面试的收益及其概率如表 12-4-2 所示。

收益及概率 表 12-4-2

第二次面试结果	工资期望值	概率
一般的:2.5 万元	2.7 万元	0.4
好的:3 万元	3 万元	0.3
极好的:4 万元	4 万元	0.2
没工作:进行第三次面试	2.7 万元	0.1

工资期望值为:$2.7\times0.4+3\times0.3+4\times0.2+2.7\times0.1=3.05$(万元)。

现在可以回到第一次面试,如果提供“一般的”职位,由于 $2.5<3.05$(万元),不接受而进行第二次面试;如果提供“好的”职位,由于 $3<3.05$(万元),也不接受而进行第二次面试;如果提供“极好的”职位,由于 $4>3.05$(万元),接受。

这样,第一次面试时应采取的行动是:只接受“极好的”职位,否则就进行下一次面试。于是这个面试问题的相应策略就明确了。

第一次面试只接受“极好的”职位,否则进行第二次面试;第二次面试时可接受“好的”和“极好的”职位,否则进行第三次面试;第三次面试则接受能提供的任何职位。与这个策略相应的期望值可由表 12-4-3 计算得到:

决策对应的期望值 表 12-4-3

第一次面试结果	工资期望值	概率
一般的:进行第二次面试	3.05 万元	0.4
好的:进行第二次面试	3.05 万元	0.3
极好:接受	4 万元	0.2
没工作:进行第二次面试	3.05 万元	0.1

工资期望值为：$3.05\times0.4+3.05\times0.3+4\times0.2+3.05\times0.1=3.24$（万元）。

从而可以清楚地看到，在求职时，收到三份面试通知较只收到一份面试通知的价值，不仅可提高就业机会，而且也可提高收入的期望值。当然，这种决策是风险与机遇并存的，追求高收益必然伴随着高风险。

例 4（生产规模的确定）　一生产企业生产某产品的日产量可以是 600，700，800 和 900 件，根据历史资料知这种产品的日需求量为 600，700，800，900 件的概率分别为 0.1，0.4，0.3，0.2，各种规模生产时的获利 $X_i(i=1,2,3,4)$ 如表 12-4-4 所示（利润单位：百元）。根据期望利润最大的原则可以确定应采用哪种生产规模。

生产规模与获利表　　　　表 12-4-4

产量 \ 利润 \ 日需求量		600(0.1)	700(0.4)	800(0.3)	900(0.2)
600	X_1	9	9	9	9
700	X_2	8.4	9.6	9.6	9.6
800	X_3	7.8	9	10.2	10.2
900	X_4	7.2	8.4	9.6	11.2

解：这是一个风险决策问题，可根据期望利润最大的原则进行决策。

$$E(X_1)=9\times0.1+9\times0.4+9\times0.3+9\times0.2=9\text{（百元）}$$

$$E(X_2)=8.4\times0.1+9.6\times0.4+9.6\times0.3+9.6\times0.2=9.48\text{（百元）}$$

$$E(X_3)=7.8\times0.1+9\times0.4+10.2\times0.3+10.2\times0.2=9.48\text{（百元）}$$

$$E(X_4)=7.2\times0.1+8.4\times0.4+9.6\times0.3+11.2\times0.2=9.2\text{（百元）}$$

由于 $E(X_2)$ 与 $E(X_3)$ 均为最大值，通常应在其中选择利润方差（风险）最小的方案。

$$D(X_2)=E(X_2^2)-E^2(X_2)=90-9.48^2=0.1296$$

$$D(X_3)=E(X_3^2)-E^2(X_3)=90.504-9.48^2=0.6336$$

即 $D(X_2)<D(X_3)$，所以选择日生产 700 件。

习题 12.4

1.（建大厂还是建小厂）有某厂商想投资建设一个工厂生产高性能移动电话，经过一番调查以后，他要进行的决策问题具备以下条件：

（1）现有两个可行方案：①建较大规模的厂，总投资 2000 万元；②建小规模的厂，总投资 1600 万元。由于科技进步等原因，投产 5 年后工厂就需要改建，即工厂的有效期为投产后 5 年。

（2）存在三种需求状态：高需求（概率 0.3）、中需求（概率 0.5）、低需求（概率 0.2）。

（3）两种方案在三种需求状态下的年利润如表 12-4-5 所示。

不同需求状态的年利润　　表 12-4-5

方案状态	高需求(概率 0.3)	中需求(概率 0.5)	低需求(概率 0.2)
建大厂 A_2	1000 万元	600 万元	−200 万元
建小厂 A_1	550 万元	450 万元	250 万元

应选择何种方案,可使 5 年纯利润达到最大?

2.(如何订购挂历)设某经销商正在与一出版社练习订购下一年的挂历,已知的条件如下:零售价 80 元/本,挂历的成本价 50 元/本(批发价),经销商可得毛利 30 元/本,若当年的 12 月 31 号以后挂历尚未售出,该经销商不得不降价到 20 元/本全部销售出去。根据该经销商以往 10 年的销售情况,所得出的需求概率如下:在当年 12 月 31 日前只能售出 150 本、160 本、170 本和 180 本的概率分别为 0.1,0.4,0.3,0.2。根据以上条件,该经销商应订购多少挂历才能使期望利润最大?

附录Ⅰ　泊松分布表

$$P(X=k)=\frac{\lambda^k}{k!}e^{-\lambda}$$

k \ λ	0．1	0．2	0．3	0．4	0．5	0．6	0．7	0．8
0	0．904837	0．818731	0．740818	0．670320	0．606531	0．548812	0．496585	0．449329
1	0．090484	0．163746	0．222245	0．268128	0．303265	0．329287	0．347610	0．359463
2	0．004524	0．016375	0．033337	0．053626	0．075816	0．098786	0．121663	0．143785
3	0．000151	0．001092	0．003334	0．007150	0．012636	0．019757	0．028388	0．038343
4	0．000004	0．000055	0．000250	0．000715	0．001580	0．002964	0．004968	0．007669
5		0．000002	0．000015	0．000057	0．000158	0．000356	0．000696	0．001227
6			0．000001	0．000004	0．000013	0．000036	0．000081	0．000164
7					0．000001	0．000003	0．000008	0．000019
8							0．000001	0．000002
9								

k \ λ	0．9	1．0	1．5	2．0	2．5	3．0	3．5	4．0
0	0．406570	0．367879	0．223130	0．135335	0．082085	0．049787	0．030197	0．018316
1	0．365913	0．367879	0．334695	0．270671	0．205212	0．149361	0．105691	0．073263
2	0．164661	0．183940	0．251021	0．270671	0．256516	0．224042	0．184959	0．146525
3	0．049398	0．061313	0．125511	0．180447	0．213763	0．224042	0．215785	0．195367
4	0．011115	0．015328	0．047067	0．090224	0．133602	0．168031	0．188812	0．195367
5	0．002001	0．003066	0．014120	0．036089	0．066801	0．100819	0．132169	0．156293
6	0．000300	0．000511	0．003530	0．012030	0．027834	0．050409	0．077098	0．104196
7	0．000039	0．000073	0．000756	0．003437	0．009941	0．021604	0．038549	0．059540
8	0．000004	0．000009	0．000142	0．000859	0．003106	0．008102	0．016865	0．029770
9		0．000001	0．000024	0．000191	0．000863	0．002701	0．006559	0．013231
10			0．000004	0．000038	0．000216	0．000810	0．002296	0．005292
11				0．000007	0．000049	0．000221	0．000730	0．001925
12				0．000001	0．000010	0．000055	0．000213	0．000642
13					0．000002	0．000013	0．000057	0．000197
14						0．000003	0．000014	0．000056
15						0．000001	0．000003	0．000015
16							0．000001	0．000004
17								0．000001

λ / k	4.5	5.0	5.5	6.0	6.5	7.0	7.5	8.0
0	0.011109	0.006738	0.004087	0.002479	0.001503	0.000912	0.000553	0.000335
1	0.049990	0.033690	0.022477	0.014873	0.009772	0.006383	0.004148	0.002684
2	0.112479	0.084224	0.061812	0.044618	0.031760	0.022341	0.015555	0.010735
3	0.168718	0.140374	0.113323	0.089235	0.068814	0.052129	0.038889	0.028626
4	0.189808	0.175467	0.155819	0.133853	0.111822	0.091226	0.072916	0.057252
5	0.170827	0.175467	0.171401	0.160623	0.145369	0.127717	0.109375	0.091604
6	0.128120	0.146223	0.157117	0.160623	0.157483	0.149003	0.136718	0.122138
7	0.082363	0.104445	0.123449	0.137677	0.146234	0.149003	0.146484	0.139587
8	0.046329	0.065278	0.084871	0.103258	0.118815	0.130377	0.137329	0.139587
9	0.023165	0.036266	0.051866	0.068838	0.085811	0.101405	0.114440	0.124077
10	0.010424	0.018133	0.028526	0.041303	0.055777	0.070983	0.085830	0.099262
11	0.004264	0.008242	0.014263	0.022529	0.032959	0.045171	0.058521	0.072190
12	0.001599	0.003434	0.006537	0.011264	0.017853	0.026350	0.036575	0.048127
13	0.000554	0.001321	0.002766	0.005199	0.008926	0.014188	0.021101	0.029616
14	0.000178	0.000472	0.001087	0.002228	0.004144	0.007094	0.011304	0.016924
15	0.000053	0.000157	0.000398	0.000891	0.001796	0.003311	0.005652	0.009026
16	0.000015	0.000049	0.000137	0.000334	0.000730	0.001448	0.002649	0.004513
17	0.000004	0.000014	0.000044	0.000118	0.000279	0.000596	0.001169	0.002124
18	0.000001	0.000004	0.000014	0.000039	0.000101	0.000232	0.000487	0.000944
19		0.000001	0.000004	0.000012	0.000034	0.000085	0.000192	0.000397
20			0.000001	0.000004	0.000011	0.000030	0.000072	0.000159
21				0.000001	0.000003	0.000010	0.000026	0.000061
22					0.000001	0.000003	0.000009	0.000022
23						0.000001	0.000003	0.000008
24							0.000001	0.000003
25								0.000001

λ / k	8.5	9.0	9.5	10	12	15	18	20
0	0.000203	0.000123	0.000075	0.000045	0.000006	0.000000	0.000000	0.000000
1	0.001729	0.001111	0.000711	0.000454	0.000074	0.000005	0.000000	0.000000
2	0.007350	0.004998	0.003378	0.002270	0.000442	0.000034	0.000002	0.000000
3	0.020826	0.014994	0.010696	0.007567	0.001770	0.000172	0.000015	0.000003
4	0.044255	0.033737	0.025403	0.018917	0.005309	0.000645	0.000067	0.000014
5	0.075233	0.060727	0.048266	0.037833	0.012741	0.001936	0.000240	0.000055
6	0.106581	0.091090	0.076421	0.063055	0.025481	0.004839	0.000719	0.000183

续上表

k \ λ	8.5	9.0	9.5	10	12	15	18	20
7	0.129419	0.117116	0.103714	0.090079	0.043682	0.010370	0.001850	0.000523
8	0.137508	0.131756	0.123160	0.112599	0.065523	0.019444	0.004163	0.001309
9	0.129869	0.131756	0.130003	0.125110	0.087364	0.032407	0.008325	0.002908
10	0.110388	0.118580	0.123502	0.125110	0.104837	0.048611	0.014985	0.005816
11	0.085300	0.097020	0.106661	0.113736	0.114368	0.066287	0.024521	0.010575
12	0.060421	0.072765	0.084440	0.094780	0.114368	0.082859	0.036782	0.017625
13	0.039506	0.050376	0.061706	0.072908	0.105570	0.095607	0.050929	0.027116
14	0.023986	0.032384	0.041872	0.052077	0.090489	0.102436	0.065480	0.038737
15	0.013592	0.019431	0.026519	0.034718	0.072391	0.102436	0.078576	0.051649
16	0.007221	0.010930	0.015746	0.021699	0.054293	0.096034	0.088397	0.064561
17	0.003610	0.005786	0.008799	0.012764	0.038325	0.084736	0.093597	0.075954
18	0.001705	0.002893	0.004644	0.007091	0.025550	0.070613	0.093597	0.084394
19	0.000763	0.001370	0.002322	0.003732	0.016137	0.055747	0.088671	0.088835
20	0.000324	0.000617	0.001103	0.001866	0.009682	0.041810	0.079804	0.088835
21	0.000131	0.000264	0.000499	0.000889	0.005533	0.029865	0.068403	0.084605
22	0.000051	0.000108	0.000215	0.000404	0.003018	0.020362	0.055966	0.076914
23	0.000019	0.000042	0.000089	0.000176	0.001574	0.013280	0.043800	0.066881
24	0.000007	0.000016	0.000035	0.000073	0.000787	0.008300	0.032850	0.055735
25	0.000002	0.000006	0.000013	0.000029	0.000378	0.004980	0.023652	0.044588
26	0.000001	0.000002	0.000005	0.000011	0.000174	0.002873	0.016374	0.034298
27		0.000001	0.000002	0.000004	0.000078	0.001596	0.010916	0.025406
28			0.000001	0.000001	0.000033	0.000855	0.007018	0.018147
29				0.000001	0.000014	0.000442	0.004356	0.012515
30					0.000005	0.000221	0.002613	0.008344
31					0.000002	0.000107	0.001517	0.005383
32					0.000001	0.000050	0.000854	0.003364
33						0.000023	0.000466	0.002039
34						0.000010	0.000246	0.001199
35						0.000004	0.000127	0.000685
36						0.000002	0.000063	0.000381
37						0.000001	0.000031	0.000206
38							0.000015	0.000108
39							0.000007	0.000056

附录Ⅱ 标准正态分布表

$$\Phi(x)=\int_{-\infty}^{x}\frac{1}{\sqrt{2\pi}}e^{-\frac{x^2}{2}}\mathrm{d}x$$

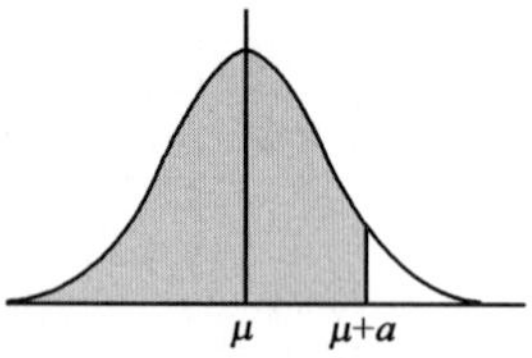

x	0.00000	0.01000	0.02000	0.03000	0.04000	0.05000	0.06000	0.07000	0.08000	0.09000
0.0	0.50000	0.50399	0.50798	0.51197	0.51595	0.51994	0.52392	0.52790	0.53188	0.53586
0.1	0.53983	0.54380	0.54776	0.55172	0.55567	0.55962	0.56356	0.56749	0.57142	0.57535
0.2	0.57926	0.58317	0.58706	0.59095	0.59483	0.59871	0.60257	0.60642	0.61026	0.61409
0.3	0.61791	0.62172	0.62552	0.62930	0.63307	0.63683	0.64058	0.64431	0.64803	0.65173
0.4	0.65542	0.65910	0.66276	0.66640	0.67003	0.67364	0.67724	0.68082	0.68439	0.68793
0.5	0.69146	0.69497	0.69847	0.70194	0.70540	0.70884	0.71226	0.71566	0.71904	0.72240
0.6	0.72575	0.72907	0.73237	0.73565	0.73891	0.74215	0.74537	0.74857	0.75175	0.75490
0.7	0.75804	0.76115	0.76424	0.76730	0.77035	0.77337	0.77637	0.77935	0.78230	0.78524
0.8	0.78814	0.79103	0.79389	0.79673	0.79955	0.80234	0.80511	0.80785	0.81057	0.81327
0.9	0.81594	0.81859	0.82121	0.82381	0.82639	0.82894	0.83147	0.83398	0.83646	0.83891
1.0	0.84134	0.84375	0.84614	0.84849	0.85083	0.85314	0.85543	0.85769	0.85993	0.86214
1.1	0.86433	0.86650	0.86864	0.87076	0.87286	0.87493	0.87698	0.87900	0.88100	0.88298
1.2	0.88493	0.88686	0.88877	0.89065	0.89251	0.89435	0.89617	0.89796	0.89973	0.90147
1.3	0.90320	0.90490	0.90658	0.90824	0.90988	0.91149	0.91308	0.91466	0.91621	0.91774
1.4	0.91924	0.92073	0.92220	0.92364	0.92507	0.92647	0.92785	0.92922	0.93056	0.93189
1.5	0.93319	0.93448	0.93574	0.93699	0.93822	0.93943	0.94062	0.94179	0.94295	0.94408
1.6	0.94520	0.94630	0.94738	0.94845	0.94950	0.95053	0.95154	0.95254	0.95352	0.95449
1.7	0.95543	0.95637	0.95728	0.95818	0.95907	0.95994	0.96080	0.96164	0.96246	0.96327
1.8	0.96407	0.96485	0.96562	0.96638	0.96712	0.96784	0.96856	0.96926	0.96995	0.97062
1.9	0.97128	0.97193	0.97257	0.97320	0.97381	0.97441	0.97500	0.97558	0.97615	0.97670
2.0	0.97725	0.97778	0.97831	0.97882	0.97932	0.97982	0.98030	0.98077	0.98124	0.98169
2.1	0.98214	0.98257	0.98300	0.98341	0.98382	0.98422	0.98461	0.98500	0.98537	0.98574
2.2	0.98610	0.98645	0.98679	0.98713	0.98745	0.98778	0.98809	0.98840	0.98870	0.98899
2.3	0.98928	0.98956	0.98983	0.99010	0.99036	0.99061	0.99086	0.99111	0.99134	0.99158
2.4	0.99180	0.99202	0.99224	0.99245	0.99266	0.99286	0.99305	0.99324	0.99343	0.99361

续上表

x	0.00000	0.01000	0.02000	0.03000	0.04000	0.05000	0.06000	0.07000	0.08000	0.09000
2.5	0.99379	0.99396	0.99413	0.99430	0.99446	0.99461	0.99477	0.99492	0.99506	0.99520
2.6	0.99534	0.99547	0.99560	0.99573	0.99585	0.99598	0.99609	0.99621	0.99632	0.99643
2.7	0.99653	0.99664	0.99674	0.99683	0.99693	0.99702	0.99711	0.99720	0.99728	0.99736
2.8	0.99744	0.99752	0.99760	0.99767	0.99774	0.99781	0.99788	0.99795	0.99801	0.99807
2.9	0.99813	0.99819	0.99825	0.99831	0.99836	0.99841	0.99846	0.99851	0.99856	0.99861
3.0	0.99865	0.99869	0.99874	0.99878	0.99882	0.99886	0.99889	0.99893	0.99896	0.99900
3.1	0.99903	0.99906	0.99910	0.99913	0.99916	0.99918	0.99921	0.99924	0.99926	0.99929
3.2	0.99931	0.99934	0.99936	0.99938	0.99940	0.99942	0.99944	0.99946	0.99948	0.99950
3.3	0.99952	0.99953	0.99955	0.99957	0.99958	0.99960	0.99961	0.99962	0.99964	0.99965
3.4	0.99966	0.99968	0.99969	0.99970	0.99971	0.99972	0.99973	0.99974	0.99975	0.99976
3.5	0.99977	0.99978	0.99978	0.99979	0.99980	0.99981	0.99981	0.99982	0.99983	0.99983
3.6	0.99984	0.99985	0.99985	0.99986	0.99986	0.99987	0.99987	0.99988	0.99988	0.99989
3.7	0.99989	0.99990	0.99990	0.99990	0.99991	0.99991	0.99992	0.99992	0.99992	0.99992
3.8	0.99993	0.99993	0.99993	0.99994	0.99994	0.99994	0.99994	0.99995	0.99995	0.99995
3.9	0.99995	0.99995	0.99996	0.99996	0.99996	0.99996	0.99996	0.99996	0.99997	0.99997
4.0	0.99997	0.99997	0.99997	0.99997	0.99997	0.99997	0.99998	0.99998	0.99998	0.99998
4.1	0.99998	0.99998	0.99998	0.99998	0.99998	0.99998	0.99998	0.99998	0.99999	0.99999
4.2	0.99999	0.99999	0.99999	0.99999	0.99999	0.99999	0.99999	0.99999	0.99999	0.99999
4.3	0.99999	0.99999	0.99999	0.99999	0.99999	0.99999	0.99999	0.99999	0.99999	0.99999
4.4	0.99999	0.99999	1.00000	1.00000	1.00000	1.00000	1.00000	1.00000	1.00000	1.00000
4.5	1.00000	1.00000	1.00000	1.00000	1.00000	1.00000	1.00000	1.00000	1.00000	1.00000
4.6	1.00000	1.00000	1.00000	1.00000	1.00000	1.00000	1.00000	1.00000	1.00000	1.00000
4.7	1.00000	1.00000	1.00000	1.00000	1.00000	1.00000	1.00000	1.00000	1.00000	1.00000
4.8	1.00000	1.00000	1.00000	1.00000	1.00000	1.00000	1.00000	1.00000	1.00000	1.00000
4.9	1.00000	1.00000	1.00000	1.00000	1.00000	1.00000	1.00000	1.00000	1.00000	1.00000